高职高专建筑类专业"十二五"规划教材

3DS MAX 基础教程与案例

主 编 杨丽君 曾立云

副主编 梁 怡 李 洁

西安电子科技大学出版社

内 容 简 介

本书是 3DS MAX 的基础教程。

全书共 12 章,分为五个部分。第一部分包含前 3 章,是关于基本操作的内容,较为详细地介绍了 3DS MAX 的界面和界面的定制方法,文件和对象的使用以及对象的变换。第二部分包含第 4、5 章,是关于基本动画的内容,介绍了关键帧动画技术、Track View 和动画控制器。第三部分包含第 6~8 章,是关于建模的内容,较为详细地讲述了二维图形建模、编辑修改器和复合对象以及多边形建模技术。第四部分包含第 9、10 章,是关于材质的内容,较为详细地介绍了 3DS MAX 6 的基本材质和贴图材质。第五部分包含第 11、12 章,较为详细地介绍了灯光、摄像机和渲染等内容。

全书语言通俗易懂,结构合理,实例丰富,图文并茂,讲练结合,是初、中级读者学习 3DS MAX 的良好教程,也是大中专院校相关专业和社会各级培训班理想的教材。

图书在版编目(CIP)数据

3DS MAX 基础教程与案例/杨丽君,曾立云主编. —西安:西安电子科技大学出版社,2013.7
高职高专建筑类专业"十二五"规划教材
ISBN 978-7-5606-3039-7

Ⅰ. ① 3… Ⅱ. ① 杨… ② 曾… Ⅲ. ① 三维动画软件—高等职业教育—教材 Ⅳ. ① TP391.41

中国版本图书馆 CIP 数据核字(2013)第 120420 号

策 划 秦志峰
责任编辑 张 玮 秦志峰
出版发行 西安电子科技大学出版社(西安市太白南路 2 号)
电 话 (029)88242885 88201467 邮 编 710071
网 址 www.xduph.com 电子邮箱 xdupfxb001@163.com
经 销 新华书店
印刷单位 陕西天意印务有限责任公司
版 次 2013 年 7 月第 1 版 2013 年 7 月第 1 次印刷
开 本 787 毫米×1092 毫米 1/16 印 张 22
字 数 522 千字
印 数 1~3000 册
定 价 36.00 元

ISBN 978-7-5606-3039-7/TP

XDUP 3331001-1

如有印装问题可调换

本社图书封面为激光防伪覆膜,谨防盗版。

前　言

随着计算机技术的发展，三维设计在众多领域得到广泛的应用，所使用的三维制作软件 3DS MAX 功能强大，可制作出理想的三维模型及动画。

本书主要介绍利用 3DS MAX 软件进行 3D 创作的方法以及 3DS MAX 的最新功能特性，书中几乎对所有的功能和使用方法都进行了讲解，其中不仅包含操作方法，同时也通过分析常见问题和实例讲解 3D 制作的高级技巧，将 3DS MAX 全面地展现在读者面前。

本书不仅为读者提供了操作方法的示图，还专门提拱了具有针对性的上机练习，以帮助读者练习、实践和检验所学的内容，以便更快、更好地掌握 3DS MAX 的各种应用技巧，在很短的时间内打下扎实的基础，并且能迅速地把学到的知识应用到实际工作当中。

本书内容从易到难，将案例融入到每个知识点中，使大家在了解理论知识的同时，动手能力也得到同步提高。本书适用于建筑装饰、室内设计、建筑设计、园林工程、城镇规划等专业，建议学时为 68～108。

本书由甘肃建筑职业技术学院杨丽君副教授、兰州交通大学环境与市政工程学院曾立云副教授担任主编，甘肃建筑职业技术学院梁怡、李洁担任副主编。本书大纲由杨丽君设定；第 1～3 章由曾立云执笔完成；第 4～7 章由梁怡执笔完成；第 8～12 章由李洁执笔完成。

鉴于编者水平与经验有限，书中难免存在不妥之处，敬请读者批评指正。

编　者

2013 年 3 月

目　　录

第一部分　基　本　操　作

第二部分 基本动画

第三部分 建 模

第四部分 材 质

第五部分　灯光、摄像机和渲染

第一部分

基 本 操 作

第1章　3DS MAX 的用户界面

1.1　用 户 界 面

启动 3DS MAX 后，显示的主界面见图 1.1。

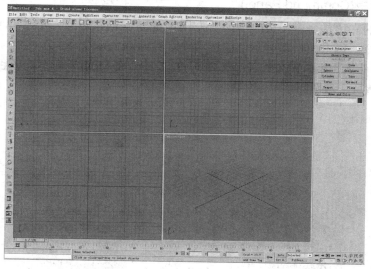

图 1.1

初看起来，大量的菜单和图标着实令人不知从何处着手，但随着我们对界面各个部分的深入讨论，将可以通过实际操作逐步熟悉各个命令。

1.1.1　界面的布局

用户界面的每个部分都有固定的名称，在所有标准的 3DS MAX 教材和参考资料中，这些名称都是统一的。

1. 视口(Viewport)

3DS MAX 用户界面的最大区域被分割成四个相等的矩形区域，称之为视口(Viewport)或者视图(View)。视口是主要工作区域，每个视口的左上角都有一个标签，启动 3DS MAX 后默认的四个视口的标签分别是 Top(顶视口)、Front(前视口)、Left(左视口)和 Perspective(透视视口)。

每个视口都包含垂直线和水平线，这些线组成了 3DS MAX 的主栅格。主栅格包含黑色垂直线和黑色水平线，这两条线在三维空间的中心相交，交点的坐标是 X=0、Y=0 和 Z=0。其余栅格都为灰色显示。

Top 视口、Front 视口和 Left 视口显示的场景没有透视效果，这就意味着在这些视口中同一方向的栅格线总是平行的，不能相交，参见图 1.1。Perspective 视口类似于人的眼睛和摄像机观察时看到的效果，视口中的栅格线是可以相交的。

2. 菜单栏(Menu Bar)

用户界面的最上面是菜单栏(参见图 1.1)。菜单栏包含许多常见的菜单(例如 File/Open 和 File/Save 等)和 3DS MAX 独有的一些菜单(例如 Rendering/Ram Player 和 Customize/Preferences 等)。

3. 主工具栏(Main Toolbar)

菜单栏下面是主工具栏(参见图 1.1)。主工具栏中包含一些使用频率较高的工具，例如变换对象的工具、选择对象的工具和渲染工具等。

4. 命令面板(Command Panel)

用户界面的右边是命令面板(见图 1.2 左图)，它包含创建对象、处理几何体和创建动画需要的所有命令。每个面板都有自己的选项集。例如 Create 命令面板包含创建各种不同对象(例如标准几何体、组合对象和粒子系统等)的工具，而 Modify 命令面板包含修改对象的特殊工具，见图 1.2 右图。

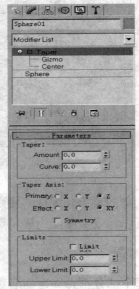

图 1.2

5. 视口导航控制按钮(Viewport Navigation Control)

用户界面的右下角包含视口的导航控制按钮(见图 1.3)。使用这些按钮可以调整各种缩放选项，控制视口中的对象显示。

图 1.3

6. 时间控制按钮(Time Control)

视口导航控制按钮的左边是时间控制按钮(见图 1.4)，也称之为动画控制按钮。它们的功能和外形类似于媒体播放机里的按钮。单击 ▶ 按钮可以播放动画，单击 ◀ 或 ▶ 按钮可以每次前进或者后退一帧。在设置动画时，按下 Auto 按钮，它将变红，表明处于动画记录模式。这意味着在当前帧进行的任何修改操作将被记录成动画。

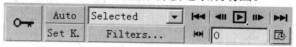

图 1.4

7. 状态栏和提示行(Status Bar and Prompt Line)

时间控制按钮的左边是状态栏和提示行(见图 1.5)。状态栏有许多用于帮助用户创建和处理对象的参数显示区，在本章还要作详细解释。

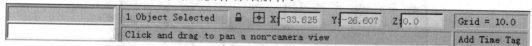

图 1.5

在了解了组成 3DS MAX 用户界面的各个部分的名称后，下面将通过在三维空间中创建并移动对象的实际操作，来帮助读者熟悉 3DS MAX 的用户界面。

1.1.2 熟悉 3DS MAX 的用户界面

1. 使用菜单栏和命令面板

(1) 在菜单栏中选取 File/Reset。如果事先在场景中创建了对象或者进行过其他修改，那么将显示图 1.6 所示的对话框，否则直接显示图 1.7 所示的确认对话框。

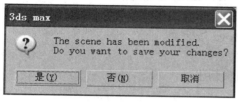

图 1.6   图 1.7

(2) 在图 1.6 所示的对话框中单击 "否(N)"，将显示图 1.7 所示的确认对话框。

(3) 在确认对话框中单击 Yes，屏幕将返回到刚刚进入 3DS MAX 时的界面。

(4) 在命令面板中单击 ◥ Create 按钮。

注：在默认的情况下，进入 3DS MAX 后选择的是 Create 面板。

(5) 在 Create 命令面板上单击 Sphere，见图 1.8。

(6) 在顶视口的中心单击并拖曳创建一个与视口大小接近的球，见图 1.9。

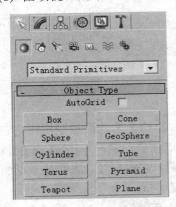

图 1.8

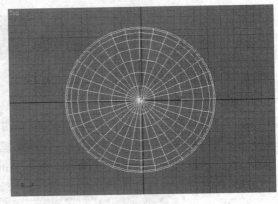

图 1.9

球出现在四个视口中。在透视视口中，球是按明暗方式来显示的；在其他三个视口中它用一系列线(一般称做线框)来表示，见图 1.10。

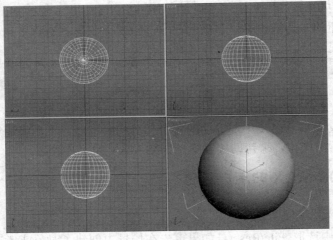

图 1.10

(7) 在视口导航控制按钮区域单击 ⊞ Zoom Extents All 铵钮，球充满四个视口。

注：球的大小没有改变，它只是按尽可能大的显示方式使物体充满视口。

(8) 单击主工具栏上的 ✛ Select and Move 按钮。

(9) 在顶视口中单击并拖曳球，以便移动它。

(10) 将文件保存为 ech01.max，以便后面使用。

2. 常见术语

在建立场景的过程中，涉及了几个 3DS MAX 中的重要术语。下面将对这些术语进行说明。

● 线框(Wireframe)：用一系列线描述一个对象，没有明暗效果。

- 明暗(Shaded)：用彩色描述一个对象，使其看起来像一个实体。
- 模型(Model)：在 3DS MAX 视口中创建的一个或者多个几何对象。
- 场景(Scene)：视口中的一个或者多个对象。对象不仅仅是几何体，还可以包括灯光和摄像机。作为场景一部分的任何对象都可以被设置为动画形式。
- 范围(Extents)：场景中的对象在空间中可以延伸的程度。缩放到场景的范围意味着一直进行缩放直到整个场景在视口中可见为止。

1.1.3　单击左键和右键

通常，在 3DS MAX 中，单击鼠标左键和单击鼠标右键的含义不同。单击左键用来选取和执行命令；单击右键会弹出一个菜单，还可以用来取消命令。

1.2　视口大小、布局和显示方式

由于在 3DS MAX 中进行的大部分工作都是在视口中单击和拖曳，因此有一个便于使用的视口布局是非常重要的。许多用户发现，默认的视口布局可以满足他们的大部分需要，但是有时还需要对视口的布局、大小或者显示方式做些改动。这一节将讨论与视口相关的一些问题。

1.2.1　改变视口的大小

可以有多种方法改变视口的大小和显示方式。在默认的状态下，四个视口的大小是相等的。我们可以改变某个视口的大小，但是，无论如何缩放，所有视口使用的总空间保持不变。下面介绍使用移动光标的方法来改变视口的大小。

(1) 继续前面的练习。打开保存的文件。将光标移动到透视视口和前视口的中间，见图 1.11，这时出现一个双箭头光标。

(2) 单击并向上拖曳光标，见图 1.12。

(3) 释放鼠标，观察改变了大小的视口，见图 1.13。

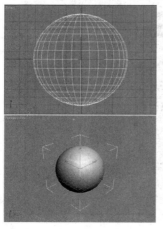 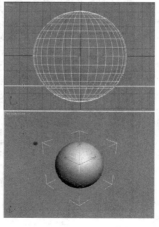

图 1.11　　　　　　　　　　　　　　图 1.12

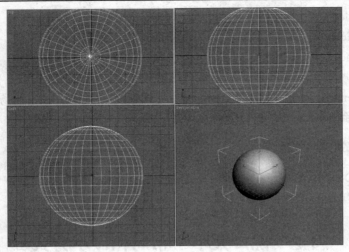

图 1.13

技巧：可以通过移动视口的垂直或水平分割线来改变视口的大小。

(4) 在缩放视口的地方单击鼠标右键，出现一个右键菜单。

(5) 在弹出的右键菜单中选取 Reset Layout，视口将恢复到它的原始大小。

1.2.2 改变视口的布局

尽管改变视口的大小是一个非常有用的功能，但是它不能改变视口的布局。假设希望屏幕右侧有三个垂直排列的视口，剩余的区域被第四个大视口占据，仅仅通过移动视口分割线是不行的，但是可以通过改变视口的布局来得到这种结果。

(1) 在菜单栏中选取 Customize/Viewport Configuration，出现 Viewport Configuration 对话框。在 Viewport Configuration 对话框中选择 Layout 标签，见图 1.14。可以从对话框顶部选择四个视口的布局。

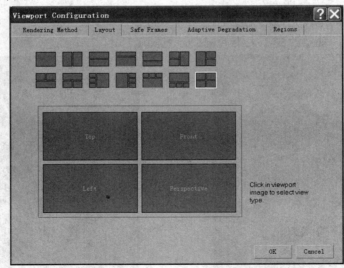

图 1.14

(2) 在 Layout 标签中选取第二行第四个布局，然后单击 OK 按钮。

　　(3) 将光标移动到第四个视口和其他三个视口的分割线上，用拖曳的方法改变视口的大小，见图 1.15。

　　技巧：在视口导航控制区域的任何地方单击鼠标右键也可以访问 Viewport Configuration 对话框。

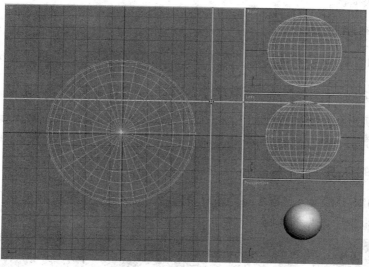

图 1.15

1.2.3　改变视口

1. 用视口右键菜单改变视口

　　每个视口的左上角都有一个标签。通过在视口标签上单击鼠标右键可以访问视口菜单（见图 1.16）。通过这个菜单可以改变场景中对象的明暗类型、访问 Viewport Configuration 对话框、将当前视口改变成其他视口等。

　　要改变当前视口，可以在视口标签上单击鼠标右键，然后从弹出的右键菜单上选取 Views，见图 1.17。用户可以在出现的新菜单上选取新的视口。

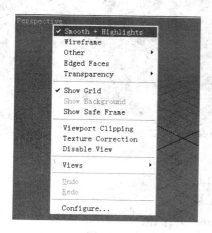

图 1.16

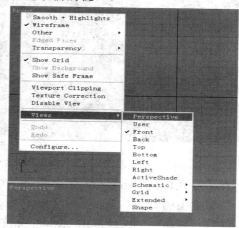

图 1.17

2. 使用快捷键改变视口

使用快捷键也可以改变当前视口。要使用快捷键改变视口，需要先在要改变的视口上单击鼠标右键来激活它，然后再按快捷键。读者可以使用 Customize User Interface 对话框来查看常用的快捷键。

1.2.4 视口的明暗显示

视口菜单上的明暗显示选项是非常重要的，所定义的明暗选项将决定观察三维场景的方式。

透视视口的默认设置是 Smooth + Highlights，这将在场景中增加灯光并使观察对象上的高光变得非常明显。在默认的情况下，三个正视图的明暗选项设置为 Wireframe，这对节省系统资源非常重要，因为 Wireframe 方式需要的系统资源比其他方式要求的系统资源要少。

1.2.5 视口的改变应用举例

(1) 启动 3DS MAX。选取 File/Open，打开任意一个已做好的 max 文件。这里我们用一个兔子模型来说明，见图 1.18。

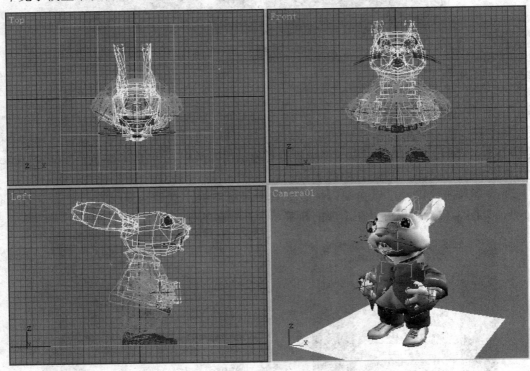

图 1.18

(2) 在 Top 视口上单击鼠标右键，以激活该视口。

(3) 按键盘上的 B 键，Top 视口变成了 Bottom 视口。

(4) 在视口导航控制区域单击 ⊞ Zoom Extents All 按钮。

(5) 在 Left 视口标签上单击鼠标右键，然后选取 Smooth + Highlights，这样就按明暗方式显示模型了，见图1.19。

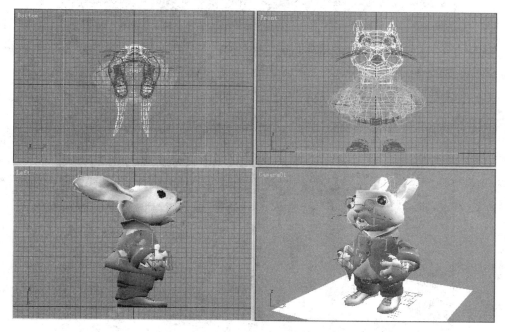

图 1.19

1.3　菜单栏应用举例

3DS MAX 中菜单的用法与 Windows 下的办公软件类似，下面举例介绍如何使用 3DS MAX 的菜单栏。

(1) 继续前面的练习。

(2) 在主工具栏中单击 ✛ Select and Move 按钮，在顶视口中随意移动兔子头的任何部分。

(3) 在菜单栏中选取 Edit/Undo Move。

技巧：该命令的键盘快捷键是 Ctrl + Z。

(4) 在视口导航控制区域单击 ⊞ Zoom Extents All 按钮。

(5) 在透视视口单击鼠标右键以激活该视口。

(6) 在菜单栏中选取 Views/Undo View Change，使透视视口恢复到使用 ⊞ Zoom Extents All 以前的样子。

技巧：该命令的键盘快捷键是 Shift + Z。

(7) 在菜单栏选取 Customize/Customize User Interface，出现 Customize User Interface 对话框。

(8) 在 Customize User Interface 对话框中单击 Colors 标签，见图1.20。

(9) 在 Elements 下拉式列表中确认选取 Viewports，在其下面的列表中选取 Viewport Background。

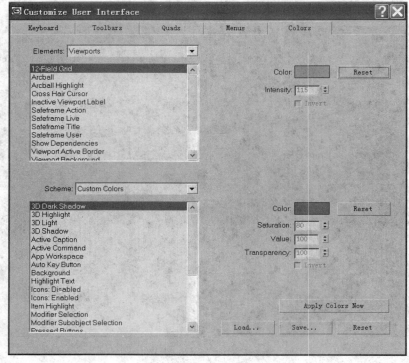

图 1.20

(10) 单击对话框顶部的颜色样本，出现 Color Selector 对话框。在 Color Selector 对话框中，使用颜色滑动块选取一个紫红色，见图 1.21。

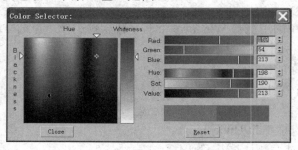

图 1.21

(11) 在 Color Selector 对话框中单击 Close 按钮。

(12) 在 Customize User Interface 对话框中单击 Apply Colors Now 按钮，视口背景变成了紫红色。

(13) 关闭 Customize User Interface 对话框。

1.4 工 具 栏

当第一次启动 3DS MAX 时，会发现在菜单栏下面有一个主工具栏(Toolbars)，主工具栏中有许多重要的功能，包括在场景变换对象和组织对象等。下面将举例说明如何使用主工具栏。

(1) 启动 3DS MAX。

(2) 在主工具栏的空白区域单击鼠标右键。

(3) 从弹出的快捷菜单中选取 Layers(见图 1.22)，则 Layers(层)工具栏以浮动形式显示在主工具栏的左下方。

图 1.22

(4) 在 Layers 工具栏的蓝色标题栏上单击鼠标右键，在弹出的快捷菜单中选取 Dock(停靠)，然后选择各种停靠方式，就可以将工具栏置于视图的顶部、底部、左部和右部，见图 1.23。

(5) 在菜单栏上选取 Customize/Revert to Startup Layout，见图 1.24。

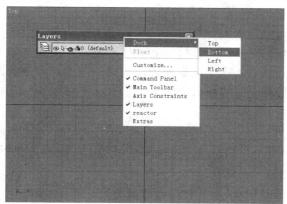

图 1.23

图 1.24

(6) 在弹出的消息框中单击"是(Y)"按钮，界面恢复到原始的外观。

1.5　命　令　面　板

命令面板中包含创建和编辑对象的所有命令，使用标签面板和菜单栏也可以访问命令面板的大部分命令。命令面板包含 Create、Modify、Hierarchy、Motion、Display 和 Utilities 共 6 个面板。

当使用命令面板选择一个命令后，该命令的选项就显示出来。例如当单击 Sphere 创建球的时候，Radius、Segments 和 Hemisphere 等参数将显示在命令面板上。

某些命令有很多参数和选项，所有这些选项将显示在卷展栏上。卷展栏是一个有标题的特定参数组。在卷展栏标题的左侧有加号(+)或者减号(−)。当显示减号的时候，可以单击卷展栏标题来卷起卷展栏，以便给命令面板留出更多空间；当显示加号的时候，可以单击标题栏来展开卷展栏，并显示卷展栏的参数。

在某些情况下，当卷起一个卷展栏的时候，会发现下面有更多的卷展栏。在命令面板中能够灵活使用卷展栏并访问卷展栏中的工具是十分重要的。

在命令面板中导航的一种方法是将鼠标放置在卷展栏的空白处，待光标变成  手形状的时候，就可以上下移动卷展栏了。

在命令面板中导航的另外一种方法是在卷展栏的空白处单击鼠标右键，这样就出现一个包含所有卷展栏标题的快捷菜单，见图 1.25。该菜单中还有一个 Open All 命令，用来打开所有卷展栏。

```
Close Rollout
Close All
Open All

✔ Object Type
✔ Name and Color
✔ Creation Method
  Keyboard Entry
✔ Parameters

  Reset Rollout Order
```

图 1.25

虽然可以打开所有卷展栏，但是如果命令面板上参数太多，那么上下移动命令面板将是非常费时间的。有两种方法可以解决这个问题。第一，移动卷展栏的位置，例如，如果一个卷展栏在命令面板的底部，则可以将它移动到命令面板的顶部；第二，展开命令面板来显示所有的卷展栏，但是这样做将损失很有价值的视口空间。

下面举例说明如何使用命令面板。

(1) 在菜单栏中选取 File/Reset。

(2) 在命令面板的 Object Type 卷展栏中单击 Sphere，默认的命令面板是 Create 命令面板。

(3) 在顶视口用单击并拖曳的方法来创建一个球。

(4) 在 Create 命令面板中，单击 Keyboard Entry 卷展栏标题来展开它，见图 1.26。

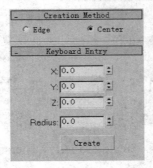

图 1.26

(5) 在 Create 命令面板中，将鼠标光标移动到 Keyboard Entry 卷展栏的空白处，这时鼠标光标变成了 手的形状。

(6) 单击并向上拖曳，以观察 Create 面板的更多内容。

(7) 在 Create 面板中，单击 Keyboard Entry 卷展栏标题，卷起该卷展栏。

（8）在 Create 面板中，将 Parameters 卷展栏标题拖曳到 Creation Method 卷展栏标题的下面，然后释放鼠标键。Creation Method 卷展栏标题上面的蓝线指明 Parameters 卷展栏被移动到的位置。

（9）将鼠标光标放置在透视视口和命令面板的中间，直到出现双箭头为止。

（10）单击并向左拖曳来改变命令面板的大小。

1.6　对　话　框

在 3DS MAX 中，根据选取的命令不同，可能显示不同的界面，例如有复选框、单选按钮或者微调器的对话框。主工具栏有许多按钮(例如 Mirror 和 Align 等)，通过选择这些按钮可以访问一个个对话框。图 1.27 是 Clone Options 对话框，图 1.28 是 Move Transform Type-In 对话框。它们是两类不同的对话框，图 1.27 所示的对话框是模式对话框，而图 1.28 所示的对话框是非模式对话框。

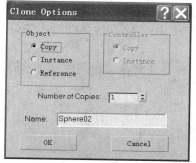

图 1.27

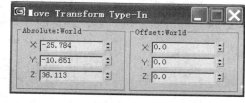

图 1.28

模式对话框要求在使用其他工具之前关闭该对话框。在使用其他工具的时候，非模式对话框可以保留在屏幕上。当参数改变的时候，它立即起作用。非模式对话框也可能有 Cancel 按钮、Apply 按钮、Close 按钮或者 Select 按钮，但是单击右上角的×按钮就可以关闭某些非模式对话框。

1.7　状态区域和提示行

界面底部的状态区域显示与场景活动相关的信息和消息。这个区域也可以显示创建脚本时的宏记录功能。当宏记录被打开后，将在粉色的区域中显示文字(见图 1.29)。该区域称为 Listener 窗口。要深入了解 3DS MAX 的脚本语言和宏记录，请参考 3DS MAX 的在线帮助。

宏记录区域的右边是提示行(Prompt Line)，见图 1.30。提示行的顶部显示选择的对象数目。提示行的底部根据当前的命令和下一步的工作给出操作的提示。

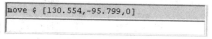

图 1.29

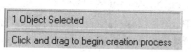

图 1.30

　　X、Y 和 Z 显示区(变换键入区)(见图 1.31)提供用户当前选择对象的位置，或者当前对象被移动、旋转和缩放的数据。也可以使用这个区域变换对象。

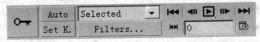

图 1.31

　　⊞ Absolute/Offset Mode Transform Type-In(绝对/偏移模式变换的键盘输入)按钮用于在绝对和相对键盘输入模式之间进行切换。

1.8　时　间　控　制

　　触发按钮的右边有几个类似于录像机上按键的按钮(见图 1.32)，这些是动画和时间控制按钮，可以使用这些按钮在屏幕上连续播放动画，也可以一帧一帧地观察动画。

图 1.32

　　Auto 按钮用来打开或者关闭动画模式。时间控制按钮中的输入数据框用来将动画移动到指定的帧。▶ 按钮用来在屏幕上播放动画。

　　当 Auto 按钮按下后，在非第 0 帧给对象设置的任何变化将会被记录成动画。例如，如果按下 Auto 按钮并移动该对象，就将创建对象移动的动画。

1.9　视口导航控制按钮

　　当使用 3DS MAX 的时候，会发现需要经常放大显示场景的某些特殊部分，以便进行细节调整。计算机屏幕的右下角是视口导航控制按钮(见图 1.33)。使用这些按钮可以通过各种方法放大和缩小场景。

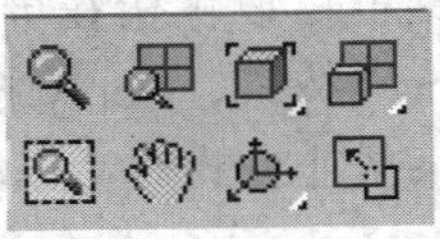

　　🔍 Zoom(放大/缩小)：放大或者缩小激活的视口。

　　⊞ Zoom All(放大/缩小所有视口)：放大或者缩小所有视口。

图 1.33

　　▱ ▱ Zoom Extents 和 Zoom Extents Selected(缩放到范围或者将选择的对象缩放到范围)：这个弹出按钮有两个选项。第一个按钮是灰色的，它将激活的视口中的所有对象以最大的方式显示；第二个按钮是白色的，它只将激活的视口中的选择对象以最大的方式显示。

　　⊞ ⊞ Zoom Extents All 和 Zoom Extents Selected All(将所有视口缩放到范围或者将选择的对象在所有视口中缩放到范围)：这个弹出按钮有两个选项。第一个按钮是灰色的，它将所有视口中的所有对象以最大的方式显示；第二个按钮是白色的，它只将所有视口中的选择对象以最大的方式显示。

　　▣ Region Zoom(区域缩放)：缩放视口中的指定区域。

　　✋ Pan(平移)：沿着任何方向移动视口。

　　⟲ ⟲ ⟲ Arc Rotate、Arc Rotate Selected 和 Arc Rotate SubObject(围绕场景弧形旋转、围绕选择对象弧形旋转和围绕次对象弧形旋转)：这是一个有三个选项的弹出按钮。第一个按钮是灰色的，它围绕场景旋转视图；第二个按钮是白色的，它围绕选择的对象旋转视图；第三个按钮是黄色的，它围绕次对象旋转视图。

　　　　Min/Max Toggle(最小/最大化切换)：在满屏和分割屏幕之间切换激活的视口。

　　下面就举例说明如何使用视口导航控制按钮。

　　(1) 启动 3DS MAX。在菜单栏上选取 File/Open，打开一个场景文件。该文件包含一个机械虫的场景，见图 1.34。

图 1.34

　　(2) 单击视口导航控制区域的　　 Zoom 按钮。

　　(3) 单击前视口的中心，并向上拖曳鼠标，前视口的显示被放大了，见图 1.35。

　　(4) 在前视口中单击并向下拖曳鼠标，前视口的显示被缩小了，见图 1.36。

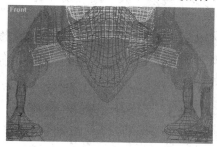

图 1.35

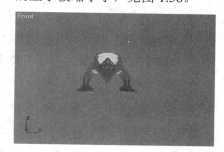

图 1.36

　　(5) 单击视口导航控制区域的　　 Zoom All 按钮。

　　(6) 在前视口单击左键并向上拖曳，所有视口的显示都被放大了，见图 1.37。

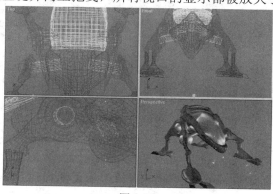

图 1.37

(7) 在透视视口单击鼠标右键，以激活该视口。

(8) 单击视口导航控制中的 Arc Rotate 按钮，在透视视口中出现了圆(见图1.38)，表明激活了弧形旋转模式。

(9) 单击透视视口的中心并向右拖曳，透视视口被旋转了，见图1.39。

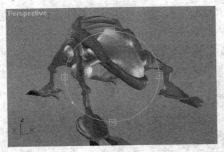
图 1.38

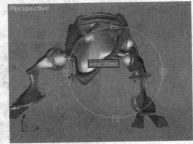
图 1.39

1.10　小　　结

本章较为详细地介绍了 3DS MAX 的用户界面，以及在用户界面中经常使用的命令面板、工具栏、视图导航控制按钮和动画控制按钮。命令面板用来创建和编辑对象，而主工具栏用来变换这些对象。视图导航控制按钮允许以多种方式放大、缩小或者旋转视图。动画控制按钮用来控制动画的设置和播放。

3DS MAX 的用户界面并不是固定不变的，可以采用各种方法来定制自己独特的界面。不过，在学习 3DS MAX 阶段，建议不要定制自己的用户界面，还是使用标准的界面为好。

1.11　习　　题

1. 选择题

(1) 透视图的名称是：

A. Left　　　　　　B. Top　　　　　　C. Perspective　　　　D. Front

正确答案是 C。

(2) 能够实现放大和缩小一个视图的视图工具为：

A. Pan　　　　　　B. Arc rotate　　　C. Zoom All　　　　　D. Zoom

正确答案是 D。

(3) 能够实现平滑+高亮功能的命令是：

A. Smooth+highlights　　　　　　B. Smooth

C. Wire frame　　　　　　　　　　D. Facets

正确答案是 A。

(4) 在默认的状态下打开 AutoKey Auto 按钮的快捷键是：

A. M　　　　　　　B. N　　　　　　　C. L　　　　　　　D. W

正确答案是 B。

(5) 在默认的状态下，视口的 Max/Min Toggle 的快捷键是：

A. Alt+M　　　　　　B. N　　　　　　C. L　　　　　　　　D. Alt+W

正确答案是 D。

(6) 显示/隐藏主工具栏的快捷键是：

A. 3　　　　　　　　B. L　　　　　　C. 4　　　　　　　　D. Alt+6

正确答案是 D。

(7) 显示浮动工具栏的快捷键是：

A. 3　　　　　　　　　　　　　　　B. L

C. 没有默认的，需要自己定制　　　D. Alt+6

正确答案是 C。

(8) 要在所有视口中以明暗方式显示选择的对象，需要使用哪个命令：

A. Views/Shade Selected　　　　　　　B. Views/Show Transform Gizmo

C. Views/Show Background　　　　　　D. Views/Show Key Times

正确答案是 A。

(9) 下面哪个命令用来打开扩展名是 max 的文件？

A. File/Open　　　　　　　　　　　　B. File/Merge

C. File/Import　　　　　　　　　　　D. File/Xref Objects

正确答案是 A。

(10) 在场景中打开和关闭对象的变换坐标系图标的命令是：

A. Views/Viewport Background　　　　B. Views/Show Transform Gizmo

C. Views/Match Camera to View　　　 D. Views/Show Key Times

正确答案是 B。

2. 思考题

(1) 视图的导航控制按钮有哪些？如何合理使用各个按钮？

(2) 动画控制按钮有哪些？如何设置动画时间长短？

(3) 用户是否可以定制用户界面？

(4) 主工具栏中各个按钮的主要作用是什么？

(5) 如何定制快捷键？

(6) 如何在不同视口之间切换？如何使视口最大/最小化？如何拖曳一个视口？

第2章 使用文件和对象工作

2.1 打开文件和保存文件

在 3DS MAX 中，一次只能打开一个场景。打开和保存文件是所有 Windows 应用程序的基本命令。这两个命令在菜单栏的文件菜单中。

在 3DS MAX 中打开文件是一件非常简单的操作，只要从菜单栏中选取 File/Open 即可。发出该命令后就出现 Open File 对话框(见图 2.1)，利用这个对话框可以找到要打开的文件。在 3DS MAX 中，只能使用 Open File 对话框打开扩展名为 max 的文件。

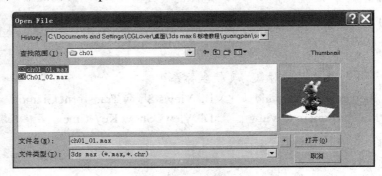

图 2.1

在 3DS MAX 中保存文件也是一件简单的事情。对于新创建的场景来讲，只需要从菜单栏中选取 File/Save 即可保存文件。发出该命令后，就出现 Save File As 对话框，在这个对话框中找到文件即将保存的文件夹即可。在 File 菜单栏上还有一个命令是 Save As，它可以用一个新的文件名保存场景文件。

下面我们就介绍 Save File As 对话框。

2.1.1 Save File As 对话框

当在 3DS MAX 的菜单栏上选取 File/Save As 后，就出现 Save File As 对话框，见图 2.2。

这个对话框有一个独特按钮，即靠近"保存(S)"按钮旁边的"＋"号按钮。当单击该按钮后，文件自动使用一个新的名字保存。如果原来的文件名末尾是数字，那么该数字自动增加1。如果原来的文件名末尾不是数字，那么新文件名在原来文件名后面增加数字"01"，再次单击"＋"号按钮后，文件名后面的数字自动增加成"02"，然后是"03"等。这使用户在工作中保存不同版本的文件变得非常方便。

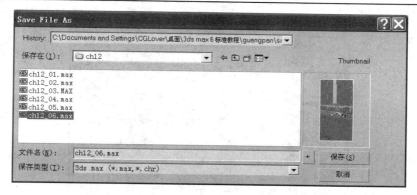

图 2.2

2.1.2　保存场景(Holding)和恢复保存的场景(Fetching)

除了使用 Save 命令保存文件外，还可以在菜单栏中选取 Edit/Hold，将文件临时保存在磁盘上。临时保存完成后，就可以继续使用原来的场景工作或者装载一个新场景。要恢复使用 Hold 保存的场景，可以从菜单栏中选取 Edit/Fetch，这样将使用保存的场景取代当前的场景。使用 Hold 只能保存一个场景。

Hold 的键盘快捷键是 Alt + Ctrl + H，Fetch 的键盘快捷键是 Alt + Ctrl + F。

2.1.3　合并(Merge)文件

合并文件允许用户从另外一个场景文件中选择一个或者多个对象，然后将选择的对象放置到当前的场景中。例如，用户可能正在使用一个室内场景工作，而另外一个没有打开的文件中有许多制作好的家具。如果希望将家具放置到当前的室内场景中，那么可以使用 File/Merge 将家具合并到室内场景中。该命令只能合并 max 格式的文件。

下面我们就举例来说明如何使用 Merge 命令合并文件。

(1) 启动 3DS MAX，创建一个没有家具的空房间模型，见图 2.3。

图 2.3

(2) 在菜单栏上选取 File/Merge，出现 Merge File 对话框。从模型库中选择一个家具模型，单击"打开(O)"按钮，出现 Merge-CH02_01M(模型文件名).max 对话框，这个对话框中显示了可以合并对象的列表，见图 2.4。

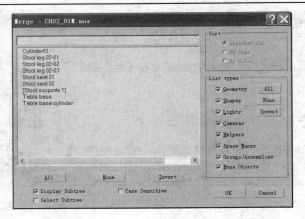

图 2.4

(3) 单击对象列表下面的 All 按钮,然后再单击 OK 按钮,一组家具就被合并到房间的场景中了,见图 2.5。请读者再将两个高脚杯合并到场景中。合并后的场景见图 2.6。

图 2.5　　　　　　　　　　　　　　　　　　图 2.6

说明: 合并进来的对象保持它们原来的大小以及在世界坐标系中的位置不变。有时必须移动或者缩放合并进来的文件,以便适应当前场景的比例。

2.1.4　外部参考对象和场景(Xref)

3DS MAX 支持一个小组通过网络使用一个场景文件工作。通过使用 Xref,可以实现该工作流程。在菜单栏上与外部参考有关的命令有两个,它们是 File/Xref Objects 和 File/Xref Scenes。

例如,假设你正在设计一个场景的环境,而另外一个艺术家正在设计同一个场景中角色的动画。这时可以使用 File/Xref Objects 命令将角色以只读的方式打开到你的三维环境中,以便观察两者是否协调;可以周期性地更新参考对象,以便观察角色动画工作的最新进展。

2.1.5　资源浏览器(Asset Browser)

使用资源浏览器(Asset Browser)也可以打开、合并外部参考文件。资源浏览器的优点是可以显示图像、max 文件和 MAXScript 文件的缩略图。

还可以使用 Asset Browser 与因特网相连,这意味着用户可以从 Web 上浏览 max 的资源，并将它们拖放到当前 max 场景中。

下面举例说明如何使用 Asset Browser。

(1) 启动 3DS MAX，创建一个有简单家具的房间的场景，参见图 2.5。

(2) 到 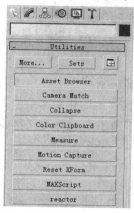 Utilities 命令面板，在 Utilities 卷展栏中单击 Asset Browser 按钮，见图 2.7，出现 Asset Browser 对话框，见图 2.8。

图 2.7

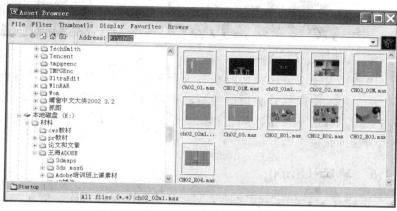

图 2.8

(3) 在 Asset Browser 中，打开你的模型库，见图 2.8。模型库中的所有文件都显示在 Asset Browser 中。

(4) 在缩略图区域找到一个桌椅模型，然后将它拖曳到透视视口中，此时出现一个快捷菜单，见图 2.9。

(5) 从出现的快捷菜单中选取 Merge File，桌布被合并到场景中，但是它好像仍然与鼠标连在一起，随鼠标一起移动。

(6) 在 Camera01 视口，将桌布移动到合适的位置，见图 2.10，然后单击鼠标左键。

图 2.9

图 2.10

(7) 在 Asset Browser 中单击 ch02_02m1.max，然后将它拖放到 Camera01 视口。

(8) 从弹出的菜单上选取 Merge File，顶灯被"粘"到鼠标上。

(9) 在摄像机视口中将顶灯移动到合适的位置(见图 2.11)，然后单击鼠标左键，固定顶灯位置。

(10) 用同样的方法将杯子模型合并到场景中来，见图 2.12。

图 2.11

图 2.12

说明：前面合并进来的对象与场景匹配得都非常好，这是因为在建模过程中仔细考虑了比例问题。如果在建模的时候不考虑比例问题，可能会发现从其他场景中合并进来的文件与当前工作的场景不匹配。在这种情况下，就必须变换合并进来的对象，以便匹配场景的比例和方位。

2.1.6　单位(Units)

在 3DS MAX 中有很多地方都要使用数值进行工作。例如，当创建一个圆柱的时候，需要设置圆柱的半径(Radius)。那么 3DS MAX 中这些数值究竟代表什么意思呢？

在默认的情况下，3DS MAX 使用称之为一般单位(Generic Unit)的度量单位制。可以将一般单位设定为代表用户喜欢的任何距离。例如，每个一般单位可以代表 1 英寸、1 米、5 米或者 100 海里。

当使用由多个场景组合出来的项目工作的时候，所有项目组成员必须使用一致的单位。

还可以给 3DS MAX 显式地指定测量单位。例如，对某些特定的场景来讲，可以指定使用 feet/inches 度量系统。这样，如果场景中有一个圆柱，那么它的 Radius 将不用很长的小数表示，而是使用英尺/英寸来表示，例如 3′ 6″。当需要非常准确的模型(例如建筑或者工程建模)时该功能非常有用。

在 3DS MAX 中，进行正确的单位设置显得更为重要。这是因为新增的高级光照特性使用真实世界的尺寸进行计算，因此要求建立的模型与真实世界的尺寸一致。

下面我们就举例来说明如何使用 3DS MAX 的度量单位制。

(1) 启动 3DS MAX，或者在菜单栏选取 File/Reset，复位 3DS MAX。

(2) 在菜单栏选取 Customize/Units Setup，出现 Units Setup 对话框，见图 2.13。

(3) 在 Units Setup 对话框中单击 Metric，选择该单选按钮。

(4) 从 Metric 下拉式列表中选取 Meters，见图 2.14。

(5) 单击 OK 按钮关闭 Units Setup 对话框。

(6) 在 Create 面板中，单击 Sphere 按钮。在顶视口

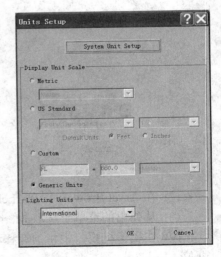
图 2.13

单击并拖曳，创建一个任意大小的球。现在 Radius 的数值后面有一个 m，见图 2.15，这个 m 是米的缩写。

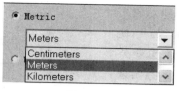

图 2.14

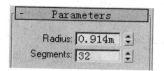

图 2.15

(7) 在菜单栏选取 Customize/Units Setup。在 Units Setup 对话框中单击 US Standard。

(8) 从 US Standard 的下拉式列表中选取 Feet w/Fractional Inches，见图 2.16。

(9) 单击 OK 按钮，关闭 Units Setup 对话框。现在球的半径以英尺/英寸的方式显示，见图 2.17。

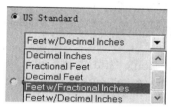

图 2.16

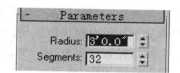

图 2.17

2.2　创建对象和修改对象

在 Create 命令面板上有 7 个图标，它们分别用来创建 Geometry(几何体)、Shapes(二维图形)、Lights(灯光)、Cameras(摄像机)、Helpers(辅助对象)、Space Warps(空间变形)、Systems(体系)。

每个图标下面都有不同的命令集合。每个选项都有下拉式列表。在默认的情况下，启动 3DS MAX 后显示的是 Create 命令面板中 Geometry 图标下的下拉式列表中的 Standard Primitives 选项。

2.2.1　原始几何体(Primitives)

在三维世界中，基本的建筑块被称为原始几何体(Primitives)。原始几何体通常是简单的对象(见图 2.18)，它们是建立复杂对象的基础。

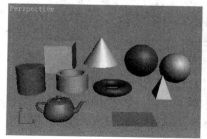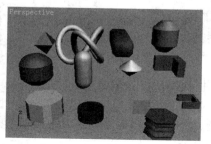

图 2.18

原始几何体是参数化对象，这意味着可以通过改变参数来改变几何体的形状。所有原始几何体的命令面板中的卷展栏的名字都是一样的，而且在卷展栏中也有类似的参数。可以在屏幕上交互地创建对象，也可以使用 Keyboard 卷展栏通过输入参数来创建对象。当使用交互的方式创建原始几何体的时候，可以通过观察 Parameters 卷展栏中(见图 2.19)的参数数值的变化来了解调整时影响的参数。

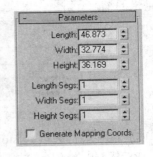

图 2.19

有两种类型的原始几何体，它们是标准原始几何体 (Standard Primitives)(图 2.18 左图) 和扩展原始几何体 (Extended Primitives)(图 2.18 右图)。通常将这两种几何体称为标准几何体和扩展几何体。

要创建原始几何体，首先要从命令面板(或者 Object 标签面板)中选取几何体的类型，然后在视口中单击并拖曳即可。某些对象要求在视口中进行一次单击和拖曳操作，而另外一些对象则要求在视口中进行多次单击和鼠标移动操作。

在默认的情况下，所有对象都被创建在主栅格(Home Grid)上，但也可以使用 Autogrid 功能来改变这个默认设置，允许在一个已经存在对象的表面创建新的几何体。

下面我们就举例来说明如何创建原始几何体。

(1) 启动 3DS MAX，到 Create 命令面板单击 Object Type 卷展栏下面的 Sphere 按钮。

(2) 在顶视口的右侧单击并拖曳，创建一个占据视口一小半空间的球。

(3) 单击 Object Type 卷展栏下面的 Box 按钮。

(4) 在顶视口的左侧单击并拖曳创建盒子的底，然后释放鼠标键，向上移动，待对盒子的高度满意后单击鼠标左键定位盒子的高度。

这样，场景中就创建了两个原始几何体，见图 2.20。在创建的过程中注意观察 Parameters 卷展栏中参数数值的变化。

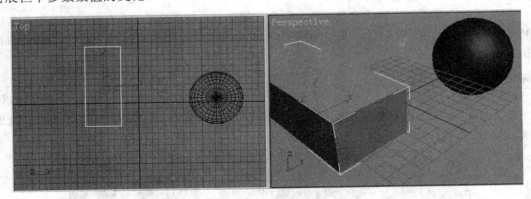

图 2.20

(5) 单击 Object Type 卷展栏下面的 Cone 按钮。

(6) 在顶视口单击并拖曳创建圆锥的底面半径，然后释放鼠标键，向上移动，待对圆锥的高度满意后单击鼠标左键设置圆锥的高度；再向下移动鼠标，对圆锥的顶面半径满意后单击鼠标左键设置圆锥的顶面半径。这时的场景见图 2.21。

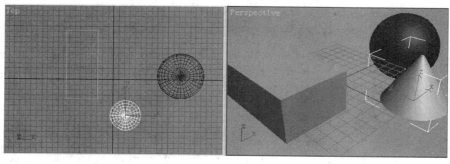

图 2.21

（7）单击 Object Type 卷展栏下面的 Box 按钮，选择 AutoGrid 复选框，见图 2.22。

（8）在透视视口，将鼠标移动到圆锥的侧面，然后单击并拖曳，创建一个盒子。盒子被创建在圆锥的侧面，见图 2.23。

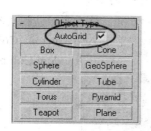

图 2.22

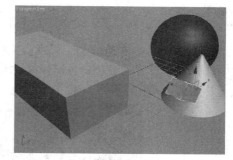

图 2.23

（9）继续在场景中创建其他几何体。

2.2.2　修改原始几何体

在刚刚创建完对象，且在进行任何操作之前，还可以在 Create 命令面板中改变对象的参数。但是，一旦选择了其他对象或者选取了其他选项，就必须使用 Modify 面板来调整对象的参数。

技巧：一个好的习惯是创建对象后立即进入 Modify 面板。这样做有两个好处，一是离开 Create 面板后不会意外地创建不需要的对象；二是在参数面板做的修改一定起作用。

当创建了一个对象后，可以采用如下三种方法中的一种来改变参数的数值：

（1）突出显示原始数值，然后键入一个新的数值覆盖原始数值，最后按键盘上的 Enter 键。

（2）单击微调器的任何一个小箭头，小幅度地增加或者减少数值。

（3）单击并拖曳微调器的任何一个小箭头，较大幅度地增加或者减少数值。

技巧：调整微调器按钮的时候按下 Ctrl 键将以较大的增量增加或者减少数值；调整微调器按钮的时候按下 Alt 键将以较小的增量增加或者减少数值。

当创建一个对象后，它被指定了一个颜色和惟一的名字。对象的名称由对象类型外加数字组成。例如，在场景中创建的第一个盒子的名字是 Box01，下一个盒子的名字就是 Box02。对象的名字显示在 Name and Color 卷展栏中，见图 2.24。在 Create 面板中，该卷展栏在面板的底部；在 Modify 面板中，该卷展栏在面板的顶部。

在 Create 面板中　　　　　　　　　在 Modify 面板中

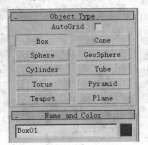

图 2.24

在默认的情况下，3DS MAX 随机地给创建的对象指定颜色。这样可以使用户在创建的过程中方便地区分不同的对象。

可以在任何时候改变默认的对象名字和颜色。

说明： 对象的默认颜色与它的材质不同。指定给对象的默认颜色是为了在建模过程中区分对象，指定给对象的材质是为了最后渲染的时候得到好的图像。

单击 Name 区域(Box01)右边的颜色样本就出现 Object Color 对话框，见图 2.25。可以在这个对话框中选择预先设置的颜色，也可以在这个对话框中单击 Add Custom Colors 按钮创建定制的颜色。如果不希望让系统随机指定颜色，可以关闭 Assign Random Colors 复选框。

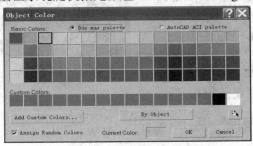

图 2.25

下面举例来说明如何改变对象的参数。

(1) 启动 3DS MAX，或者在菜单栏中选取 File/Reset，复位 3DS MAX。

(2) 单击 Create 面板中 Object Type 卷展栏下面的 Box 按钮。

(3) 在透视视口中创建一个任意大小的盒子。

(4) 在 Create 面板的 Parameters 卷展栏中将 Length 改为 90，将 Width 改为 80，将 Height 改为 60，这时的透视视口见图 2.26。

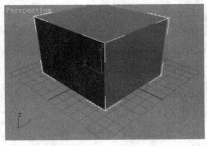

图 2.26

(5) 单击 Create 面板中 Object Type 卷展栏下面的 Sphere 按钮。

(6) 在顶视口创建一个与盒子大小近似的球。这时在命令面板中看不到盒子的参数了，显示的是球的参数。

(7) 单击主工具栏中的 Select object 按钮，然后在顶视图中单击盒子以选择它。

技巧：必须单击盒子的轮廓线才能选择它。

(8) 到 Modify 命令面板。在靠近命令面板的底部显示盒子的参数。

(9) 在 Parameters 卷展栏调整盒子的参数。

(10) 在 Modify 命令面板的顶部，突出显示默认的对象名字 Box01。

(11) 键入一个新名字 hezi，然后按键盘上的 Enter 键。

(12) 单击名字右边的颜色样本，出现 Object Color 对话框，该对话框有 64 个默认的颜色供选择。

(13) 在 Object Color 对话框给盒子选择一个不同的颜色。

(14) 单击 OK 按钮设置颜色并关闭对话框。盒子的名字和颜色都变了，见图 2.27。

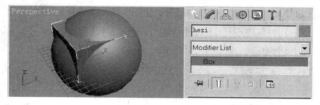

图 2.27

2.2.3　样条线(Splines)

样条线是二维图形，它是一个没有深度的连续线(可以是开的，也可以是封闭的)。创建样条线对建立三维对象的模型至关重要。例如，可以创建一个矩形，然后再定义一个厚度来生成一个盒子；也可以通过创建一组样条线来生成一个人物的头部模型。

在默认的情况下，样条线是不可以渲染的对象。这就意味着如果创建一个样条线并进行渲染，那么在视频帧缓存中将不显示样条线。但是，每个样条线都有一个可以打开的厚度选项。这个选项对创建霓虹灯的文字、一组电线或者电缆的效果非常有用。

样条线本身可以被设置动画，它还可以作为对象运动的路径。3DS MAX 中常见的样条线类型见图 2.28。

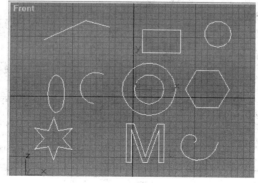

图 2.28

在 Create 面板的 Object Type 卷展栏中有一个 Start New Shape 复选框。可以将这个复选框关闭来创建一个二维图形中的一系列样条曲线。默认情况下是每次创建一个新的图形，但是，在很多情况下，需要关闭 Start New Shape 复选框来创建嵌套的多边形，在后续建模的有关章节中还要详细讨论这个问题。

二维图形也是参数对象，在创建之后也可以编辑二维对象的参数。例如，图 2.29 给出的是创建文字时的 Parameters 卷展栏。可以在这个卷展栏中改变文字的字体、大小、字间距和行间距。创建文字后还可以改变文字的大小。

下面举例说明如何创建二维图形。

(1) 启动 3DS MAX，或者在菜单栏中选取 File/Reset，复位 3DS MAX。

(2) 在 Create 命令面板单击  Shapes 按钮。

(3) 在 Object Type 卷展栏单击 Circle 按钮。

(4) 在前视口单击并拖曳创建一个圆。

(5) 单击命令面板中 Object Type 卷展栏下面的 Rectangle 按钮。

(6) 在前视口中单击并拖曳来创建一个矩形，见图 2.30。

(7) 单击视口导航控制中的 Pan 按钮。

图 2.29

(8) 在前视口单击并向左拖曳，给视口的右边留一些空间，见图 2.31。

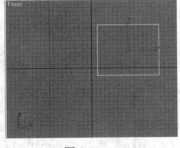

图 2.30

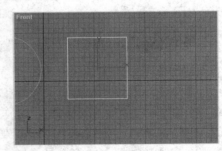

图 2.31

(9) 单击命令面板中 Object Type 卷展栏下面的 Star 按钮。

(10) 在前视口的空白区域单击并拖曳来创建星星的外径。释放鼠标再向内移动来定义星星的内径，然后单击完成星星的创建，见图 2.32。

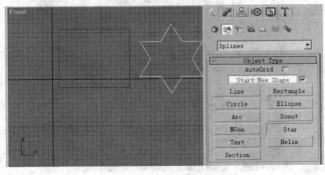

图 2.32

(11) 在 Create 命令面板的 Parameters 卷展栏，将 Points 改为 5。星星变成了五角形，见图 2.33。

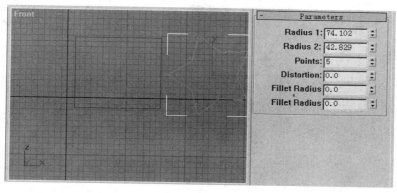

图 2.33

(12) 单击视口导航控制中的 🖐 Pan 按钮。

(13) 在前视口单击并向左拖曳，给视口的右边留一些空间，见图 2.34。

(14) 单击命令面板中 Object Type 卷展栏下面的 Line 按钮。

(15) 在前视口中单击开始画线，移动光标再次单击画一条直线，然后继续移动光标，再次单击，画另外一条直线段。

(16) 依次进行操作，直到对画的线满意后单击鼠标右键结束画线操作。现在的前视口见图 2.35。

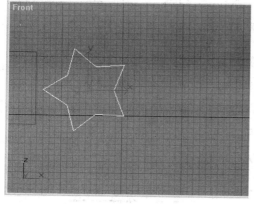

图 2.34

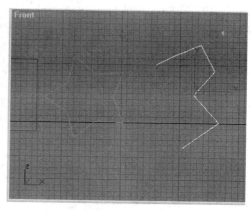

图 2.35

2.3 编辑修改器堆栈的显示

创建完对象(几何体、二维图形、灯光和摄像机等)后，就需要对创建的对象进行修改。对对象的修改可以是多种多样的，可以通过修改参数改变对象的大小，也可以通过编辑的方法改变对象的形状。

要修改对象，就要使用 Modify 命令面板。Modify 面板被分为两个区域：编辑修改器堆栈显示区和对象的卷展栏区域，见图 2.36。

图 2.36

　　在这一节，将介绍编辑修改器堆栈显示的基本概念。后面还要更为深入地讨论与编辑修改器堆栈相关的问题。

2.3.1　编辑修改器列表

　　在靠近 Modify 命令面板顶部的地方显示有 Modifier List。可以通过单击 Modifier List 右边的箭头打开一个下拉式列表，列表中的选项就是编辑修改器，见图 2.37。

　　列表中的编辑修改器是根据功能的不同进行分类的。尽管初看起来列表很长，编辑修改器很多，但是这些编辑修改器中的一部分是常用的，而另外一些则很少用。

　　当在 Modifier List 上单击鼠标右键后，出现一个弹出菜单，见图 2.38。

图 2.37

图 2.38

可以使用这个菜单完成如下工作：
- 过滤在列表中显示的编辑修改器。
- 在 Modifier List 下显示出编辑修改器的按钮。
- 定制自己的编辑修改器集合。

2.3.2　应用编辑修改器

要使用某个编辑修改器，需要先从列表中选择该编辑修改器。一旦选择了某个编辑修改器，它会出现在堆栈的显示区域中。可以将编辑修改器堆栈想像成为一个历史记录堆栈。每当从编辑修改器列表中选择一个编辑修改器，它就出现在堆栈的显示区域。这个历史的最底层是对象的类型(称之为基本对象)，后面是基本对象应用的编辑修改器。在图 2.39 中，基本对象是 Cylinder，编辑修改器是 Bend。

当给一个对象应用编辑修改器后，它并不立即发生变化，但是编辑修改器的参数显示在命令面板中的 Parameters 卷展栏(见图 2.40)中。要使编辑修改器起作用，就必须调整 Parameters 卷展栏中的参数。

图 2.39

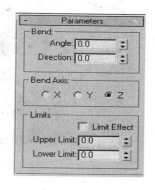

图 2.40

可以给对象应用许多编辑修改器，这些编辑修改器按应用的次序显示在堆栈的列表中。最后应用的编辑修改器在最顶部，基本对象总是在堆栈的最底部。

当堆栈中有多个编辑修改器的时候，可以通过在列表中选取一个编辑修改器来在命令面板中显示它的参数。

不同的对象类型有不同的编辑修改器。例如，有些编辑修改器只能应用于二维图形，而不能应用于三维图形。当用下拉式列表显示编辑修改器的时候，只显示能够应用选择对象的编辑修改器。

可以从一个对象上向另外一个对象上拖放编辑修改器，也可以交互地调整编辑修改器的次序。下面举例说明如何使用编辑修改器。

(1) 启动 3DS MAX，或者在菜单栏中选取 File/Reset，复位 3DS MAX。

(2) 单击 Create 命令面板上 Object Type 卷展栏下面的 Sphere 按钮。

(3) 在透视视口创建一个半径(Radius)约为 40 个单位的球，见图 2.41。

(4) 到 Modify 命令面板，单击 Modifier List 右边的向下箭头。在出现的编辑修改器列表中选取 Stretch。Stretch 编辑修改器被应用给了球，同时显示在堆栈列表中，见图 2.42。

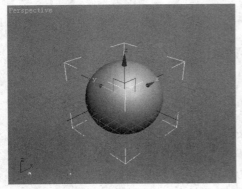
图 2.41

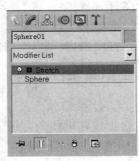
图 2.42

(5) 在 Modify 面板的 Parameters 卷展栏，将 Stretch 改为 1，将 Amplify 改为 3。现在球变形了，见图 2.43。

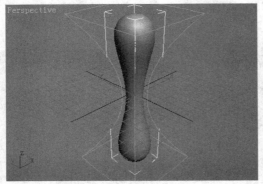
图 2.43

(6) 到 Create 命令面板，单击 Object Type 卷展栏中的 Cylinder 按钮。

(7) 在透视视口球的旁边创建一个圆柱。

(8) 在 Create 面板的 Parameters 卷展栏将 Radius 改为 6，将 Height 改为 80。

(9) 切换到 Modify 命令面板，单击 Modifier List 右边的向下箭头。在出现的编辑修改器列表中选取 Bend。将 Bend 编辑修改器应用于圆柱，它同时显示在堆栈列表中。

(10) 在 Modify 面板的 Parameters 卷展栏将 Angle 改为 −90，圆柱变弯曲了，见图 2.44。

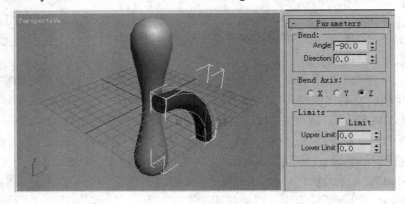
图 2.44

(11) 从圆柱的堆栈列表中将 Bend 拖曳到场景中拉伸后的球上。球也变得弯曲了，同时它的堆栈中也出现了 Bend，见图 2.45。

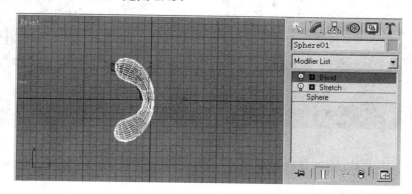

图 2.45

2.4 对象的选择

在对某个对象进行修改之前，必须先选择对象。选择对象的技术将直接影响在 3DS MAX 中的工作效率。

2.4.1 选择一个对象

选择对象的最简单方法是使用选择工具在视口中单击。下面是主工具栏中常用的选择对象工具。

: 仅仅用来选择对象，单击即可选择一个对象。

: 四种不同的区域选择方式。第一种是矩形区域选择方式，第二种是圆形区域选择方式，第三种是自由多边形区域选择方式，第四种是套索选择方式。

: 根据名字选择对象，可以在 Select Objects 对话框中选择一个对象。

: 交叉选择方式/窗口选择方式。

2.4.2 选择多个对象

当选择对象的时候，常常希望选择多个对象或者从选择的对象中取消某个对象的选择，这就需要将鼠标操作与键盘操作结合起来。下面给出选择多个对象的方法。

● Ctrl + 单击：向选择的对象中增加对象。

● Ctrl 或者 Alt + 单击：从当前选择的对象中取消某个对象的选择。

● 在要选择的一组对象周围单击并拖曳，画出一个完全包围对象的区域。当释放鼠标键的时候，框内的对象被选择。

图 2.46 是使用画矩形区域的方式选择对象。

注：在默认的状态下，所画的选择区域是矩形的。还可以通过主工具栏的按钮将选择方式改为圆形(Circular)区域选择方式、自由多边形(Fence)区域选择方式或者套索(Lasso)选择方式。

选择过程中　　　　　　　　　　　　　选择结果

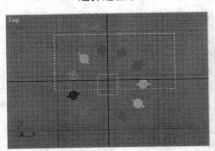

图 2.46

当使用矩形选择区域选择对象的时候，主工具栏有一个按钮用来决定矩形区域如何影响对象。这个触发按钮有两个选项：

Window Selection(窗口选择)：选择完全在选择框内的对象。

Crossing Selection(交叉选择)：在选择框内和与选择框相接触的对象都被选择。

2.4.3　根据名称来选择

在主工具栏上有一个　　　Select by Name 按钮。单击这个按钮后就会出现 Select Objects 对话框，该对话框显示场景中所有对象的列表。按键盘上的 H 键也可以访问这个对话框。该对话框也可以用来选择场景中的对象。

技巧：当场景中有许多对象的时候，它们会在视口中相互重叠，这时在视口中采用单击的方法选择它们将是很困难的。但是使用 Select Objects 对话框就可以很好地解决这个问题。

下面举例说明如何根据名称来选择对象。

(1) 启动 3DS MAX，创建一个有简单家具的房间场景，见图 2.47。

图 2.47

(2) 在主工具栏上单击　　　Select by Name 按钮，出现 Select Objects 对话框，参见图 2.48。

(3) 在 Select Objects 对话框中单击 Table base。

(4) 在 Select Objects 对话框中按下 Ctrl 键，然后单击 Floor。这时 Select Objects 对话框的列表中有两个对象被选择，见图 2.48。

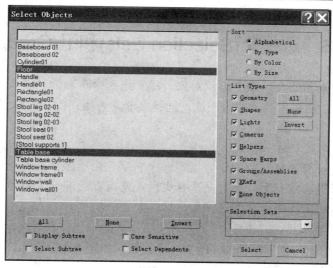

图 2.48

（5）在 Select Objects 对话框中单击 Select 按钮。这时 Select Objects 对话框消失，场景中有两个对象被选择，在被选择的对象周围有白色框。

（6）按键盘上的 H 键，出现 Select Objects 对话框。

（7）在 Select Objects 对话框中单击 Stool leg 02-01。

（8）按下 Shift 键，然后单击 Stool seat 02。在两个被选择对象中间的对象都被选择了，见图 2.49。

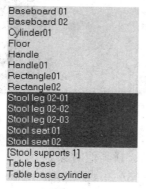

图 2.49

（9）在 Select Object 对话框单击 Select 按钮。在场景中选择了 5 个对象。

注意：如果场景中的对象比较多，会经常使用 Select by Name 功能，这就要求合理地命名文件。如果文件名组织得不好，使用这种方式选择就会变得非常困难。

2.4.4　锁定选择的对象

为了便于后面的操作，当选择多个对象的时候，最好将选择的对象锁定。锁定选择的对象后，就可以保证不误选其他的对象或者丢失当前选择的对象。

可以单击状态栏中的 🔒 Lock Selection 按钮来锁定选择的对象，也可以按键盘上的空格键来锁定选择的对象。

2.5　选择集(Selection Sets)和组(Group)

选择集和组用来帮助在场景中组织对象。尽管这两个选项的功能有点类似，但是工作流程却不同。此外，在对象的次对象层次，选择集非常有用；而在对象层次，组非常有用。

2.5.1　选择集

选择集允许给一组选择对象的集合指定一个名字。由于经常需要对一组对象进行变换等操作，所以选择集非常有用。当定义选择集后，就可以通过一次操作选择一组对象。

下面举例说明如何使用命名的选择集。

(1) 继续前面的练习。

(2) 在主工具栏上单击 ▊ Select by Name 按钮，出现 Select Objects 对话框。

(3) 在 Select Objects 对话框中单击 Cylinder01。

(4) 在 Select Object 对话框中按下 Ctrl 键并单击 Table base 和 Table base cylinder，见图 2.50。

(5) 在 Select Objects 对话框单击 Select 按钮，组成桌子的 3 个对象被选择了，见图 2.51。

图 2.50

图 2.51

(6) 单击状态栏的 ▊ Lock Selection Set 按钮。

(7) 在前视口中用单击的方式选择其他对象。

由于 🔒 Lock Selection Set 已经处于打开状态，因此不能选择其他对象。

(8) 在主工具栏将鼠标光标移动到 ▊▊▊▊▊ ▼ Named Selection Sets 区域。

(9) 在 ▊ Table　　▼ Named Selection Sets 键盘输入区域，键入 Table，然后按 Enter 键。这样就命名了选择集。

注意：如果没有按 Enter 键，选择集的命名将不起作用。这是初学者经常遇到的问题。

(10) 按空格键关闭 ▊ Lock Selection Set 按钮的设定。

(11) 在前视口的任何地方单击。原来选择的对象将不再被选择。

(12) 在主工具栏单击 Named Selection Sets 区域向下的箭头，然后在弹出的列表中选取 ▊ Table　　▼ Table，桌子的对象又被选择了。

(13) 按键盘上的 H 键，出现 Select Objects 对话框。

（14）在 Select Objects 对话框中，对象仍然是作为个体被选择的。该对话框中也有一个 Selection Sets 列表。

（15）在 Select Object 对话框中单击 Cancel 按钮，关闭该对话框。

（16）保存文件，以便后面使用。

2.5.2　组

1. 组和选择集的区别

组也被用来在场景中组织多个对象，但是它的工作流程和编辑功能与选择集不同。下面各项就给出了组和选择集的不同之处：

（1）当创建一个组后，组成组的多个单个对象被作为一个对象来处理。

（2）不再在场景中显示组成组的单个对象的名称，而显示组的名称。

（3）在对象列表中，组的名称用括号括了起来。

（4）在 Name and Color 卷展栏中，组的名称是粗体的。

（5）当选择组成组的任何一个对象后，整个组都被选择。

（6）要编辑组内的单个对象，需要打开组。

编辑修改器和动画都可以应用于组。如果在应用了编辑修改器和动画之后决定取消组，那么每个对象都保留组的编辑修改器和动画。

在一般情况下，尽量不要将组内的对象或者选择集内的对象设置为动画。可以使用链接选项设置多个对象一起运动的动画。

如果将一个组设置为动画，将发现所有对象都有关键帧。这就意味着如果设置组的位置动画，并且观察组的位置轨迹线的话，那么将显示组内每个对象的轨迹。如果是将有很多对象的组设置为动画，那么显示轨迹线后将使屏幕变得非常混乱。实际上，组主要用来建模，而不是用来制作动画。

2. 创建组

（1）继续前面的练习。

（2）在主工具栏上将选择方式改为 Crossing Selection。

（3）在前视口中右侧凳子的顶部单击并拖曳，向下画一个方框，见图 2.52。与方框接触的对象都被选择了，见图 2.53。

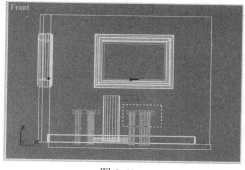

图 2.52　　　　　　　　　　　　　　　　　　图 2.53

（4）在菜单栏选取 Group/Group，出现 Group 对话框，见图 2.54。

(5) 在 Group 对话框的 Group name 区域键入 Stool，然后单击 OK 按钮。

(6) 到 Modify 面板，注意观察 Name and Color 区域，Stool 是粗体的，见图 2.55。

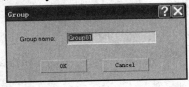

图 2.54

图 2.55

(7) 按键盘上的 H 键，出现 Select Objects 对话框。

(8) 在 Select Objects 对话框中，Stool 被用方括号括了起来，组内的对象不再在列表中出现，见图 2.56。

(9) 在 Select Objects 对话框中单击 Select 按钮。

(10) 在前视口单击组外的对象，组不再被选择。

(11) 在前视口单击 Stool 组中的任何对象，组内的所有对象都被选择。

(12) 在菜单栏选取 Group/UnGroup，组被取消了。

(13) 按键盘上的 H 键。在 Select Objects 对话框中将看不到组 Stool，列表框中显示单个对象的列表，见图 2.57。

图 2.56

图 2.57

2.6 小　　结

本章介绍了如何打开、保存以及合并文件，并讨论了参考文件和参考对象，这些都是实际工作中非常重要的技巧，请一定熟练掌握。

本章的另外一个重要内容就是创建基本的三维对象和二维对象，以及如何使用编辑修改器和编辑修改器堆栈编辑对象。

为了有效地编辑对象和处理场景，需要合理地利用 3DS MAX 提供的组织工具组织场景中的对象。在本章中学习的组和选择集是重要的组织工具，熟练掌握这些工具将会对今后的工作大有益处。

2.7 习　　题

1. 判断题

(1) 在 3DS MAX 中组(Group) 和选择集的作用是一样的。

正确答案：错误。组内对象的关系要比选择集内对象的关系密切。选择集常用来建模，组常用来制作动画。

(2) 在 3DS MAX 中自己可以根据需要定义快捷键。

正确答案：正确。定制快捷键使用的是 Customize\Customize User Interface 命令。

(3) Ctrl 键用来向选择集中增加对象。

正确答案：正确。

(4) 选择对象后按空格键可以锁定选择集。

正确答案：正确。

(5) 在 Select Objects 对话框中，可以使用?代表字符串中任意一个字符。

正确答案：正确。

(6) 不能向已经存在的组中增加对象。

正确答案：错误。

(7) 用 Open 命令打开组后必须使用 Group 命令重新形成组。

正确答案：错误。使用 Close 命令封闭组即可。

(8) 命名的选择集不随文件一起保存，也就是说打开文件后将看不到文件保存前的命名选择集。

正确答案：错误。

(9) 在 3DS MAX 中一般情况下要先选择对象，然后再发出操作的命令。

正确答案：正确。

(10) File/Open 命令和 File/Merge 命令都只能打开 max 文件，因此在用法上没有区别。

正确答案：错误。

2. 选择题

(1) 3DS MAX 的选择区域形状有：

A. 1 种　　　　　B. 2 种　　　　　C. 3 种　　　　　D. 4 种

正确答案是 D。

(2) 在根据名字选择的时候，下面哪个字符可以代表任意个字符的组合？

A. *　　　　　B. ?　　　　　C. @　　　　　D. #

正确答案是 A。即*号可以代表任意个字符的组合。?号只能代表单个字符。具体示例见图 2.58。

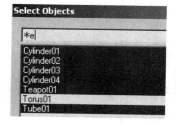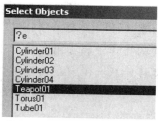

图 2.58

(3) 下面哪个命令将组彻底分解？

A. Explode　　　　　B. Ungroup　　　　　C. Detach　　　　　D. Divide

正确答案是 A。Ungroup 是撤消当前组，Detach 是从组中分离元素。

(4) 在保留原来场景的情况下，导入 3D Studio MAX 文件时应选择的命令是:

A. Merge 　　　　　　B. Replace 　　　　　　C. New 　　　　　　D. Open

正确答案是 A。

(5) 下面哪一种方法不能用来激活 Select Objects 对话框?

A. 工具栏中 Select by Name 按钮 　　　　B. Edit 菜单下的 Select By Name 命令

C. 键盘上的 H 键 　　　　　　　　　　　D. Tools 菜单下的 Selection Floter 命令

正确答案是 D。

(6) 下面哪个命令用来合并扩展名是 max 的文件?

A. File/Open 　　　　B. File/Merge 　　　　C. File/Import 　　　　D. File/Xref Objects

正确答案是 B。

(7) File/Save 命令可以保存哪种类型的文件?

A. Max 　　　　　　B. Dxf 　　　　　　C. Dwg 　　　　　　D. 3ds

正确答案是 A。

(8) File/Merge 命令可以合并哪种类型的文件?

A. Max 　　　　　　B. Dxf 　　　　　　C. Dwg 　　　　　　D. 3ds

正确答案是 A。

(9) 撤消组的命令是:

A. Group/Ungroup 　　　　　　　　　　　B. Group/Explode

C. Group/Attach 　　　　　　　　　　　　D. Group/Detach

正确答案是 A。

(10) 要改变场景中对象的度量单位制，应选择哪个命令?

A. Customize /Preferences 　　　　　　　　B. Views/Update During Spinner Drag

C. Customize/Units Setup 　　　　　　　　D. Customize /Show UI

正确答案是 C。

3. 思考题

(1) 如何通过拖曳的方式复制修改器?

(2) 如何设置 3DS MAX 的系统单位?

(3) 如何改变几何体的颜色?

(4) ▢ ◯ ◺ ◞ 四种选择区域在用法上有什么不同?

(5) 交叉和窗口选择有何本质不同?

(6) 组和选择集的操作流程和用法有何不同?

(7) 尝试用长方体完成一个简单的桌子模型。

第 3 章　对象的变换

　　3DS MAX 提供了许多工具，尽管并不需要在每个场景的工作中都使用所有的工具，但是基本上在每个场景的工作中都要移动、旋转和缩放对象。完成这些功能的基本工具称之为变换(Transform)。当变换的时候，除了需要理解变换中使用的变换坐标系、变换轴和变换中心外，还要经常使用捕捉功能。另外，在进行变换的时候还经常需要复制对象。因此，本章还要讨论与变换相关的一些功能，例如复制、阵列复制、镜像和对齐等。

3.1　变　　换

　　可以使用变换来移动、旋转和缩放对象。进行变换时，可以从主工具栏上访问变换工具，也可以使用快捷菜单访问变换工具。主工具栏上的变换工具如下：

　　✛ Select and Move：选择并移动。

　　↻ Select and Rotate：选择并旋转。

　　▣ Select and Uniform Scale：选择并等比例缩放。

　　◪ Select and Non-uniform Scale：选择并不等比例缩放。

　　▤ Select and Squash：选择并挤压变形。

3.1.1　变换轴

　　选择对象后，每个对象上都显示一个有 3 个轴的坐标系的图标，见图 3.1。坐标系的原点就是轴心点。每个坐标系上有 3 个箭头，分别标记 X、Y 和 Z，代表 3 个坐标轴。被创建的对象将自动显示坐标系。

　　当选择变换工具后，坐标系将变成变换 Gizmo，图 3.2、图 3.3 和图 3.4 分别是移动、旋转和缩放的 Gizmo。

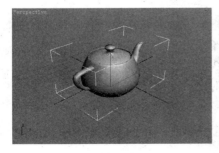

图 3.1

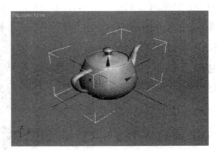

图 3.2

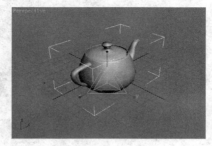

图 3.3　　　　　　　　　　　　　　　　　图 3.4

3.1.2　变换的键盘输入

　　有时需要通过键盘输入而不是通过鼠标操作来调整数值。3DS MAX 支持许多键盘输入功能，包括使用键盘输入给出对象在场景中的准确位置，使用键盘输入给出具体的参数数值等。通常使用 Move Transform Type-In 对话框(见图 3.5)进行变换数值的输入。可以通过在主工具栏的变换工具上单击鼠标右键来访问 Move Transform Type-In 对话框，也可以直接使用状态栏中的键盘输入区域。

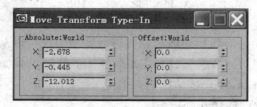

图 3.5

　　说明：要显示 Move Transform Type-In 对话框，必须首先单击变换工具，激活它，然后再在激活的变换工具上单击鼠标右键。

　　Move Transform Type-In 对话框由两个数字栏组成：一栏是 Absolute: World，另外一栏是 Offset: Screen(如果选择的视图不同，可能有不同的显示)。下面的数字是被变换对象在世界坐标系中的准确位置，键入新的数值后，将使对象移动到该数值指定的位置。例如，如果在 Move Transform Type-In 对话框的 Absolute: World 下面分别给 X、Y 和 Z 键入数值 0、0、40，那么对象将移动到世界坐标系中的 0、0、40 处。

　　在 Offset: Screen 一栏中键入数值将相对于对象的当前位置、旋转角度和缩放比例变换对象。例如，在 Offset 一栏中分别给 X、Y 和 Z 键入数值 0、0、40，那么将把对象沿着 Z 轴移动 40 个单位。

　　Move Transform Type-In 对话框是非模式对话框，这就意味着当执行其他操作的时候，对话框仍然可以被保留在屏幕上。

　　也可以在状态栏中通过键盘输入数值(见图 3.6)。它的功能类似于 Move Transform Type-In 对话框，只是需要通过一个按钮来切换绝对(Absolute)和偏移(Offset)。

　　　　　　绝对变换状态　　　　　　　　　　　　　　偏移变换状态

图 3.6

3.1.3 变换应用举例

下面举例介绍使用变换来安排对象的方法。

(1) 启动 3DS MAX,在主工具栏上选取 File/Open,打开以前做过的室内空间模型文件。这是一个有桌子、凳子、茶杯和茶壶的简单室内场景,见图 3.7。

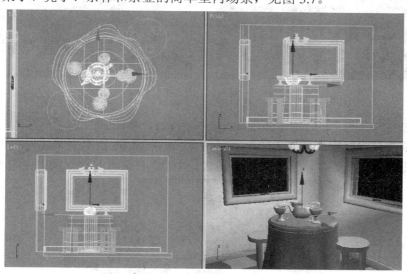

图 3.7

(2) 单击主工具栏中的 Select by Name 按钮。

(3) 在 Select Objects 对话框中,单击 Goblet01,然后单击 Select 按钮。此时在摄像机视口中,右边的高脚杯周围有一个白色的边界盒,表明它处于被选择状态,见图 3.8。

(4) 单击主工具栏中的 Select and Move 按钮。

(5) 在顶视口中单击鼠标右键,激活它。将鼠标移到 Y 轴上,直到鼠标光标变成 Select and Move 图标的样子后单击并拖曳,将右边高脚杯移到桌子的边缘(见图 3.9)。

图 3.8

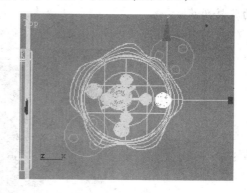

图 3.9

注意观察摄像机视口中的变化,右边的高脚杯被移到了桌子的边缘,见图 3.10。

(6) 在摄像机视口单击茶壶,出现变换的 Gizmo。茶壶的变换 Gizmo 出现在茶壶的底部,见图 3.11。

图 3.10   图 3.11

(7) 单击主工具栏上的 ↻ Select and Rotate 按钮，激活它。

(8) 在前视口将鼠标光标移动到茶壶变换 Gizmo 的 Z 轴上(水平圆代表的轴)。

(9) 单击并拖曳茶壶，将它绕 Z 轴旋转大约 140°。这时的透视视口见图 3.12。

图 3.12

技巧：当旋转对象的时候，仔细观察状态栏中变换数值的键盘输入区域，可以了解具体的旋转角度。

(10) 在摄像机视口单击 Goblet02(中间的杯子)，选择它，见图 3.13。

图 3.13

(11) 在主工具栏单击  Select and Uniform Scale 按钮。

(12) 将鼠标移动到变换 Gizmo 的中心，在摄像机视口将 Goblet02 放大到约 130%的样子，见图 3.14。

图 3.14

注意：在 3DS MAX 中，使用缩放工具时，即使选取了等比例缩放工具，也可以进行不均匀比例缩放。因此，一定要将鼠标定位在变换 Gizmo 的中心，以确保进行等比例缩放。

技巧：当缩放对象的时候，仔细观察状态栏中变换数值的键盘输入区域，可以了解具体的缩放百分比。

(13) 在主工具栏的 Select and Uniform Scale 按钮上单击鼠标右键，出现 Scale Transform Type-In 对话框，见图 3.15。

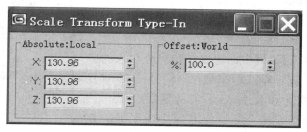

图 3.15

(14) 在 Scale Transform Type-In 对话框的 Absolute:Local 一栏中将每个轴的缩放数值设置为 100。高脚杯被恢复到原来的大小。

(15) 关闭 Scale Transform Type-In 对话框。

(16) 在摄像机视口选择左边的那个凳子的顶部。凳子的顶部是由基本圆柱体制作的。

(17) 单击 Select Object 按钮，再单击主工具栏上的 Select and Manipulate 按钮，凳子顶部的圆柱被一个绿色的圆环绕。

(18) 在顶视口将鼠标光标移动到刚才选择的凳子顶上，直到绿色的圆变成红色为止，见图 3.16。

(19) 在顶视口单击并向右拖曳红色的圆，以便增大圆柱的半径。现在改变了圆柱的半径(Radius)参数，而没有改变圆柱的缩放比例，见图 3.17。

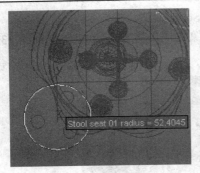
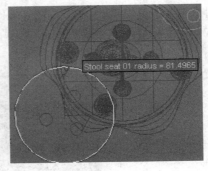

图 3.16　　　　　　　　　　　　　　　　　　图 3.17

说明：操纵(Manipulate)模式与选择的变换无关。不管选择了什么变换，当在操纵模式单击并拖曳的时候，圆柱的半径就发生了改变。

3.2　克 隆 对 象

为场景创建几何体被称之为建模。一个重要且非常有用的建模技术就是克隆对象。克隆的对象可以被用作精确的复制品，也可以作为进一步建模的基础。例如，如果场景中需要很多灯泡，就可以创建其中的一个，然后复制出其他的。如果场景需要很多灯泡，但是这些灯泡还有一些细微的差别，那么可以先复制原始对象，然后再对复制品做些修改。

克隆对象的方法有两种。第一种方法是按住 Shift 键执行变换操作(移动、旋转和比例缩放)；第二种方法是从菜单栏中选取 Edit/Clone。

无论使用哪种方法进行变换，都会出现 Clone Options 对话框，见图 3.18。

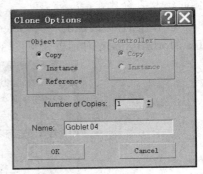

在 Clone Options 对话框中，可以指定克隆对象的数目和克隆的类型等。克隆有三种类型，它们是：Copy(复制)、Instance(关联复制)和 Reference(参考复制)。

Copy 选项用于克隆一个与原始对象完全无关的复制品。

图 3.18

Instance 选项用于克隆一个对象，该对象与原始对象还有某种关系。例如，如果使用 Instance 选项克隆一个球，那么如果改变其中一个球的半径，另外一个球也跟着改变。使用 Instance 选项复制的对象之间是通过参数和编辑修改器相关联的，各自的变换无关，是相互独立的。这就意味着如果给其中一个对象应用了编辑修改器，使用 Instance 选项克隆的另外一些对象也将自动应用相同的编辑修改器。但是如果变换一个对象，使用 Instance 选项克隆的其他对象并不一起变换。此外，使用 Instance 选项克隆的对象可以有不同的材质和动画，而且比使用 Copy 选项克隆的对象需要更少的内存和磁盘空间，使文件装载和渲染的速度要快一些。

Reference 选项是特别的 Instance。在某种情况下，它与克隆对象的关系是单向的。例如，如果场景中有两个对象，一个是原始对象，另外一个是使用 Reference 选项克隆的对象。

这样如果给原始对象增加一个编辑修改器，克隆的对象也被增加了同样的编辑修改器。但是，如果给使用 Reference 选项克隆的对象增加一个编辑修改器，那么它将不影响原始的对象。实际上，使用 Reference 选项复制的对象常用于如面片一类的建模过程。

下面举例说明如何克隆对象。

(1) 启动 3DS MAX，创建一个简单的棋盘和一个棋子模型，见图 3.19。本练习将克隆一些棋子，从而完成该套游戏工具。

图 3.19

(2) 在摄像机视口单击棋子(对象名称是 GamePieceRed01)，以选择它。

(3) 单击主工具栏上的 ✛ Select and Move 按钮。

(4) 在顶视口单击鼠标右键，激活它。

(5) 按下 Shift 键，向白色方块内移动棋子，见图 3.20，出现 Clone Options 对话框，参见图 3.18。

技巧：系统建议克隆对象的名称是 GamePieceRed02。在克隆对象的时候，系统建议的克隆对象的名称总是在原始对象的名字后增加一个数字。由于原始对象的名字后面有 01，因此 Clone Options 对话框建议的名字就是 GamePieceRed02。如果计划克隆对象，在创建对象时就在原始对象名后面增加数字 01，以便克隆的对象被正确命名。

(6) 在 Clone Options 对话框保留默认的设置，然后单击 OK 按钮。

(7) 在摄像机视口单击原始的棋子，选择它。

(8) 在顶视口按下 Shift 键，然后将选择的原始棋子克隆到另外一侧，见图 3.21。

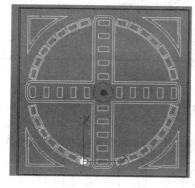

图 3.20

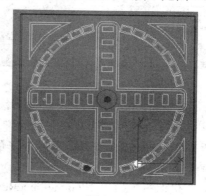

图 3.21

(9) 在 Clone Options 对话框中单击 Instance 单选按钮，然后单击 OK 按钮。

(10) 在摄像机视口单击原始的棋子，选择它。

(11) 在顶视口按下 Shift 键，然后将选择的原始棋子克隆到第一个克隆棋子的左边，见图 3.22。

(12) 在 Clone Options 对话框中单击 Instance 选项，然后单击 OK 按钮，完成第 3 个棋子的克隆，见图 3.23。

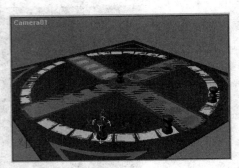

图 3.22   图 3.23

现在场景中共有 4 个棋子，一个原始棋子、一个使用 Copy 选项克隆的棋子和两个使用 Instance 选项克隆的棋子。在这些棋子中，原始棋子和使用 Instance 选项克隆的棋子是关联的。

假设现在认为棋子有点高了，希望将它改矮一点。可以通过改变其中的一个关联棋子的高度，来改变所有关联棋子的高度。下面进行这项操作。

(13) 在摄像机视口单击原始棋子，选择它。

(14) 到 Modify 命令面板，在编辑修改器堆栈区域单击 ChamferCyl，见图 3.24。

(15) 在出现的警告消息框(见图 3.25)中单击 Yes 按钮，这时在命令面板中出现 ChamferCyl 的参数。

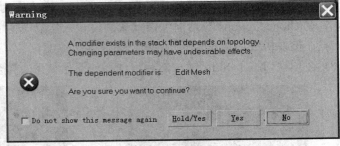

图 3.24   图 3.25

(16) 在 Parameters 卷展栏将 Height 参数改为 11.0。

可以在前视口看到有 3 个棋子的高度变矮了，一个棋子的高度没有改变，见图 3.26。也就是所有使用 Instance 选项克隆的棋子的高度都改变了，而使用 Copy 选项克隆的棋子的高度没有改变。

(17) 在摄像机视口单击 GamePieceRed02，选择它，然后按键盘上的 Delete 键删除它。

(18) 在摄像机视口单击任何一个棋子，选择它。

(19) 在顶视口再使用 Instances 选项在不同的方格中克隆两个棋子，见图 3.27。

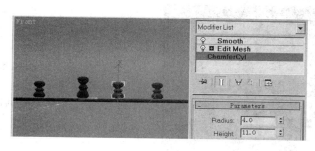

图 3.26   图 3.27

(20) 在摄像机视口单击任何一个红色棋子，选择它。

(21) 到 Modify 面板单击靠近对象名称处的颜色样本，出现 Object Color 对话框。

(22) 在 Object Color 对话框，单击黄颜色，然后再单击 OK 按钮，这样就将所选择棋子的颜色改为黄颜色。

(23) 在顶视口再使用 Instance 选项在不同的方格中克隆四个棋子，见图 3.28。

说明：还可以继续使用上面的方法创建 4 个绿色棋子和 4 个蓝色棋子，参见图 3.29。这些操作请读者自己来完成。

图 3.28   图 3.29

3.3 对象的捕捉

当变换对象的时候，经常需要捕捉到栅格点或者捕捉到对象的节点上。3DS MAX 支持精确的对象捕捉，捕捉选项都在主工具栏上。

3.3.1 绘图中的捕捉

有三个选项支持绘图时对象的捕捉，它们是 3D Snap(三维捕捉)、2.5D Snap(2.5 维捕捉)和 2D Snap(二维捕捉)。

不管选择了哪个捕捉选项，都可以选择是捕捉到对象的栅格点、节点、边界，还是捕捉到其他的点。要选取捕捉的元素，可以在捕捉按钮上单击鼠标右键，这时就出现 Grid and Snap Settings 对话框，见图 3.30。可以在这个对话框上进行捕捉的设置。

在默认的情况下，Grid Points 复选框是打开的，所有其他复选框是关闭的。这就意味着在绘图的时候光标将捕捉栅格线的交点。一次可以打开多个复选框。如果一次打开的复选框多于一个，那么在绘图的时候将捕捉到最近的元素。

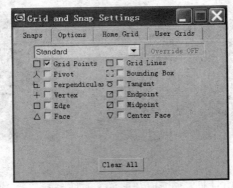

图 3.30

说明： 在 Grid and Snap Settings 对话框复选了某个选项后，可以关闭该对话框，也可以将它保留在屏幕上。即使对话框关闭，复选框的设置仍然起作用。

1. 三维捕捉

在三维捕捉打开的情况下绘制二维图形或者创建三维对象的时候，鼠标光标可以在三维空间的任何地方进行捕捉。例如，如果在 Grid and Snap Settings 对话框中选取了 Vertex 选项，鼠标光标将在三维空间中捕捉二维图形或者三维几何体上最靠近鼠标光标处的节点。

2. 二维捕捉

三维捕捉的弹出按钮中还有 2D Snap 和 2.5D Snap 捕捉两个按钮。按住 3D Snap 按钮将会看到弹出按钮，找到合适的按钮后释放鼠标键即可选择该按钮。

3D Snap 捕捉三维场景中的任何元素，而二维捕捉只捕捉激活视口构建平面上的元素。例如，如果打开 2D Snap 捕捉并在顶视口中绘图，鼠标光标将只捕捉位于 XY 平面上的元素。

3. 2.5 维捕捉

2.5 维捕捉(2.5D Snap)是 2D Snap 和 3D Snap 的混合。2.5D Snap 将捕捉三维空间中二维图形和几何体上的点在激活的视口的构建平面上的投影。

下面举例解释这个问题。假设有一个一面倾斜的字母 E(见图 3.31)。该对象位于构建平面之下，面向顶视图。

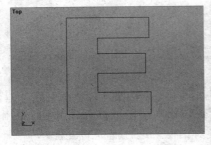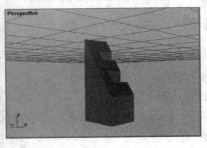

图 3.31

如果要跟踪字母 E 的形状，可以使用 Vertex 选项在顶视图中画线。如果打开的是 3D

Snap，那么画线时捕捉的是三维图形的实际节点，见图 3.32。

如果使用的是 2.5D Snap，那么所绘制的线是在对象之上的构建平面上，见图 3.33。

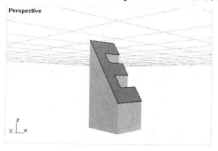

图 3.32

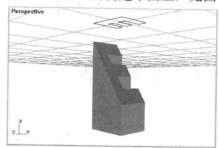

图 3.33

3.3.2　增量捕捉

除了对象捕捉之外，3DS MAX 还支持增量捕捉。通过使用角度捕捉(Angle Snap)，可以使旋转按固定的增量(例如 10°)进行；通过使用百分比捕捉(Percent Snap)，可以使比例缩放按固定的增量(例如 10%)进行；通过使用微调器捕捉(Spinner Snap)，可以使微调器的数据按固定的增量(例如 1)进行。

Angle Snap Toggle(角度捕捉触发按钮)：使对象或者视口的旋转按固定的增量进行。在默认状态下的增量是 5°。例如，如果打开 Angle Snap Toggle 按钮并旋转对象，它将先旋转 5°，然后旋转 10°、15° 等。

Angle Snap 也可以用于旋转视口。如果打开 Angle Snap Toggle 后使用 Arc Rotate 旋转视口，那么旋转将按固定的增量进行。

Percent Snap(百分比捕捉)：使比例缩放按固定的增量进行。例如，当打开 Percent Snap 后，任何对象的缩放将按 10%的增量进行。

Spinner Snap Toggle(微调器捕捉触发按钮)：打开该按钮后，当单击微调器箭头的时候，参数的数值按固定的增量增加或者减少。

增量捕捉的增量是可以改变的，要改变 Angle snap 和 Percent snap 的增量，需要使用 Grid and Snap Settings 对话框的 Options 标签。

Spinner Snap 的增量设置是通过在微调器按钮上单击鼠标右键进行的。当在微调器捕捉按钮上单击鼠标右键后就出现 Preference Settings 对话框。可以在 Preference Settings 对话框的 Spinners 区域设置 Snap 的数值。

3.3.3　使用捕捉变换对象

下面举例说明如何使用捕捉变换对象。

(1) 启动 3DS MAX，创建一个有桌子、凳子、茶杯和茶壶的简单室内场景。

(2) 在摄像机视口单击茶壶，选择它。

(3) 单击主工具栏的 Select and Rotate 按钮。

(4) 单击 Snap 区域的 Angle Snap Toggle 按钮。

(5) 在透视视口上单击鼠标右键，以激活该视口。

(6) 在顶视口绕 Z 轴旋转茶壶。

(7) 注意观察状态栏中键盘输入区域数字的变化，旋转的增量是 5°。

(8) 在摄像机视口，单击其中的一个高脚杯，以选择它。

(9) 单击 Snap 区域的  Percent Snap 按钮。

(10) 单击主工具栏的 Select and Uniform Scale 按钮。

(11) 在顶视口缩放高脚杯，同时注意观察状态栏中数据的变化。高脚杯放大或者缩小的增量为 10%。

3.4　变换坐标系

在每个视口的左下角有一个由红、绿和蓝 3 个轴组成的坐标系图标。这个可视化的图标代表的是 3DS MAX 的世界坐标系(World Reference Coordinate System)。三维视口(摄像机视口、用户视口、透视视口和灯光视口)中的所有对象都使用世界坐标系。

下面就来介绍如何改变坐标系，并讨论各个坐标系的特征。

3.4.1　改变坐标系

通过在主工具栏中单击参考坐标系按钮，然后在下拉式列表中选取一个坐标系(见图 3.34)可以改变变换中使用的坐标系。

当选择了一个对象后，选择坐标系的轴将出现在对象的轴心点或者中心位置。在默认状态下，使用坐标系是视图(View)坐标系。为了理解各个坐标系的作用原理，必须首先了解世界坐标系。

图 3.34

3.4.2　世界坐标系

世界坐标系的图标总是显示在每个视口的左下角。如果在变换时想使用这个坐标系，那么可以从 Reference Coordinate System(参考坐标系)列表中选取它。

当选取了世界坐标系后，每个选择对象的轴显示的是世界坐标系的轴，见图 3.35。可以使用这些轴来移动、旋转和缩放对象。

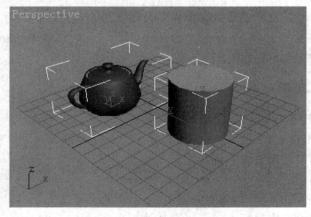

图 3.35

3.4.3　屏幕坐标系

当参考坐标系被设置为屏幕坐标系(Screen)的时候，每次激活不同的视口，对象的坐标系就发生改变。不论激活哪个视口，X 轴总是水平指向视口的右边，Y 轴总是垂直指向视口的上面。这意味着在激活的视口中，变换的 XY 平面总是面向用户。

在诸如前视口、顶视口和左视口等正交视口中，使用屏幕坐标系是非常方便的。但是在透视视口或者其他三维视口中，使用屏幕坐标系就会出现问题。由于 XY 平面总与视口平行，会使变换的结果不可预测。

视图坐标系可以解决在屏幕坐标系中所遇到的问题。

3.4.4　视图坐标系

视图坐标系是世界坐标系和屏幕坐标系的混合体。在正交视口，视图坐标系与屏幕坐标系一样，而在透视视口或者其他三维视口，视图坐标系与世界坐标系一致。

视图坐标系结合了屏幕坐标系和世界坐标系的优点。

3.4.5　局部坐标系

创建对象后，会指定一个局部坐标系。局部坐标系的方向与对象被创建的视口相关。例如，当圆柱被创建后，它的局部坐标系的 Z 轴总是垂直于视口，它的局部坐标系的 XY 平面总是平行于计算机屏幕；即使切换视口或者旋转圆柱，它的局部坐标系的 Z 轴总是指向高度方向。

当从参考坐标系列表中选取局部坐标系(Local Coordinate System)后，就可以看到局部坐标系，见图 3.36。

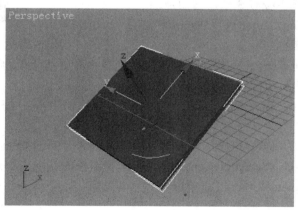

图 3.36

说明：通过轴心点可以移动或者旋转对象的局部坐标系。对象的局部坐标系的原点就是对象的轴心点。

3.4.6　其他坐标系

除了世界坐标系、屏幕坐标系、视图坐标系和局部坐标系外，还有四种坐标系，它们是父对象坐标系、栅格坐标系、平衡环坐标系和捡取坐标系。

父对象坐标系(Parent)：该坐标系只对有链接关系的对象起作用。如果使用这个坐标系，当变换子对象的时候，它使用父对象的变换坐标系。

栅格坐标系(Grid)：该坐标系使用当前激活栅格系统的原点作为变换的中心。

平衡环坐标系(Gimbal)：该坐标系与局部坐标系类似，但其三个旋转轴并不一定要相互正交。它通常与 Euler xy2 旋转控制器一起使用。

捡取坐标系(Pick)：该坐标系使用特别的对象作为变换的中心。该坐标系非常重要，将在后面详细讨论。

3.4.7　变换和变换坐标系

每次变换的时候都可以设置不同的坐标系。3DS MAX 会记住上次在某种变换中使用的坐标系。例如，假如选择了主工具栏中的 Select and Move 工具，并将变换坐标系改为 Local。此后又选取主工具栏中的 Select and Rotate 工具，并将变换坐标系改为 World，这样当返回到 Select and Move 工具时，坐标系自动改变到 Local。

技巧：当用户想使用特定的坐标系时，首先选取变换图标，然后再选取变换坐标系。这样，当执行变换操作的时候，才能保证使用的是正确的坐标系。

3.4.8　变换中心

在主工具栏上参考坐标系右边的按钮是变换中心弹出按钮，见图 3.37。每次执行旋转或者比例缩放操作的时候，都是关于轴心点进行变换的。这是因为默认的变换中心是轴心点。

图 3.37

3DS MAX 的变换中心有 3 个，它们是：

Use Pivot Point Center(使用轴心点中心)：使用选择对象的轴心点作为变换中心。

Use Selection Center(使用选择集中心)：当多个对象被选择的时候，使用选择的对象的中心作为变换中心。

Use Transform Coordinate Center(使用变换坐标系的中心)：使用当前激活坐标系的原点作为变换中心。

当旋转多个对象的时候，这些选项非常有用。Use Pivot Point Center 将关于自己的轴心点旋转每个对象，而 Use Selection Center 将关于选择对象的共同中心点旋转对象。Transform Coordinate Center 对于捡取坐标系非常有用，下面介绍捡取坐标系的方法。

3.4.9　捡取坐标系

假如希望绕空间中某个特定点旋转一系列对象，最好使用捡取坐标系。这样，即使选择了其他对象，变换的中心仍然是特定对象的轴心点。

如果要绕某个对象周围按圆形排列一组对象，那么使用捡取坐标系将非常方便。例如，可以使用捡取坐标系安排桌子和椅子等。下面举例说明如何使用捡取坐标系。

(1) 启动 3DS MAX，这个场景非常简单，只有一个花心和花瓣，见图 3.38。

图 3.38

(2) 在花心周围复制花瓣，以便创建一个完整的花，具体步骤如下：

① 单击主工具栏中的 ![icon] Angle Snap Toggle 按钮。

② 单击主工具栏的 ![icon] Select and Rotate 按钮。

③ 在参考坐标系列表中选取 Pick。

④ 在前视口单击花心，选择它，对象名 Flower Center 出现在参考坐标系区域。

⑤ 在主工具栏选取 ![icon] Use Transform Coordinate Center。

(3) 围绕中心旋转并复制花瓣，具体步骤如下：

① 在前视口单击花瓣 Petal01，选择它，见图 3.39。从图 3.39 可以看出，即使选择了花瓣，但是变换中心仍然在花心。这是因为现在使用的是变换坐标系的中心，而变换坐标系被设置在花心。

② 在前视口按下 Shift 键，并饶 Z 轴旋转 −45°，见图 3.40。当释放鼠标键后，出现 Clone Options 对话框。

图 3.39

图 3.40

③ 在 Clone Options 对话框选取 Instance，并将 Number of copies 改为 7，然后单击 OK 按钮。此时在花心的周围又克隆了 7 个花瓣，见图 3.41。

图 3.41

捡取坐标系可以使其他进行操作的对象采用特定对象的坐标系。下面介绍如何制作小球从板上滚下来的动画。

(1) 启动 3DS MAX，或者在菜单栏中选取 File/Reset，复位 3DS MAX。

(2) 单击 Create 命令面板上 Object Type 卷展栏下面的 Box 按钮。

(3) 在顶视口中创建一个长方形木板。创建参数如图 3.42 所示。

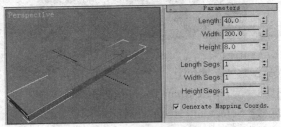

图 3.42

(4) 在主工具栏中选择旋转工具 ，在前视口中旋转木板，使其有一定倾斜，如图 3.43 所示。

(5) 单击 Create 命令面板上 Object Type 卷展栏下面的 Sphere 按钮。创建一个半径 (Radius)约为 10 个单位的球，并使用移动工具 将小球的位置移到木板的上方，如图 3.44 所示。在调节时可以在四个视口中从各个角度进行移动，以方便观察。

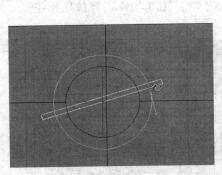

图 3.43

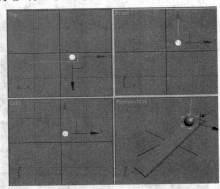

图 3.44

(6) 选中小球，在参考坐标系列表中选取 Pick。

(7) 在透视视口中单击木板，选择它，则对象名 box01 出现在参考坐标系区域。同时在视口中，小球的变换坐标发生变化。前视口中的状态如图 3.45 所示。

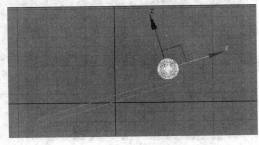

图 3.45

(8) 单击 **Auto** 按钮，将时间滑动块移动到第 100 帧。

(9) 将小球移动至木板的底端，如图 3.46 所示。

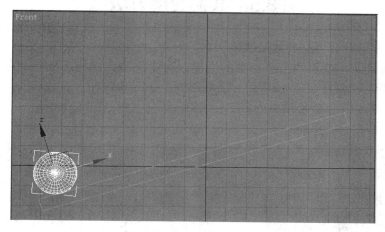

图 3.46

(10) 使用旋转工具 ↻ 将小球转动几圈，如图 3.47 所示。

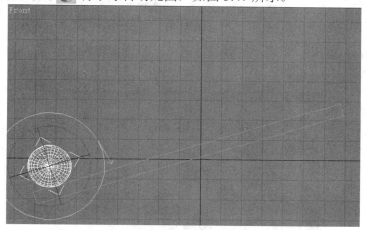

图 3.47

(11) 关闭动画按钮，单击 ▶ Play 按钮播放动画，可以看到小球沿着木板下滑的同时滚动，如图 3.48 所示(左图为透视口，右图为前视口)。

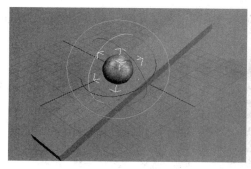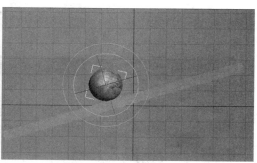

图 3.48

3.5　其他变换方法

在主工具栏上还有一些其他变换方法。

(1) ![图标] **Align**(对齐)：将一个对象的位置、旋转和/或比例与另外一个对象对齐。可以根据对象的物理中心、轴心点或者边界区域对齐。在图 3.49 中，左边的图片是对齐前的样子，而右边的图片是沿着 X 轴对齐后的样子。

対齐前　　　　　　　　　　　　　　　　对齐后

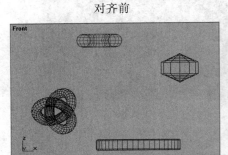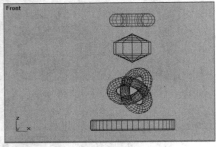

图 3.49

(2) ![图标] **Mirror**(镜像)：沿着坐标轴镜像对象，如果需要的话还可以复制对象，图 3.50 是使用镜像复制的对象。

图 3.50

(3) ![图标] **Array**(阵列)：可以沿着任意方向克隆一系列对象。阵列支持 Position、Rotation 和 Scale 等变换。图 3.51 是阵列复制的例子。

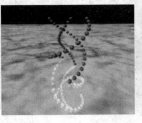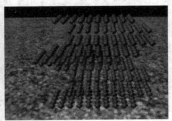

图 3.51

下面举例说明使用 Array(阵列)复制制作一个升起的球链的动画，如图 3.51 最左图所示。

(1) 进入 Create 面板，单击 Sphere 按钮，在顶视图的中心创建一个半径为 16 的球。接下来我们调整球体的轴心点。

(2) 单击 Hierarchy 按钮，进入 Hierarchy 面板，单击按钮 Affect Pivot Only ，再单击 Select and Move 按钮，激活 Y 轴约束按钮，然后在顶视图中向上移动轴心点，使其偏离球体一段距离，如图 3.52 所示。

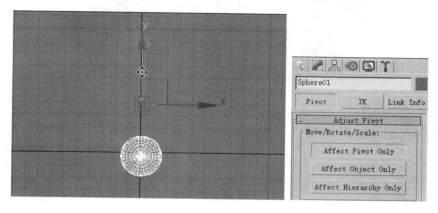

图 3.52

(3) 单击按钮 Affect Pivot Only ，关闭该命令。

说明：如果不做阵列的动画，则可以不调整轴心点，而采用其他方法。只要单击 Auto 按钮，就只能使用指定轴心点的方法。

(4) 单击 Auto 按钮，将时间滑动块移动到第 100 帧，然后单击菜单 Tools→Array，出现 Array 对话框。在对话框中将阵列的 Z 方向的增量设置为 20，沿 Z 轴的旋转角设置为 18，阵列对象的数目设置为 20，见图 3.53。

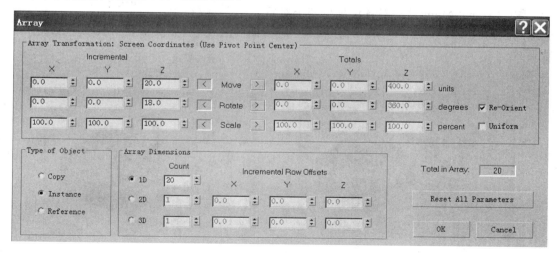

图 3.53

(5) 单击 OK 按钮，再单击 Zoom Extents All 按钮，这时出现了阵列的球体，共 20个，如图 3.54 所示。

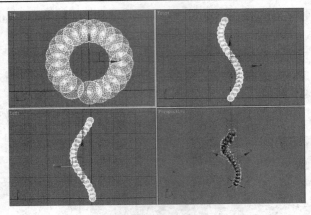

图 3.54

3.5.1 对齐(Align)对话框

要对齐一个对象，必须先选择一个对象，再单击主工具栏上的 Align 按钮，然后单击想要对齐的对象，之后出现 Align Selection 对话框，见图 3.55。

这个对话框有 3 个区域，分别是对齐位置、旋转和比例。位置和旋转的标题中提示对齐的时候使用的是哪个坐标系。

打开了某个选项，其对齐效果就立即显示在视口中。

Align 按钮是一个弹出按钮，其下面还有一些选项：

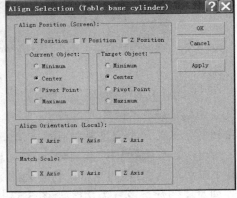

图 3.55

 Normal Align(法线对齐)：根据两个对象上选择的面的法线对齐两个对象。对齐后两个选择面的法线完全相对，图 3.56 是法线对齐的结果。

对齐前   对齐后

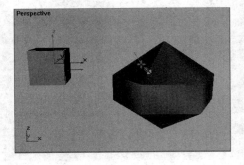 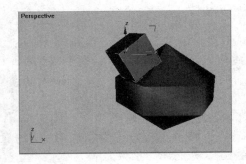

图 3.56

 Place Highlight(放置高光)：通过调整选择灯光的位置，使对象上指定面上出现高光点。

技巧：这个功能也可以设置在镜面上反射的对象。

Align Camera(对齐摄像机)：设置摄像机使其观察特定的面。

Align to View(对齐视图)：将对象或者摄像机与特定的视口对齐。

下面举例说明如何使用对齐功能。

(1) 启动 3DS MAX，创建案例文件，这是一个有桌子、凳子、茶杯和茶壶的简单室内场景。

(2) 在摄像机视口单击茶壶，以选择它。

(3) 单击主工具栏的　　　 Align 按钮。

(4) 在前视口或者左视口单击桌子中心的支架，出现 Align Selection 对话框。

(5) 在 Align Selection 对话框选取 X Position 和 Z Position。现在茶壶移动到了桌子的中心，见图 3.57。

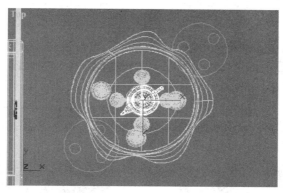

图 3.57

(6) 在 Align Selection 对话框单击 OK 关闭该对话框，完成对齐的设置。

下面来举例说明使用法线对齐制作动画的过程。

(1) 创建一个类似的场景文件。该文件包含地面、四个有弯曲方向变化动画的圆柱和一个盒子，动画总长度为 200 帧，如图 3.58 所示。

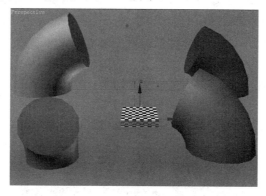

图 3.58

(2) 按键盘上的字母键 N，进入设置动画状态。将时间滑动块移动到第 40 帧，确认选择了盒子 Box01，激活主工具栏中的 Normal Align 按钮，然后在盒子的顶面拖曳鼠标，确定对齐的法线。释放鼠标后，将光标移动到右上角圆柱的顶面拖曳，确定对齐的法线。释放鼠标键后，弹出如图 3.59 所示的对齐对话框，输入相应数值以确定盒子的精确位置，单击 OK 按钮确认。盒子顶面就与圆柱的顶面结合在一起，如图 3.60 所示。此时自动生成一个动画关键帧。

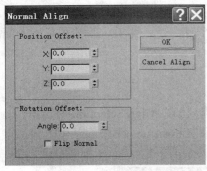

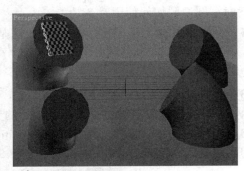

图 3.59　　　　　　　　　　　　　　　　　图 3.60

(3) 将时间滑动块移动到第 80 帧，在盒子的底面(与顶面对应的面) 拖曳鼠标，确定对齐的法线。释放鼠标后，将光标移动到左上角圆柱的顶面拖曳，确定对齐的法线。释放鼠标键后，盒子底面就与圆柱的顶面结合在一起，如图 3.61 所示。

(4) 将时间滑动块移动到第 120 帧，在盒子的顶面拖曳鼠标，确定对齐的法线。释放鼠标键后，将光标移动到左下角圆柱的顶面拖曳，确定对齐的法线。释放鼠标键后，盒子顶面就与圆柱的顶面结合在一起，如图 3.62 所示。

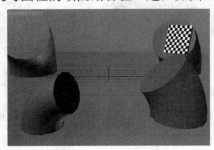

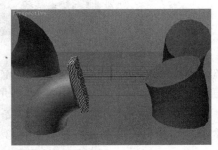

图 3.61　　　　　　　　　　　　　　　　　图 3.62

(5) 将时间滑动块移动到第 200 帧，在盒子的底面拖曳鼠标，确定对齐的法线。释放鼠标后，将光标移动到右下角圆柱的顶面拖曳，确定对齐的法线。释放鼠标键后，盒子顶面就与圆柱的顶面结合在一起，如图 3.63 所示。

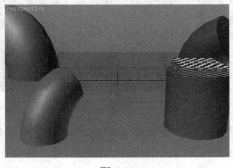

图 3.63

说明：该例子是 3DS MAX 教师和工程师认证的一个考题。考试时没有提供任何场景文件，因此读者也应该熟练掌握如何制作圆柱弯曲摆动的动画。

3.5.2　镜像(Mirror)对话框

当镜像对象的时候，必须首先选择对象，然后单击主工具栏上的 Mirror 按钮。单击该按钮后显示 Mirror 对话框，见图 3.64。

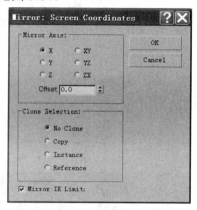

图 3.64

在 Mirror 对话框中，用户不但可以选取镜像的轴，还可以选取是否克隆对象以及克隆的类型。当改变对话框的选项后，被镜像的对象也在视口中发生变化。

3.5.3　阵列(Array)对话框

要给对象加入阵列命令，必须首先选择对象，然后选取 Edit 菜单下的 Array 命令，即可出现 Array 对话框，见图 3.65。

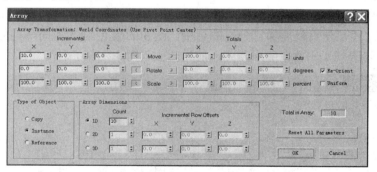

图 3.65

Array 对话框被分为三个部分。

Array Transformation 区域：提示在阵列时使用哪个坐标系和轴心点，设置使用位移、旋转和缩放中的哪个变换进行阵列。这个区域还可以设置计算数据的方法，例如是使用增量(Incremental)计算还是使用总量(Totals)计算等。

Type of Object 区域：决定阵列时克隆类型。

Array Dimensions 区域：决定在某个轴上的阵列数目。例如，如果希望在 X 轴上阵列

10 个对象，对象之间的距离是 10 个单位，那么 Array 对话框的设置应该类似于图 3.65。

　　如果要在 X 方向阵列 10 个对象，对象的间距是 10 个单位，在 Y 方向阵列 5 个对象，间距是 25，那么应按图 3.66 设置对话框。这样就阵列 50 个对象，阵列的结果见图 3.67。

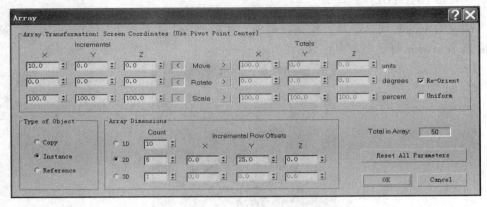

图 3.66

图 3.67

　　如果要执行三维阵列，那么在 Array Dimensions 区域选取 3D，然后设置在 Z 方向阵列对象的个数和间距。

　　Rotate 和 Scale 选项的用法类似。首先选取一个阵列轴向，然后再设置是使用角度或者百分比的增量，还是使用角度和百分比的总量。图 3.68 是沿圆周方向阵列的设置，图 3.69 是该设置的阵列结果。注意在应用阵列之前先要改动对象的轴心位置。

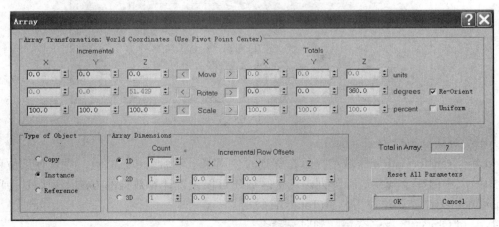

图 3.68

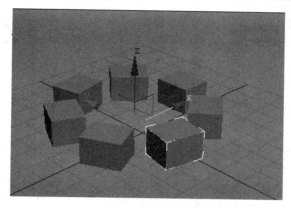

图 3.69

Array 按钮也是一个弹出式按钮，它下面还有两个按钮： ![] Snapshot 和 ![] Spacing Tool。

![] Snapshot(快摄)：只能用于动画的对象。对动画对象使用该按钮后，就沿着动画路径克隆一系列对象。这样就像在动画期间拿着一个摄像机快速拍摄照片一样，因此将该功能称之为快摄。

![] Spacing Tool(空间工具)：按指定的距离创建克隆的对象，也可以沿着路径克隆对象。

3.6 小 结

在 3DS MAX 中，对象的变换是创建场景至关重要的部分。除了直接的变换工具之外，还有许多工具可以完成类似的功能。要更好地完成变换，必须要对变换坐标系和变换中心有深入的理解。

在变换对象的时候，如果能够合理地使用镜像、阵列和对齐等工具，就可以节约很多的建模时间。

3.7 习 题

1. 判断题

(1) 在 3DS MAX 中对齐效果不能制作动画。

正确答案：错误。在 3DS MAX 中，对齐效果可以用来制作动画。

(2) 在 3DS MAX 中阵列复制是可以制作动画的。

正确答案：正确。

(3) 对于关联对象的编辑修改一定会影响原始对象。

正确答案：正确。

(4) 在 3DS MAX 中可以使用高光对齐来调整几何体的位置。

正确答案：正确。由于 3DS MAX 是面向对象的程序，因此在计算机内部对灯光和几何体的处理方法是一样的。

(5) 打开 Auto Key `Auto` 按钮后，在默认的情况下只能使用对象的轴心点进行变换。

正确答案：正确。

(6) 在三个正交视图中屏幕坐标系和视图坐标系没有区别。

正确答案：正确。

(7) 镜像工具可以用来复制对象。

正确答案：正确。

(8) 微调器捕捉用来调整捕捉角度的增量。

正确答案：错误。

(9) 在 3DS MAX 中，可以使用 Select and Uniform Scale ▢ 进行不均匀比例缩放。

正确答案：正确。

(10) 在 3DS MAX 中修改参考复制的对象时，原始对象和关联复制的对象一定发生变化。

正确答案：错误。在 3DS MAX 中，修改参考复制的对象时，原始对象和关联复制的对象可能发生变化，也可能不发生变化。这与编辑修改器在堆栈中的位置有关。

2. 选择题

(1) 可以使用哪个对话框来进行精确的变换？

A. Selection Floater　　　　　　B. Transform Type In

C. Preferences　　　　　　　　　D. Edit Satck

正确答案是 B。

(2) 下面哪个复制功能需要先给被复制的对象设置动画？

A. Mirror　　　　　　　　　　　B. Array

C. Space Tool　　　　　　　　　D. SnapShot

正确答案是 D。SnapShot 是快摄工具，需要先设置动画。

(3) 使用下面的哪个对齐工具可以方便地将一个 Box 放置在圆锥的锥面上？

A. Align　　　　　　　　　　　　B. Normal Align

C. Align Camera　　　　　　　　D. Align View

正确答案是 B，即使用法线对齐。

(4) 使用哪种捕捉工具可以准确旋转对象？

A. Position Snap　　　　　　　　B. Angle Snap

C. Percent Snap　　　　　　　　D. Spinner Snap

正确答案是 B，即使用角度捕捉。

(5) 复制关联物体的选项为：

A. Control　　　　　　　　　　　B. Reference

C. Intsance　　　　　　　　　　　D. Copy

正确答案是 C。

(6) Align camera 的功能是：

A. 高光点　　　　　　　　　　　B. 法线对齐

C. 对齐摄像机　　　　　　　　　　　　D. 对齐

正确答案是 C。

(7) 工具栏中的 Restrict to X 按钮被按下以后，在视窗中物体将沿哪一个轴移动？

A. XY　　　　　　B. Z　　　　　　　C. Y　　　　　　　　D. X

正确答案是 D。

(8) 复制物体的时候可以按住键盘上的哪个键后再来移动物体达到复制的目的？

A. Ctrl　　　　　B. Alt　　　　　　C. Shift　　　　　　D. Insert

正确答案是 C。

(9) Select and Uniform Scale 的功能是：

A. 旋转物体　　　　　　　　　　　　B. 移动物体

C. 非均匀比例缩放　　　　　　　　　D. 按比例缩放

正确答案是 D。

(10) Mirror 复制中如果只复制物体，应选哪个参数？

A. No Clone　　　B. Instance　　　C. Reference　　　D. Copy

正确答案是 D。

(11) 使用主工具栏中的哪个工具可以改变某些对象的创建参数？

A. Select and Move　　　　　　　　B. Select and Rotate

C. Select and Uniform Scale　　　　D. Select and Manipulate

正确答案是 D。

(12) 不能使用主工具栏中的 Select and Manipulate 改变下面哪个几何体的创建参数？

A. Teapot　　　　B. Box　　　　　　C. Sphere　　　　　D. GeoSphere

正确答案是 B。

(13) 在场景中打开和关闭对象的关联显示的命令是：

A. Views/Show Dependencies　　　　B. Views/Show Transform Gizmo

C. Views/Show Background　　　　　D. Views/Show Key Times

正确答案是 A。

(14) 在默认的状态下激活 Select and Move ⊕ 工具的快捷键是：

A. Alt＋M　　　　B. N　　　　　　C. 1　　　　　　　　D. W

正确答案是 D。

(15) 在默认的状态下激活 Select and Scale ⬚ 工具的快捷键是：

A. Alt＋M　　　　B. N　　　　　　C. R　　　　　　　　D. W

正确答案是 C。

(16) 在默认的状态下激活 Select and Rotate ↻ 工具的快捷键是：

A. Alt＋M　　　　B. N　　　　　　C. E　　　　　　　　D. W

正确答案是 C。

(17) 打开 Transform Type-In 对话框的快捷键是：

A. F10　　　　　　B. F11　　　　　C. F12　　　　　　　D. Ctrl＋＞

正确答案是 C。

(18) 在打开 AutoKey Auto 按钮的情况下，旋转的基准点是：

A. 轴心点　　　　　　　　　　　B. 变换坐标系的原点

C. 选择集的中心　　　　　　　　D. 第一点

正确答案是 A。在 3DS MAX 中，有轴心点、第一点和坐标原点等几个重要的点。在这些点中，最重要的点就是轴心点。该点不但与变换相关，还与动画和编辑修改器相关。

(19) 在打开 AutoKey **Auto** 按钮的情况下，缩放的基准点是：

A. 轴心点　　　　　　　　　　　B. 变换坐标系的原点

C. 选择集的中心　　　　　　　　D. 第一点

正确答案是 A。

(20) 在打开 AutoKey **Auto** 按钮的情况下，移动的基准点是：

A. 轴心点　　　　　　　　　　　B. 变换坐标系的原点

C. 选择集的中心　　　　　　　　D. 都没关系

正确答案是 D。

3. 思考题

(1) 如果要旋转一个对象，一般要考虑旋转的中心、旋转的坐标系和旋转轴三个因素，请问在 3DS MAX 中有几种类型的旋转中心？在默认的情况下，要制作旋转动画时，只能关于哪个中心点旋转？

(2) 将两个对象组成一个组，然后查看组的轴心点在什么地方。

(3) 模仿制作动画。

(4) 建立如图 3.70 所示的模型。

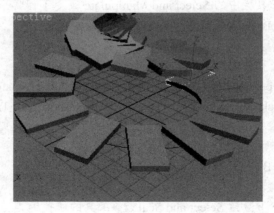

图 3.70

第二部分

基 本 动 画

第4章　基本动画技术和 Track View

4.1　关键帧动画

4.1.1　3DS MAX 中的关键帧

动画中的帧数很多，手工定义每一帧的位置和形状是很困难的。3DS MAX 极大地简化了这个工作。可以在时间线上通过几个关键点定义对象的位置，由 3DS MAX 自动计算中间帧的位置，从而得到一个流畅的动画。在 3DS MAX 中，需要手工定位的帧称之为关键帧。

需要注意的是，在动画中位置并不是唯一可以加入动画命令的特征。在 3DS MAX 中可以改变的任何参数，包括位置、旋转、比例、参数变化和材质特征等都是可以设置动画的。因此，3DS MAX 中的关键帧只是在时间的某个特定位置指定了一个特定数值的标记。

4.1.2　插值

根据关键帧计算中间帧的过程称之为插值。3DS MAX 使用控制器进行插值。3DS MAX 的控制器很多，因此插值方法也很多。

4.1.3　时间配置

3DS MAX 是根据时间来定义动画的，最小的时间单位是点(Tick)，一个点相当于 1/4800 秒。在用户界面中，默认的时间单位是帧。但是需要注意的是：帧并不是严格的时间单位。同样是 25 帧的图像，对于 NTSC 制式电视来讲，时间长度不够 1 秒；对于 PAL 制式电视来讲，时间长度正好 1 秒；对于电影来讲，时间长度大于 1 秒。由于 3DS MAX 记录与时间相关的所有数值，因此在制作完动画后再改变帧速率和输入格式，系统将自动进行调整以适应所做的改变。

默认情况下，3DS MAX 显示时间的单位为帧，帧速率为每秒 30 帧。

可以使用 Time Configuration 对话框(见图 4.1)来改变帧速率和时间的显示。

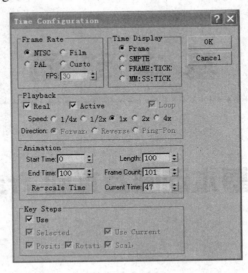

图 4.1

Time Configuration 对话框包含以下几个区域。

(1) 帧速率(Frame Rate)。在这个区域可以确定播放速度，可以在预设置的 NTSC(National Television Standards Committee)、Film 或者 PAL(Phase Alternate Line)之间进行选择，也可以使用 Custom(自定义设置)。NTSC 的帧速率是 30 f/s(帧每秒)，PAL 的帧速率是 25 f/s，Film 的帧速率是 24 f/s。

(2) 时间显示(Time Display)。这个区域指定时间的显示方式，有以下几种：

* Frame：帧，默认的显示方式。
* SMPTE：全称是 Society of Motion Picture and Television Engineers(电影电视工程协会)。显示方式为分、秒和帧。
* FRAMES:TICK："帧：点"。
* MM:SS:TICK："分：秒：点"。

(3) 重放(Playback)。这个区域控制如何在视口中回放动画，可以使用实时回放，也可以指定帧速率。如果机器播放速度跟不上指定的帧速度，那么将丢掉某些帧。

(4) 动画(Animation)。动画区域指定激活的时间段。激活的时间段是可以使用时间滑动块直接访问的帧数。可以在这个区域缩放总帧数。例如，如果当前的动画有 300 帧，现在需要将动画变成 500 帧，而且保留原来的关键帧不变，那么就需要缩放时间。

(5) 关键帧的步幅(Key Steps)。该区域的参数控制如何在关键帧之间移动时间滑动块。

4.1.4　创建关键帧

要在 3DS MAX 中创建关键帧，就必须在打开动画按钮的情况下在非第 0 帧改变某些对象。一旦进行了某些改变，原始数值被记录在第 0 帧，新的数值或者关键帧数值被记录在当前帧。这时第 0 帧和当前帧都是关键帧。这些改变可以是变换的改变，也可以是参数的改变。例如，如果创建了一个球，然后打开动画按钮，到非第 0 帧改变球的半径参数，这样，3DS MAX 将创建一个关键帧。只要 Auto 按钮处于打开状态，就一直处于记录模式，3DS MAX 将记录在非第 0 帧所做的任何改变。

创建关键帧之后就可以拖曳时间滑动块来观察动画。

4.1.5 播放动画

通常在创建了关键帧后就要观察动画，可以通过拖曳时间滑动块来观察，也可以使用时间控制区域的回放按钮播放动画。下面介绍时间控制区域的按钮。

▶ Play Animation(播放动画)：用来在激活的视口播放动画。

▮▮ Stop Animation(停止播放动画)：用来停止播放动画。单击 ▶ Play Animation 按钮播放动画后，Play Animation 按钮就变成了 ▮▮ Stop Animation 按钮。单击该按钮后，动画被停在当前帧。

▶ Play Selected(播放选择对象的动画)：它是 ▶ 的弹出按钮。它只在激活的视口中播放选择对象的动画。如果没有选择的对象，就不播放动画。

◀◀ Goto Start(到开始)：单击该按钮后，将时间滑动块移动到当前动画范围的开始帧。如果正在播放动画，那么单击该按钮后动画就停止播放。

▶▶ Goto End(到结束)：单击该按钮后，将时间滑动块移动到动画范围的末端。

▶▮ Next Frame(下一帧)：单击该按钮后，将时间滑动块向后移动一帧。当 ◀◀ Key Mode Toggle 按钮打开，单击本按钮，将把时间滑动块移动到选择对象的下一个关键帧。

◀▮ Previous Frame(前一帧)：单击本按钮后，将时间滑动块向前移动一帧。当 ◀◀ Key Mode Toggle 按钮打开，单击本按钮，将把时间滑动块移动到选择对象的上一个关键帧。也可以在 ◀◀ 30 ⏏ Goto Time 区域设置当前帧。

◀◀ Key Mode Toggle(关键帧模式)：当按下该按钮后，单击 ▶▮ Next Frame 和 ◀▮ Previous Frame 时间滑动块就在关键帧之间移动。

4.1.6 设计动画

作为一个动画师，必须决定要在动画中改变什么，以及在什么时候改变，在开始设计动画之前就需要将一切规划好。设计动画的一个常用工具是故事板。故事板对制作动画非常有帮助，它是一系列草图，描述动画中的关键事件、角色和场景元素，并且可以按时间顺序创建事件的简单列表。

4.1.7 关键帧动画举例

下面举一个例子，使用前面所讲的知识，设置并编辑喷气机飞行的关键帧动画。

(1) 启动 3DS MAX，创建一个喷气机的模型，见图 4.2。喷气机位于世界坐标系的原点，没有任何动画设置。

(2) 拖曳时间滑动块，检查飞机是否已经设置了动画。

(3) 打开 Auto Auto 按钮，以便创建关键帧。

图 4.2

(4) 在透视视口单击飞机，选择它。单击主工具栏的 ✛ Select and Move 按钮。

(5) 将时间滑动块移动第 `50 / 100` 50 帧。在状态栏的键盘输入区域的 X 处键入 275.0 `X:275.0  Y:0.0  Z:0.0`。

(6) 关闭 `Auto` Auto 按钮。

(7) 在动画控制区域单击 ▶ Play Animation 按钮，播放动画。在前 50 帧，飞机沿着 X 轴移动了 275 个单位；第 50 帧后，飞机就停止了运动，这是因为 50 帧以后没有关键帧。

(8) 在动画控制区域单击 ⏮ Go to Start 按钮，停止播放动画，并把时间滑动块移动到第 0 帧。

注意观察轨迹栏(Track Bar)，见图 4.3，在第 0 帧和第 50 帧处创建了两个关键帧。当创建第 50 帧处的关键帧时，自动在第 0 帧创建了关键帧。

图 4.3

说明：如果没有选择对象，Track Bar 将不显示对象的关键帧。

(9) 在前视口的空白地方单击，取消对象的选择。

(10) 将时间滑动块移动到第 0 帧，注意观察透视视口中的飞机。飞机周围环绕一个白框(见图 4.4)，表明这是对象的关键帧。

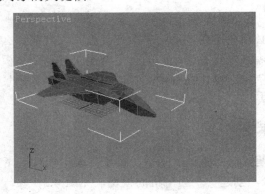

图 4.4

(11) 将时间滑动块从第 0 帧拖曳到第 50 帧，注意观察透视视口中的飞机。在第 1 帧到第 49 帧之间飞机没有白框，到第 50 帧后又出现了白框。

4.2　编 辑 关 键 帧

编辑关键帧常常涉及改变时间和数值。3DS MAX 提供了几种访问和编辑关键帧的方法。

(1) 在视口中。使用 3DS MAX 工作的时候总是需要定义时间。常用的设置当前时间的方法是拖曳时间滑动块。当时间滑动块放在关键帧之上的时候，对象就被一个白色方框环绕。如果当前时间与关键帧一致，就可以打开动画按钮来改变动画数值。

(2) 轨迹栏(Track Bar)。Track Bar 位于时间滑动块的下面。当一个动画对象被选择后，关键帧按矩形的方式显示在 Track Bar 中。Track Bar 可以方便地访问和改变关键帧的数值。

(3) 运动面板。运动面板是 3DS MAX 的 6 个面板之一。可以在运动面板中改变关键帧的数值。

(4) 轨迹视图(Track View)。Track View 是制作动画的主要工作区域。基本上在 3DS MAX 中的任何动画都可以通过 Track View 进行编辑。

不管使用哪种方法编辑关键帧，其结果都是一样的。下面首先介绍使用轨迹栏 Track Bar 编辑关键帧的方法。

(1) 启动 3DS MAX，创建一个已经设置了动画的球，球的动画中有两个关键帧。第 1 个在第 0 帧，第 2 个在第 50 帧。

(2) 在前视口单击球，以选择它。

(3) 在轨迹栏上第 50 帧的关键帧处单击鼠标右键，弹出一个菜单，见图 4.5。

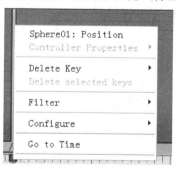

图 4.5

(4) 从弹出的菜单上选取 Sphere01: Position，出现 Sphere01:Position 对话框，见图 4.6。图 4.6 包含如下信息：

● 标记为 1 的区域指明当前的关键帧，这里是第 2 个关键帧。

● 标记为 2 的区域代表第 2 个关键帧处对象的位置。这里 X 坐标为 75.0，Y 和 Z 的数值均为 0.0。

● 标记为 3 的区域中，In 和 Out 按钮是关键帧的切线类型，它控制关键帧处动画的平滑程度。后面还要详细介绍切线类型。

(5) 在 Sphere01:Position 对话框中，将 Z Value 的数值改变为 20，见图 4.7。

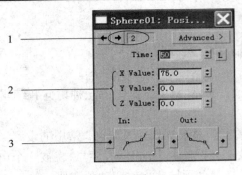

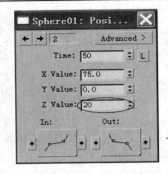

图 4.6　　　　　　　　　　　　　　　　图 4.7

（6）关闭 Sphere01:Position 对话框。

（7）在动画控制区域，单击 ▶ Play Animation 按钮，在激活的视口中播放动画，球沿着 Z 方向升起。

关键帧对话框也可以用来改变关键帧的时间。

（8）在动画控制区域，单击 ⏸ Stop Animation 按钮，停止播放动画。

（9）在轨迹栏上第 50 帧处单击鼠标右键。

（10）在弹出的菜单上选取 Sphere01: Position。

（11）在出现的 Sphere01:Position 对话框中向下拖曳 Time 微调器按钮，见图 4.8。这样关键帧就沿着轨迹线移动到了新的位置。

（12）在 Sphere01:Position 对话框，将时间设置回第 50 帧。

（13）关闭 Sphere01:Position 对话框。也可以直接在轨迹栏上改变关键帧的位置。

（14）在轨迹栏上将鼠标光标放在第 50 帧。

（15）单击并向右拖曳关键帧。当将关键帧拖曳的偏离当前位置时，新的位置显示在状态栏上，见图 4.9。

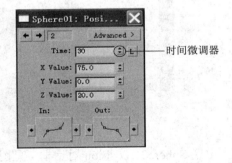

图 4.8

1 Object Selected

Moving key(s) from 50 to 56 (6)

图 4.9

（16）将关键帧移动到第 60 帧。

拖曳关键帧的时候，关键帧的值保持不变，只改变时间。此外，关键帧偏移的数值只在状态行显示。当释放鼠标后，状态行的显示消失。

在轨迹栏中快速复制关键帧的方法是按下 Shift 键后移动关键帧。复制关键帧后增加了一个关键帧，但是两个关键帧的数值仍然是相等的。

（17）在轨迹栏选择第 60 帧处的关键帧。

（18）按下 Shift 键，将关键帧移动到第 80 帧，即可将关键帧中的第 60 帧复制到了第 80 帧。但是，这两个关键帧的数值相等。

（19）在第 80 帧处单击鼠标右键，在弹出的菜单上选取 Sphere01: Position。

（20）在 Sphere01: Position 对话框中，将 Z Value 设置为 0.0，将 X Value 设置为 90.0，见图 4.10。

第 80 帧处的关键帧是第 3 个关键帧，它显示在 Key Info 对话框中。

（21）单击 Sphere01: Position 对话框中向左的箭头，现在 Key Info 对话框显示第 2 个关键帧的数值，见图 4.11。

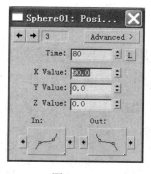

图 4.10　　　　　　　　　　　　图 4.11

技巧：可以在 Sphere01: Position 对话框中快速切换关键帧，并调整关键帧的数值。

（22）关闭 Sphere01: Position 对话框。

（23）在动画控制区域单击 ▶ Play Animation 按钮，播放动画。注意观察球的动画。

4.3　使用 Track View

在 4.2 节中，我们使用轨迹栏调整动画，但是轨迹栏的功能远不如 Track View。Track View 是非模式对话框，就是说在进行其他工作的时候，它仍然可以打开放在屏幕上。

Track View 显示场景中所有对象以及它们的参数列表、相应的动画关键帧。Track View 不但允许单独地改变关键帧的数值和它们的时间，还可以同时编辑多个关键帧。

使用 Track View 可以改变设置了动画参数的控制器，从而改变 3DS MAX 在两个关键帧之间的插值方法。还可以利用 Track View 改变对象关键帧范围之外的运动特征，来产生重复运动。

4.3.1　访问 Track View

可以从 Graph Editors 菜单、四元组菜单或者主工具栏来访问 Track View。这三种方法中的任何一种都可以打开 Track View，但是它们包含的信息量有所不同。使用四元组菜单可以打开选择对象的 Track View，这意味着在 Track View 中只显示选择对象的信息。这样可以清楚地调整当前对象的动画。Track View 也可以被另外命名，从而可以使用菜单栏快速地访问已经命名的 Track View。

下面介绍各种打开 Track View 的方法。

方法一：

(1) 在菜单栏选取 Graph Editors/Track View-Curve Editor 或者 Graph Editors/Track View-Dope Sheet ，见图 4.12，显示 Track View-Curve Editor 对话框(见图 4.13)或者 Track View-Dope Sheet 对话框(见图 4.14)。

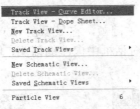

图 4.12

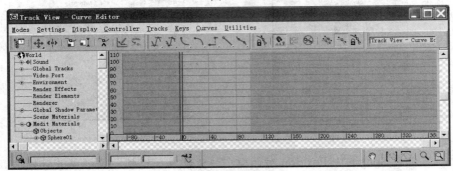

图 4.13

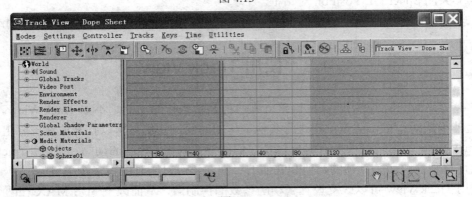

图 4.14

(2) 单击 ✕ 按钮，关闭 Track View 对话框。

方法二：

(1) 在主工具栏单击 ▦ Curve Editor(Open)按钮，显示 Track View-Curve Editor 对话框。

(2) 单击 ✕ 按钮，关闭 Track View-Curve Editor 对话框。

方法三：

(1) 在透视视口单击球，以选择它。

(2) 在球上单击鼠标右键，弹出的四元组菜单见图 4.15。从菜单上选取 Curve Editor，即可显示 Track View-Curve Editor 对话框。

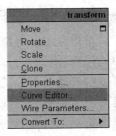

图 4.15

（3）单击 按钮，关闭 Track View-Curve Editor 对话框。

4.3.2　Track View 的用户界面

Track View 的用户界面有四个主要部分，它们是 Track View 的层级列表、编辑窗口、菜单栏和工具栏，见图 4.16。

Track View 的层级提供了一个包含场景中所有对象、材质和其他可以调节动画参数的层级列表。单击列表中的加号（+），将访问层级的下一个层次。层级中的每个对象都在编辑窗口中有相应的轨迹。

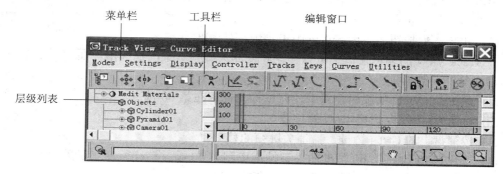

图 4.16

下面举例说明如何使用 Track View。

（1）启动 3DS MAX，在菜单栏中选取 File/Open，打开一个案例文件。

（2）单击主工具栏的 Curve Editor(Open) 按钮。球是场景中唯一的一个对象，因此层级列表中只显示了球。

（3）在 Track View 的层级中单击 Sphere01 左边的加号（+）。层级列表中显示出了可以调节动画的参数，见图 4.17。

在默认的情况下，Track View 是处于 Curve Editor 模式，可以通过菜单栏改变这个模式。

（4）在 Track View 中选取 Modes 菜单下的 Dope Sheet，这样 Track View 就变成了 Dope Sheet 模式，见图 4.18。

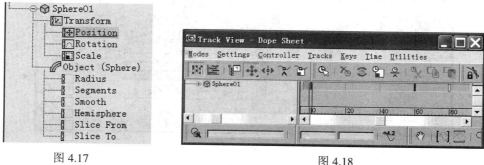

图 4.17　　　　　　　　　　　　　　　　　　　　图 4.18

（5）通过单击 Sphere01 左边的加号（+）展开层级列表。

下面举例说明如何使用编辑窗口。

（1）继续前面的练习。单击 Track View 视图导航控制区域的 Zoom Horizontal Extents 按钮。

(2) 在 Track View 的层级列表中单击 Transform，以选择它。

编辑窗口中的变换轨迹变成了白色，表明选择了该轨迹。变换控制器由位置、旋转和缩放三个控制器组成，其中只有位置轨迹被设置了动画。

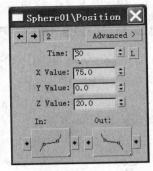

(3) 在 Track View 的层级列表中单击 Position，以选择它。位置轨迹上有三个关键帧。

(4) 在 Track View 的编辑窗口的第二个关键帧上单击鼠标右键，出现 Sphere01\Position 对话框，见图 4.19。该对话框与通过轨迹栏得到的对话框相同。

(5) 单击 ✕ 按钮，关闭 Sphere01\Position 对话框。

图 4.19

在 Track View 的编辑窗口中可以移动和复制关键帧。下面继续用前面的例子来演示如何移动和复制关键帧。

(1) 在 Track View 的编辑窗口中，将鼠标光标放在第 60 帧上。

(2) 将第 60 帧拖曳到第 40 帧的位置。

(3) 按键盘上的 Ctrl + Z 键，撤消关键帧的移动。

(4) 按住 Shift 键将第 60 帧处的关键帧拖曳到第 40 帧，这样就复制了关键帧。

(5) 按键盘上的 Ctrl + Z 键，撤消关键帧的复制。

可以通过拖曳范围栏来移动所有动画关键帧。当场景中有多个对象，而且需要相对于其他对象来改变其中一个对象的时间的时候，这个功能非常有用。下面继续用前面的例子来演示如何使用范围栏。

(1) 单击 Track View 工具栏中的 ▦ Edit Ranges 按钮，Track View 的编辑区域将显示小球动画的范围栏，参见图 4.20。

(2) 在 Track View 的编辑区域，将光标放置在范围栏的最上层(Sphere01 层次)。这时光标的形状发生了改变，表明可左右移动范围栏。

(3) 将范围栏的开始处向右拖曳 20 帧。状态栏中显示选择关键帧的新位置，见图 4.20。

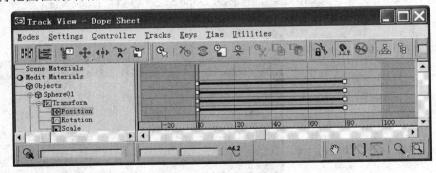

图 4.20

注意：只有当鼠标光标为双箭头的时候才是移动，如果是单箭头，拖曳鼠标的结果就是缩放关键帧的范围。

(4) 在动画控制区域单击 ▶ Play Animation 按钮，球从第 20 帧开始运动。

(5) 在动画控制区域单击 ❚❚ Stop Animation 按钮。

(6) 在 Track View 的编辑区域，将光标放置在范围栏的最上层(Sphere01 层次)。这时光标的形状发生了改变，表明左右移动范围栏。

(7) 将范围栏的开始处向左拖曳 20 帧。这样就将范围栏的起点拖曳到了第 0 帧。

要观察两个关键帧之间的运动情况，就需要使用曲线。在曲线模式下，可以移动、复制和删除关键帧。下面举例说明如何使用曲线模式。

(1) 启动 3DS MAX，打开案例文件。

(2) 在透视视口单击球，以选择它。

(3) 在球上单击鼠标右键。

(4) 从弹出的四元组菜单上选取 Curve Editor，打开一个 Track View 窗口，层级列表中只有球。

在曲线模式下，编辑区域的水平方向代表时间，垂直方向代表关键帧的数值。

对象沿着 X 轴的变化用红色曲线表示，沿着 Y 轴的变化用绿色曲线表示，沿着 Z 轴的变化用蓝色曲线表示。由于球在 Y 轴方向没有变化，因此绿色曲线与水平轴重合。

(5) 在编辑区域选择代表 X 轴变化的红色曲线上第 80 帧处的关键帧。

代表关键帧的点变成白色，表明该关键帧被选择了。选择关键帧所在的时间(帧数)和关键帧的值显示在 Track View 底部的时间区域和数值区域，见图 4.21。

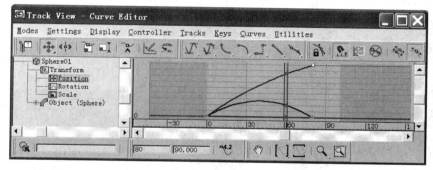

图 4.21

在图 4.21 中，左边的时间区域显示的数值是 80，右边的数值区域显示的数值是 90.000。用户可以在这个区域输入新的数值。

(6) 在时间区域键入 60，在数值区域键入 40。

在第 80 帧处的所有关键帧(X、Y 和 Z 三个轴向)都被移到了第 60 帧。对于现在使用的默认控制器来讲，三个轴向的关键帧必须在同一位置，但是关键帧的数值可以不同。

(7) 按住 Track View 工具栏中的 🔷 Move keys 按钮。

(8) 从弹出的按钮上选取 ◆◆◆ 水平移动按钮。

(9) 在 Track View 的编辑区域，将 X 轴的关键帧从第 60 帧移动到第 80 帧。

由于使用了水平移动工具，因此只能沿着水平方向移动。

4.3.3　Track View 应用举例

本例介绍如何实现一组跳动的茶壶，见图 4.22。这个例子的模型和材质都很简单，使用的关键帧技术也不复杂，使用了一些 Curver Editor 的技巧，即对象参数的复制。

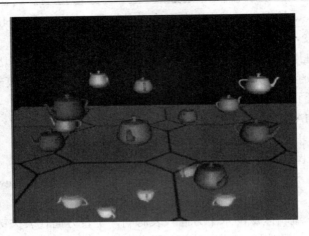

图 4.22

为了简单起见，下面我们只制作茶壶运动的动画，而不考虑地面的效果，步骤如下：

(1) 启动或者重新设置 3DS MAX。单击 System 按钮，单击 Ring Array 按钮，在透视视图中通过拖曳创建一个环形阵列,然后将 Radius 设置为 80,Amplitude 设置为 30,Cycles 设置为 3，Phase 设置为 1，Number 设置为 10，见图 4.23。

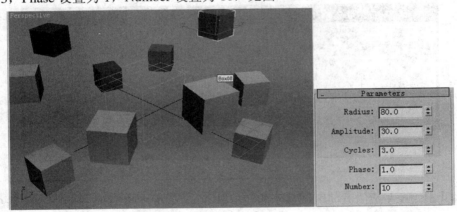

图 4.23

(2) 按键盘上的 N 键，打开时间滑块下的 Auto 按钮。将时间滑动块移动到第 100 帧，将 Phase 设置为 5。

(3) 单击 ▶ Play 按钮，播放动画，方块在不停地跳动。观察完后，停止播放动画。

(4) 再次按 N 键，关闭动画按钮。单击 ⊙ Geometry 按钮，然后单击 Teapot 按钮，在透视视图中创建一个半径为 10 的茶壶。茶壶的位置没有关系。

(5) 单击 ▦ Curver Editor 按钮,打开轨迹视图。逐级打开层级列表，找到 Object(Teapot) 并选取它，见图 4.24。

(6) 单击鼠标右键，在弹出的菜单上选取 Copy，见图 4.25。

(7) 逐级打开层级列表，找到 Object(Box)并选取它，见图 4.26。

(8) 单击鼠标右键，在弹出的菜单上选取 Paste，出现 Paste 对话框，见图 4.27。在 Paste 对话框中复选 Replace all instance，然后单击 OK 按钮。

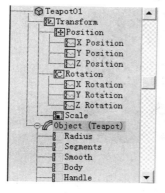

图 4.24

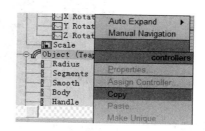

图 4.25

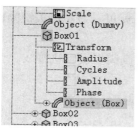

图 4.26

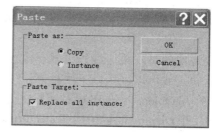

图 4.27

这时场景中的盒子都变成了茶壶，见图 4.28。

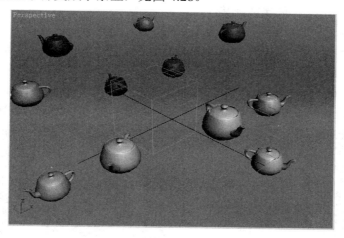

图 4.28

(9) 选择最初创建的茶壶，删除它。

(10) 单击 Play 按钮，播放动画，此时茶壶在不停地跳动。观察完后，停止播放动画。

4.4　轨　迹　线

　　轨迹线是一条描述对象位置随着时间变化情况的曲线(见图 4.29)。曲线上的白色标记代表帧，曲线上的方框代表关键帧。

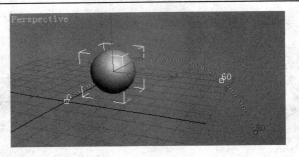

图 4.29

　　轨迹线对分析位置动画和调整关键帧的数值非常有用。通过使用 Motion 面板上的选项，可以在次对象层次访问关键帧。可以沿着轨迹线移动关键帧，也可以在轨迹线上增加或者删除关键帧。选取菜单栏中的 Views/Show Key Times 就可以显示出关键帧的时间，见图 4.29。

　　需要说明的是，轨迹线只出现在位移动画中，其他动画类型没有轨迹线。

　　显示轨迹线可以采用以下两种方法：

　　(1) 打开 Object Properties 对话框中的 Trajectories 选项。

　　(2) 打开 Display 面板中的 Trajectories 选项。

4.4.1　显示轨迹线

　　(1) 启动 3DS MAX，创建案例文件。

　　(2) 在动画控制区域单击 ▶ Play Animation 按钮。球弹跳了 3 次。

　　(3) 在动画控制区域单击 ⏸ Stop Animation 按钮。

　　(4) 在透视视口选择球。

　　(5) 在命令面板中单击 按钮，进入 Display 面板，在 Display Properties 卷展栏中复选 Trajectories 选项，见图 4.30。在透视视口中显示了球运动的轨迹线，见图 4.31。

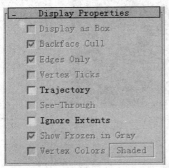

图 4.30

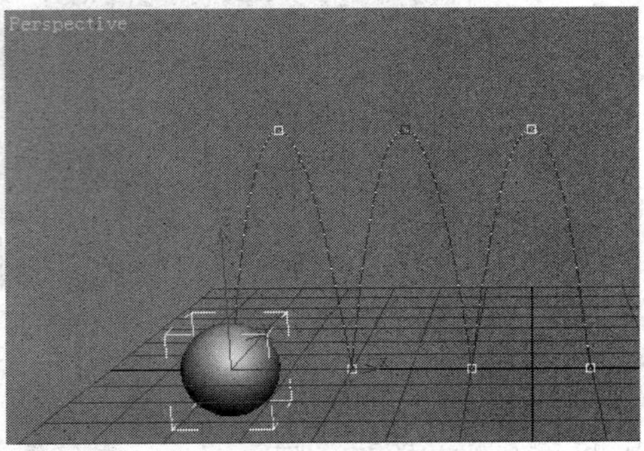

图 4.31

　　(6) 拖曳时间滑动块，球即可沿着轨迹线运动。

4.4.2　显示关键帧的时间

　　继续前面的练习，在菜单栏中选取 Views/Show Key Times，视口中显示了关键帧的帧号，见图 4.32。

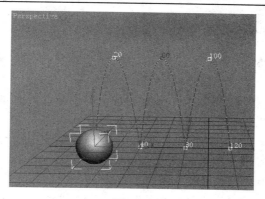

图 4.32

4.4.3　编辑轨迹线

通过在视口中编辑轨迹线，可以改变对象的运动。轨迹线上的关键帧用白色方框表示。通过处理这些方框，可以改变关键帧的数值。只有在 Motion 面板的次对象层次才能访问关键帧。下面举例说明如何编辑轨迹线。

(1) 继续前面的练习，确认球仍然被选择，并且在视口中显示了它的轨迹线。

(2) 到 Motion 命令面板的 Trajectories 标签中单击 Sub-Object 按钮。

(3) 在前视口使用窗口的选择方法选择顶部的 3 个关键帧。

(4) 单击主工具栏上的 ✛ Select and Move 按钮。在透视视口将所选择的关键帧沿着 Z 轴向下移动约 20 个单位，移动结果见图 4.33。在移动时可以观察状态行中的数值来确定移动的距离。

(5) 在动画控制区域单击 ▶ Play Animation 按钮。球按调整后的轨迹线运动。

(6) 在动画控制区域单击 ⏸ Stop Animation 按钮。

(7) 在轨迹栏的第 100 帧处单击鼠标右键。

(8) 在弹出的快捷菜单中选取 Sphere01:Position，显示 Sphere01:Position 对话框，见图 4.34。

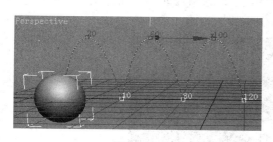

图 4.33

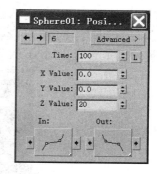

图 4.34

(9) 在该对话框将 Z Value 设置为 20。这表明第 6 个关键帧，也就是第 100 帧处的关键帧的 Z Value 被设置为 20。

(10) 单击 ✖ 按钮，关闭 Sphere01:Position 对话框。

4.4.4　增加关键帧和删除关键帧

下面介绍如何使用 Motion 面板中的工具增加和删除关键帧。

(1) 启动 3DS MAX，打开案例文件。

(2) 在透视视口中选择球，再到 Motion 命令面板的 Trajectories 标签单击 Sub-Object 按钮。

(3) 在 Trajectories 卷展栏上单击 Add Key 按钮。

(4) 在透视视口中最后两个关键帧之间单击，这样就增加了一个关键帧，见图 4.35。

(5) 在 Trajectories 卷展栏上再次单击 Add Key 按钮。

(6) 单击主工具栏中的 ✥ Select and Move 按钮。

(7) 在透视视口选择新的关键帧，然后将它沿着 X 轴移动一段距离，见图 4.36。

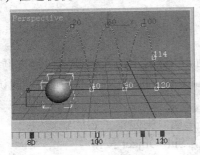 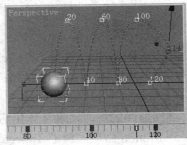

图 4.35　　　　　　　　　　　　　图 4.36

(8) 在动画控制区域单击 ▣ Play Animation 按钮。球即可按调整后的轨迹线运动。

(9) 在动画控制区域单击 ◫ Stop Animation 按钮。

(10) 确认新的关键帧仍然被选择。单击 Trajectories 卷展栏的 Delete Key 按钮，选择的关键帧被删除。

(11) 单击 Sub-Object 按钮，返回到对象层次。

(12) 单击 Motion 面板的 Parameters 标签，场景中的轨迹线消失了。

4.4.5　轨迹线和关键帧应用举例

本例实现"DISCREET"几个英文字按照一定的顺序从地球后飞出的效果，在设置动画时，除了使用基本的关键帧动画外，还使用了轨迹线编辑。下面介绍如何制作这个动画。

(1) 启动或重设 3DS MAX ，打开案例文件，如图 4.37 所示。

图 4.37

（2）创建文字动画。在顶视口中，选择文字"DISCREET"，移动到球体的后面，并调节使其在透视视口中不可见，将时间滑块拖到第 20 帧，打开 Auto 按钮 ，也可按下键盘上的字母 N，打开动画记录；然后将文字从球体后移动到球体前，调整其位置；再次单击 Auto，关闭动画记录。这时单击 Play 按钮播放动画，可以看到随着时间滑块的移动，字体从球体后出现。

（3）显示文字轨迹。单击 Display 按钮，在 Display Properties 中勾选 Trajectory，如图 4.38 所示，则在视口中会显示文字的运动轨迹，如图 4.39 所示。

图 4.38

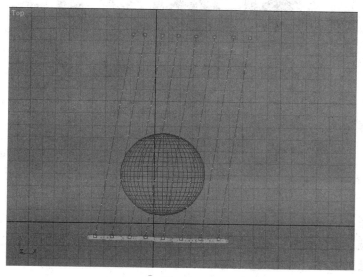

图 4.39

（4）添加并修改运动关键帧，以修改文字的运动路径。单击 Motion 按钮 ，先选中其中一个文字，单击 Trajectories 按钮，再单击 Sub-Object 按钮，进入子对象编辑，如图 4.40 所示。

（5）单击 Add Key 按钮，在选中文字的轨迹线中间单击鼠标左键，添加一个关键帧，如图所 4.41 示。

（6）选中 按钮，移动新添加的关键帧的位置。用同样的方法修改所有文字的轨迹，同时调整顶视图中上方每一个文字的第一个关键帧，使文字在最开始时完全隐藏在地球后，如图 4.42 所示。

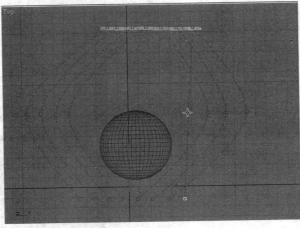

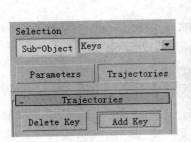

图 4.40　　　　　　　　　　　　　　　　　图 4.41

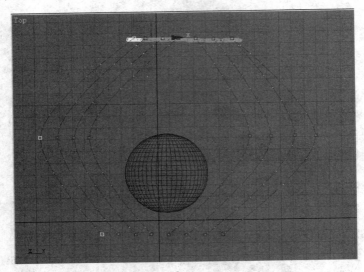

图 4.42

注意：在本步的操作过程中，一定要先选中文字，再进入子对象，只能在子对象中添加并修改关键帧。在修改另一个文字时，先要再次单击 Sub-Object 按钮，退出子对象编辑，然后选中要修改的文字，再进入子对象，添加关键帧。

（7）设置动画时间长度。在界面底部的时间控制区单击 Time Configuration 按钮，在弹出的对话框中将 Animation 区域内的 End Time 域中输入 140，如图 4.43 所示，单击 OK。这样就将动画长度设置为 140 帧。

（8）修改每个文字的显示时间。单击 ▶ Play 按扭播放动画，可以看到所有的文字同时显示。在轨迹曲线编辑状态下，按住 Ctrl 键选择字母 "C"、"R"，在下面的关键帧编辑栏中会出现三个关键帧。选择这三个关键帧，移动到 20～40，如图 4.44 所示。

同样的方法将 "S"、"E" 的关键帧移动到 40～60；"I"、"E2" 的关键帧移动到 60～80；"D"、"T" 的关键帧移动到 80～100。播放动画，这时文字 "DISCREET" 从球的两边依次出现。图 4.45 所示是其中的一帧。

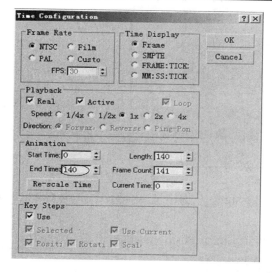

图 4.43　动画长度设置

图 4.44　移动关键帧

图 4.45

4.5　改变控制器

轨迹线是运动控制器的直观表现。控制器用于存储所有关键帧的数值，以及在关键帧之间执行插值操作，从而计算关键帧所有帧的位置、旋转角度和比例。通过改变控制器的参数(例如改变切线类型)或者改变控制器等都可以改变插值方法。下面举例来说明如何改变控制器。

位置的默认控制器是 Position XYZ，但用户也能改变这个默认的控制器。

(1) 启动 3DS MAX，打开案例文件。

(2) 在透视视口选择球。

(3) 在透视视口中的球上单击鼠标右键，然后从弹出菜单中选取 Curve Editor。这样就为选择的对象打开了 Track View，见图 4.46。

(4) 在 Track View 的层级列表区域单击 Position 轨迹。

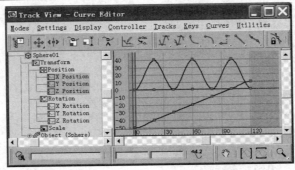

图 4.46

(5) 在 Track View 的 Controller 菜单下选取 Assign，从而出现 Assign Position Controller 对话框，见图 4.47。

(6) 在 Assign Position Controller 对话框中单击 Linear Position，然后单击 OK 按钮。

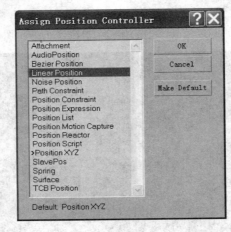

图 4.47

Linear Position 控制器在两个关键帧之间进行线性插值。在通过关键帧时，使用这个控制器的对象的运动不太平滑。这是因为在使用 Linear Position 控制器后，所有插值都是线性的，见图 4.48。

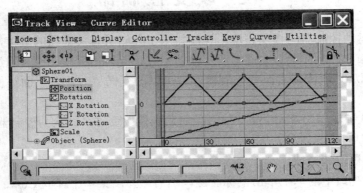

图 4.48

(7) 单击 ✕ 按钮，关闭 Track View 对话框。

(8) 确认球仍然被选择。在激活视口的球上单击鼠标右键，然后在弹出的菜单上选取 Properties。

(9) 在弹出的 Object Properties 对话框的 Display Properties 区域中复选 Trajectory，然后单击 OK 按钮，在透视视口中显示出了轨迹线，见图 4.49，轨迹线变成了折线。

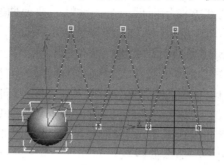

图 4.49

4.6 切 线 类 型

默认的插值类型使对象在关键帧处的运动保持平滑。对于位置和缩放轨迹来讲，默认的控制器分别是 Euler XYZ 和 Bezier Scale。如果使用了 Bezier 控制器，就可以指定每个关键帧处的切线类型。切线类型用来控制动画曲线上关键帧处的切线方向。在图 4.50 中的曲线代表一个对象在 0～100 帧的范围内沿着 Z 方向的位移变化。Bezier 位置控制器决定了曲线的形状。在这个图中，水平方向代表时间，垂直方向代表对象在垂直方向的运动。

在第 2 个关键帧处，对象没有直接向第 3 个关键帧处运动，而是先向下，然后再向上，从而保证在第 2 个关键帧处的运动平滑。但是有时可能需要另外一种运动，比如希望在关键帧处平滑过渡。这时功能曲线的方向应该突然改变，见图 4.51。

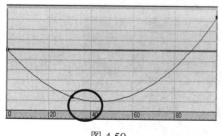

图 4.50

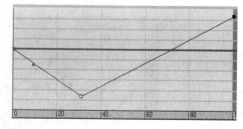

图 4.51

关键帧处的切线类型决定曲线的特征。实际上，一个关键帧处有两个切线类型，一个控制进入关键帧时的切线方向，另一个控制离开关键帧时的切线方向。通过使用混合的切线类型，可以得到如下的效果：光滑地进入关键帧，突然离开关键帧。

4.6.1 可以使用的切线类型

若要改变切线类型，就需要使用关键帧信息对话框。3DS MAX 中可以使用的切线类型有如下几种：

- ▱ Smooth(光滑)：默认的切线类型。该切线类型可使曲线在进出关键帧的时候有相同的切线方向。

- ▱ Linear(线性)：该切线类型可调整切线方向，使其指向前一个关键帧或者后一个关键帧。如果在 In 处设置了 Linear 选项，就使切线方向指向前一个关键帧；如果在 Out 处设置 Linear 选项，就使切线方向指向后一个关键帧。要使曲线上两个关键帧之间的曲线变成直线，则必须将关键帧两侧的 In 和 Out 都设置成 Linear。

- ▱ Step(台阶)：该切线类型引起关键帧数值的突变。

- ▱ Fast(加速)：该切线类型使邻接关键帧处的切线方向快速改变。

- ▱ Slow(减速)：该切线类型使邻接关键帧处的切线方向慢速改变。

- ▱ Custom(定制)：该切线类型是最灵活的选项，它提供一个 Bezier 控制句柄来任意调整切线的方向。在功能曲线模式中该切线类型非常有用。使用控制句柄还可以调整切线的长度。如果切线长度较长，那么曲线较长时间保持切线的方向。

- ▱ Auto(自动)：自动将切线设置成平直切线。选择自动切线的控制句柄后，就将自动切线转换为 Custom 类型。

在关键帧信息对话框的 In 和 Out 按钮两侧，各有两个小的箭头按钮 ⬭，这些按钮可以向左或向右复制切线类型。

4.6.2　改变切线类型

下面介绍如何改变球运动轨迹的切线类型。

(1) 启动 3DS MAX，打开案例文件。

(2) 在动画控制区域单击 ▶ Play Animation 按钮。当球通过第 60 帧处的关键帧时达到最大高度，然后再渐渐地向下回落。

(3) 在动画控制区域单击 ⏸ Stop Animation 按钮。

(4) 在透视视口选择球，使轨迹栏中显示出动画关键帧，见图 4.52。

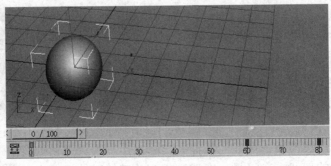

图 4.52

(5) 在球上单击鼠标右键，然后在弹出的菜单上选取 Properties。

(6) 在出现的 Object Properties 对话框的 Display Properties 区域中选取 Trajectory，然后单击 OK 按钮。

(7) 在轨迹栏上第 60 帧的关键帧处单击鼠标右键，然后在弹出的快捷菜单上选取 Sphere01: Position。

(8)　将 Sphere01: Position 对话框移动到窗口右上角，以便清楚地观察轨迹线，见图 4.53。

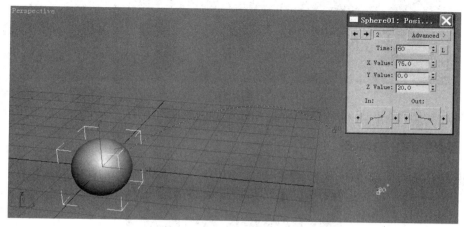

图 4.53

(9)　在 Sphere01: Position 对话框中按下 Out 按钮，显示出可以使用的切线类型。

(10)　选取 Linear 切线类型。

(11)　按下 In 按钮，选取 Linear 切线类型。这时的轨迹线变为图 4.54 所示的样子。

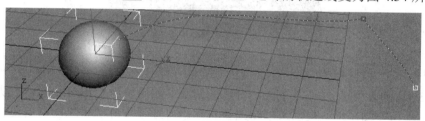

图 4.54

Linear 切线类型使切线方向指向前一个或者后一个关键帧。但是，可以看到两个关键帧之间的轨迹线还不是直线。这是因为第 1 个和第 3 个关键帧使用的仍然不是 Linear 切线类型。

(12) 单击 Sphere01: Position 关键帧信息对话框左上角向右的箭头，到第 3 个关键帧，也就是第 80 帧处。

(13) 将 In 切线类型设置为 Linear。现在第 2 个和第 3 个关键帧之间的轨迹线变成了线性的。

(14) 在 Sphere01: Position 对话框中，单击左上角向左的箭头 ←，到第 2 个关键帧，也就是第 60 帧处。

(15) 在 Sphere01: Position 对话框中单击 In 切线左边向左的箭头 ←。In 和 Out 按钮两侧的箭头按钮是用来前后复制切线类型的。

第 2 个关键帧的进入切线类型被复制到第 1 个关键帧的切线类型上，这样第 1 个关键帧和第 2 个关键帧之间的轨迹线变成了直线，见图 4.55。

(16) 在动画控制区域单击 ▶ Play Animation 按钮。球即可在两个关键帧之间按直线运动。

图 4.55

(17) 在动画控制区域单击 ▐▐▐ Stop Animation 按钮。

4.6.3 制作翻滚的字母

本例将介绍如何实现一个在地上翻滚的字母 X，图 4.56 所示是其中的一帧。

图 4.56

本例中的模型和材质都很简单，使用的关键帧技术也不复杂，但必须使用 Curver Editor 才能完成这个动画。因此，通过本例，可以深刻理解如何使用 Curver Editor 的功能。

这个例子需要的模型、材质及字母的生长动画已经设置好了。下面只需要设置字母翻跟斗的动画效果。

(1) 启动或者重新设置 3DS MAX，创建一个类似场景，见图 4.57。

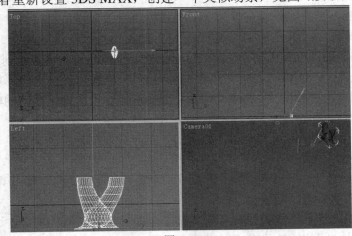

图 4.57

(2) 设置弯曲的动画。确认激活了主工具栏 ▐ Select 按钮，单击字母对象以选择它。进入 ▐ Modify 面板，给字母增加 Bend 编辑修改器。Bend 参数卷展栏出现在修改命令面板中，将面板中的 Angle 值设置为 180，Direction 设置为 90，Bend Axis 设置为 Y。
圆柱弯曲后的场景见图 4.58。

(3) 单击 Auto 按钮，将时间滑块移动到第 20 帧，然后在 Bend 参数卷展栏中将 Bend
的 Angle 改为 −180。

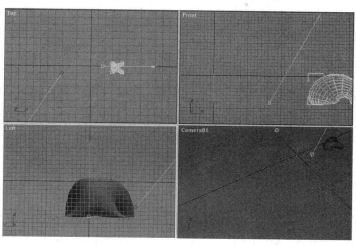

图 4.58

(4) 将时间滑块移动到第 20 帧，单击主工具栏的 ✛ Select and Move 按钮，在前视图
中，沿 X 轴将字母的一端移动至另一端，见图 4.59。单击 △ Angle Snap Toggle 按钮(或者
按键盘上的 A 键)，打开角度锁定。单击主工具栏中的 ↻ Select and Rotate，沿 Y 轴将字
母旋转 180°(注意观看提示栏中的显示)。旋转结果见图 4.60。

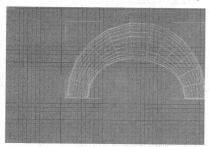
移动前

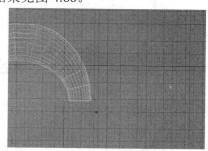
移动后

图 4.59

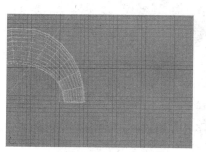
旋转前

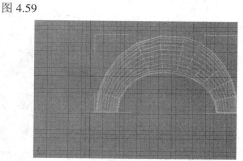
旋转后

图 4.60

说明： 也可以不使用旋转，直接将 Direction 的数值改为 270°。

（5）单击 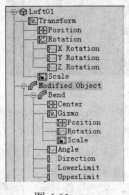 Play 按钮，开始播放动画。观看完后，单击 Stop 按钮。

现在的动画看起来很乱，接下来就开始在 Curver Editor 中进行调整。

（6）单击主工具栏中的 ▦ Open Curver Editor 按钮，打开 Curver Editor。如果 Curver Editor 的层级没有打开，那么单击 Object 前面的 + 号，出现 Loft01，单击 Loft 01 前面的 + 号，出现 Transform、Modified Object 等。

（7）依次单击 Transform 前面的 + 号和 Modified Object 前面的 + 号，逐级展开，直到 Transform 和 Modified Object 下面各子项没有 + 号为止。这时的 Curver Editor 见图 4.61。

（8）单击 Position，红线上有两个黑点。用鼠标右键单击第一个黑点，出现 Loftl01:Position 对话框，在 In、Out 中选择阶梯曲线，见图 4.62。

（9）修改第二个关键帧处的功能曲线。单击数字 1 左边向右的箭头，到第二个关键帧，在 In、Out 中选择阶梯曲线。

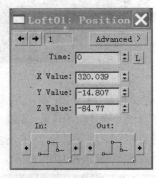

图 4.61　　　　　　　　　　　　　　　图 4.62

（10）修改曲线。单击 Rotation 前面的加号，出现 X Rotation、Y Rotation、Z Rotation 三项。选择 Z Rotation，出现关于 Z 轴旋转的曲线。曲线上有两个黑点。用鼠标右键单击第一个黑点，出现 Position 对话框，在 In、Out 中选择阶梯曲线。将关键帧 1 改为阶梯曲线。单击数字 1 左边向右的箭头，到第二个关键帧，在 In、Out 中选择阶梯曲线。这时的曲线见图 4.63。

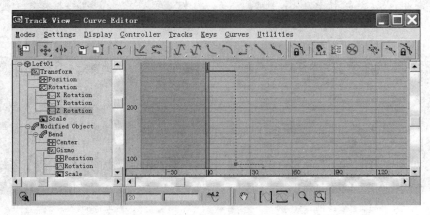

图 4.63

曲线和控制器是 3DS MAX 中的重要概念。使用它们可以使许多复杂动画设置变得简单。例如，在这个例子中，也可以直接在视图中旋转字母，但是，那样设置起来将非常困难。此外，假如需要使用 Curver Editor 设置对象旋转的动画，那么最好使用 Euler XYZ 控制器。

（11）设置运动的扩展。单击 Position，然后再单击 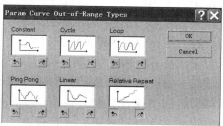 Parameter Curve Out-of-Range Types 按钮，将出现 Param Curve Out-of-Range Types 对话框，见图 4.64，单击 Relative Repeat 的图案，然后单击 OK 按钮。

图 4.64

（12）单击 Z Rotation，再单击 Parameter Curve Out-of-Range Types 按钮，将出现 Param Curve Out-of-Range Types 对话框，单击 Relative Repeat 的图案，然后单击 OK 按钮，使用 Zoom Horizontal Extents 和 Zoom 工具，增大曲线显示区域。这时的功能曲线见图 4.65。

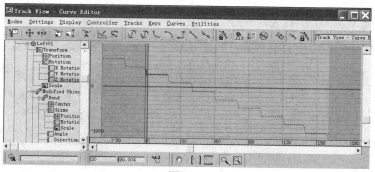

图 4.65

（13）设置弯曲角度的动画。单击 Curver Editor 中 Modified Object 下 Bend 前的 + 号，展开 Bend 选项。单击 Angle，然后单击 Parameter Curve Out-of-Range Type 按钮，出现 Param Curve Out-of-Range Type 对话框。单击对话框中的 Ping Pong，然后单击 OK 按钮。这时的功能曲线见图 4.66。

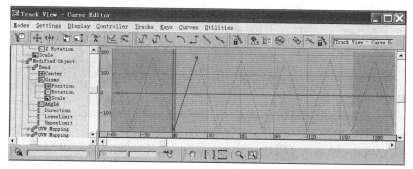

图 4.66

(14) 单击 ▶ Play 按钮，开始播放动画，字母自然地翻滚运动。单击 Stop 按钮，停止播放动画。

4.7 使用绘制曲线工具旋转对象

到现在为止，我们主要讨论的是如何调整位置轨迹。实际上，同样也可以为旋转设置关键帧。当给对象设置了旋转关键帧后，也就自动指定控制器来控制关键帧之间的插值。在默认的情况下，决定旋转轨迹的控制器是 Euler XYZ。

创建旋转关键帧的过程与创建位置关键帧类似。只要打开 Auto 按钮，在非第 0 帧改变对象的旋转角度，就创建了旋转关键帧。编辑旋转关键帧的过程与编辑位置关键帧类似，可以使用轨迹栏和轨迹视图移动、旋转或者复制关键帧。

除了可以打开 Auto 按钮设置关键帧动画外，还可以在 Track View 中通过 ✎ Draw Curves(绘制曲线)来制作关键帧动画。下面我们就以一个盒子的旋转为例来说明如何使用 Draw Curves 工具制作动画。

(1) 启动 3DS MAX，在菜单栏中选取 File/Open，打开案例文件。场景中是一个没有任何动画设置的盒子。

(2) 在盒子上单击鼠标右键，然后从弹出的菜单上选取 Curve Editor。

(3) 在 Track View 层级列表区域选取 X Rotation，见图 4.67。

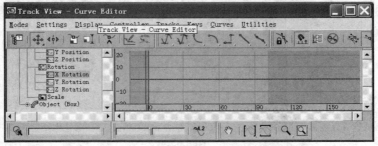

图 4.67

(4) 单击 ✎ Draw Curves 按钮，在编辑窗口绘制曲线，见图 4.68。

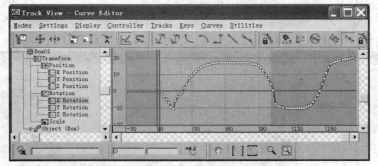

图 4.68

(5) 在动画控制区域单击 ▶ Play Animation 按钮。此时盒子开始绕 X 轴旋转，见图 4.69。

(6) 在动画控制区域单击 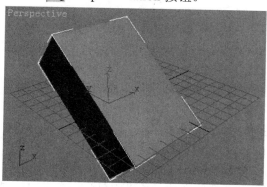 Stop Animation 按钮。

图 4.69

通过 Draw Curves 工具绘制的关键帧可能会非常多。但是，太多的关键帧会影响计算速度。可以通过 Reduce Keys(精简关键帧)工具简化不必要的关键帧。

(7) 单击 Reduce Keys 按钮，出现 Reduce Keys 对话框，见图 4.70。对话框中的选项 Threshold 是设定阈值的，也就是说如果相邻两个关键帧之间的数值相差不超过 Threshold 区域设置的数值，两个关键帧就合并成一个关键帧。

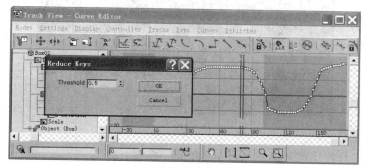

图 4.70

(8) 单击 Reduce Keys 对话框中的 OK 按钮。这里关键帧被精简了，见图 4.71。

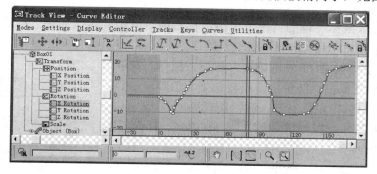

图 4.71

(9) 关闭 Track View 对话框。

(10) 在动画控制区域单击 Play Animation 按钮。盒子的旋转并没有明显变化。

(11) 在动画控制区域单击 Stop Animation 按钮。

4.8　轴　心　点

　　轴心点是对象局部坐标系的原点。轴心点与对象的旋转、缩放以及链接密切相关。

　　3DS MAX 提供了几种方法来设置对象轴心点的位置方向,可以在保持对象不动的情况下移动轴心点,也可以在保持轴心点不动的情况下移动对象。在改变了轴心点位置后,也可以使用 Reset 工具将它恢复到原来的位置。

　　改变轴心点的工具在 Hierarchy 面板下。通过下面的步骤,将学习怎样改变轴心点的位置,并观察轴心点位置的改变对变换的影响。

　　(1) 启动 3DS MAX,打开案例文件。场景中包含一个简单的对象,见图 4.72。该对象的名字是 Bar,它的轴心点与世界坐标系的原点重合。

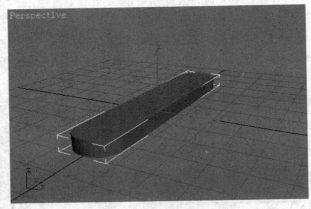

图 4.72

　　(2) 单击主工具栏上的 ↻ Select and Rotate 按钮。

　　(3) 在主工具栏将参考坐标系设置为 Local ▾ Local。

　　(4) 在透视视口单击 Bar,以选择它,然后绕 Z 轴旋转(注意,不要释放鼠标左键)。该对象绕轴心点旋转。

　　(5) 在不释放鼠标左键的情况下单击鼠标右键,取消旋转。如果已经旋转了对象,则可以使用菜单栏 Edit 下面的命令撤消旋转。

　　(6) 让对象绕 X 轴和 Y 轴旋转,然后按鼠标右键取消旋转操作。此时对象仍然绕轴心点旋转。下面调整轴心点。

　　(7) 在顶视口单击鼠标右键,激活顶视图。

　　(8) 单击视图导航控制区域的 ⊞ Min/Max Toggle 按钮,将顶视口切换到最大化显示。

　　(9) 进入到 ♣ Hierarchy 命令面板,见图 4.73。Hierarchy 面板被分成了三个标签:Pivot、IK 和 Link Info。下面将使用 Pivot 标签。

图 4.73

　　(10) 单击 Adjust Pivot 卷展栏的 Affect Pivot Only 按钮,见图 4.74。现在可以访问并调整对象的轴心点。

(11) 单击主工具栏上的 ✛ Select and Move 按钮。

(12) 在顶视口将轴心点向下移动，移到对象底部的中心，见图 4.75。

图 4.74

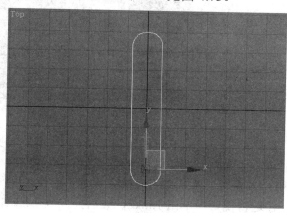

图 4.75

(13) 单击 Adjust Pivot 卷展栏的 Affect Pivot Only 按钮。

(14) 单击视图导航控制区域的 ⊞ Min/Max Toggle 按钮，切换成四个视口显示方式。

(15) 单击主工具栏上的 ⟳ Select and Rotate 按钮。

(16) 在透视视口绕 Z 轴旋转 Bar(注意，不要释放鼠标左键)。该对象将绕新的轴心点旋转。

(17) 在不释放鼠标左键的情况下单击鼠标右键，取消旋转。

(18) 让对象绕 X 轴和 Y 轴旋转，然后按鼠标右键，取消旋转操作。

4.9　对象的链接和正向运动

4.9.1　对象的链接

在 3DS MAX 中可以在对象之间创建父子关系。在默认的情况下，子对象继承父对象的运动，但是这种继承关系也可以被取消。

对象的链接可以简化动画的制作。一组链接的对象被称为连接层级，或称为运动学链。一个对象只能有一个父对象，但是一个父对象可以有多个子对象。

链接对象的工具在主工具栏中。当链接对象的时候需要先选择子对象，再选择父对象。当链接完对象后，可以使用 Select Objects 对话框来检查链接关系。在 Select Objects 对话框的对象名列表区域，子对象的名称一级级地向右缩进。父对象在顶层。

下面举例说明如何创建链接关系。

(1) 启动 3DS MAX，打开案例文件。场景中包含两个需要链接的对象，见图 4.76。其中名字是 link1 的蓝色对象是名字为 link2 的对象的父对象。

(2) 单击主工具栏上的 ⟳ Select and Rotate 按钮。

(3) 按键盘上的 H 键，打开 Select Objects 对话框。

(4) 在 Select Objects 对话框中，单击对象名列表区域的 Link1，然后单击 Select 按钮。

(5) 绕 Z 轴随意旋转 Link1，这时 Link2 并不跟着旋转。

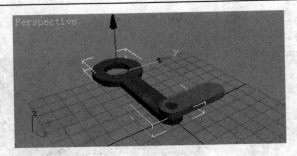

图 4.76

(6) 在菜单栏中选取 Edit / Undo Rotae，撤消旋转操作。

(7) 单击主工具栏上的 Select and Link 按钮。

说明：若要断开对象之间的链接关系，则使用 **Unlink Selection 按钮。**

(8) 在透视视口中单击 Link2，然后拖曳到 Link1，释放鼠标左键，完成链接操作。下面我们使用 Select Objects 对话框检查链接的结果。

(9) 单击主工具栏上的 Select Object 按钮。

(10) 确认没有选择任何对象，按键盘上的 H 键，打开 Select Objects 对话框。

(11) 在 Select Objects 对话框中选取 Display Subtree。这时的 Select Objects 对话框类似于图 4.77 所示。

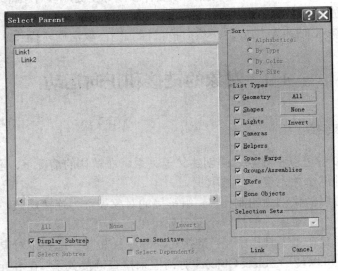

图 4.77

(12) 在 Select Objects 对话框中单击 Cancel，关闭该对话框。接下来测试链接关系是否正确。

(13) 单击主工具栏上的 Select and Rotate 按钮。

(14) 按键盘上的 H 键，打开 Select Objects 对话框。在 Select Objects 对话框单击对象名列表区域的 Link1，然后单击 Select 按钮。

(15) 绕 Z 轴随意旋转 Link1。这时 Link2 会跟随 Link1 旋转。

(16) 单击主工具栏上的 Select and Move 按钮。

(17) 在透视视口沿着 X 轴将 Link1 移动一段距离，Link 2 也跟着移动。

(18) 按键盘上的 Ctrl + Z 两次，撤消应用对 Link1 的变换。

(19) 在透视视口选择 Link2。

(20) 单击主工具栏上的 ⟳ Select and Rotate 按钮，然后再单击鼠标右键，打开 Rotate Transform Type-In 对话框。

(21) 在 Rotate Transform Type-In 对话框中将 Offset 部分的 Z 数值改为 30，见图 4.78。

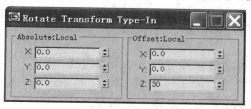

图 4.78

最终 Link1 不跟随 Link2 旋转，也就是子对象的旋转不影响父对象。

4.9.2　设置正向运动的动画

在设置正向运动的动画前，首先要设置父对象运动的动画，然后再设置子对象运动的动画。下面举例说明如何设置正向运动的动画。

(1) 启动 3DS MAX，创建案例文件。场景中包含两个链接好的对象(见图 4.76)，红色的对象 Link2 是蓝色的对象 Link1 的子对象。

(2) 将时间滑动块移动到第 50 帧 ▭ 50 / 100 ▭ 。

(3) 打开 Auto　Auto 按钮。

(4) 单击主工具栏上的 ⟳ Select and Rotate 按钮。

(5) 在透视视口将 Link1 绕 Z 轴旋转 85°，将 Link2 绕 Z 轴旋转 −75°。

(6) 关闭 Auto　Auto 按钮。

(7) 在动画控制区域单击 ▶ Play Animation 按钮，两个对象将同时旋转。

(8) 在动画控制区域单击 ▮▮ Stop Animation 按钮，两个对象停止旋转。

4.10　小　　结

本章主要讨论了如何在 3DS MAX 中制作动画。以下内容需要熟练掌握：

(1) 关键帧的创建和编辑：在制作动画的时候，只要设置了关键帧，3DS MAX 就会在关键帧之间进行插值。Auto 按钮、轨迹栏、运动面板和轨迹视图都可以用来创建和编辑关键帧。

(2) 切线类型：通过改变切线类型和控制器，可以调整关键帧之间的插值方法。位移动画的默认控制器是 Bezier。如果使用了这个控制器，就可以显示并编辑轨迹线。

(3) 轴心点：轴心点对旋转和缩放动画的效果影响很大。可以使用 Hierarchy 面板中的工具调整轴心点。

(4) 链接和正向运动：可以在对象之间创建链接关系来帮助制作动画。在默认的情况下，子对象继承父对象的变换。因此，一旦建立了链接关系，就可以方便地创建子对象跟随父对象运动的动画。

4.11　习　　题

1. 判断题

(1) 不可以使用 Curver Editor 复制标准几何体和扩展几何体的参数。

正确答案：错误。

(2) 在制作旋转动画的时候，不用考虑轴心点问题。

正确答案：错误。

(3) 只能在 Curver Editor 中给对象指定控制器。

正确答案：错误。可以在 Curver Editor 和运动面板中给对象指定控制器。

(4) 采用 Linear 插值类型的控制器在关键帧之间均匀插值。

正确答案：正确。

(5) 采用 Smooth 插值类型的控制器可以调整通过关键帧的曲线的切线，以保证平滑通过关键帧。

正确答案：正确。

2. 选择题

(1) 在 3DS MAX 中动画时间的最小计量单位是：

A. 1 帧　　　　　　　B. 1 秒　　　　　　　C. 1/2400 秒　　　　　D. 1/4800 秒

正确答案是 D，即可以将每秒分割成 4800 分之一份。

(2) 在 Curver Editor 中，给动画增加声音的选项应为：

A. Environment　　　B. Renderer　　　C. Video Post　　　D. Sound

正确答案是 D。

(3) 3DS MAX 中可以使用的声音文件格式为：

A. mp3　　　　　　　B. wav　　　　　　　C. mid　　　　　　　D. raw

正确答案是 B。

(4) 要显示对象关键帧的时间，应选择的命令为：

A. Views->Show Key Times　　　　　　B. Views->Show Ghosting

C. Views->Show Transform Gizmo　　　D. Views->Show Dependencies

正确答案是 A。

(5) 要显示运动对象的轨迹线，应在显示面板中选中哪一项？

A. Edges Only　　　　　　　　　　　B. Trajectory

C. Backface Cull　　　　　　　　　　D. Vertex Ticks

正确答案是 B。

3. 思考题

(1) 如何将子对象链接到父对象上？如何验证链接关系？

(2) 子对象和父对象的运动是否相互影响？如何影响？

(3) 什么是正向运动？

(4) 实现简单动画的必要操作步骤有哪些？

(5) Track View 的作用是什么？有哪些主要区域？

(6) 如果要制作一个盒子绕一端旋转的动画，是否需要将轴心点移动到盒子的一端？

(7) 在制作小球弹跳的动画时，如果要考虑小球落地时球的变形，是否需要改变球的轴心点？

(8) Bezier 控制器的切线类型有几种？各有什么特点？

第5章 动画和动画控制器

5.1 摄 像 机

5.1.1 摄像机的类型

摄像机是(Camera)3DS MAX 中的对象类型,用于定义观察图形的方向和投影参数。3DS MAX 有两种类型的摄像机——目标摄像机和自由摄像机。

目标摄像机有两个对象,即摄像机的视点和目标点,由一条线连接起来。我们将连接摄像机视点和目标点的连线称为视线。

对于静态图像或者不要摄像机运动的时候最好使用目标摄像机,这样可以方便地定位视点和目标点。如果要制作摄像机运动的动画,那么最好使用自由摄像机。这样只要设置视点的动画位置即可。

5.1.2 使用摄像机

可以在 Create 命令面板的 Cameras 标签下创建摄像机。摄像机被创建后被放在当前视口的绘图平面上。

创建摄像机后还可以使用多种方法选择并调整参数。下面举例说明如何创建摄像机。

(1) 启动 3DS MAX,打开案例文件。该文件包含一个喷气机,见图 5.1。

(2) 激活顶视口。

(3) 到 Create 命令面板的 Cameras 标签下,单击 Target 按钮。

(4) 在顶视口单击创建摄像机的视点,然后拖曳确定摄像机的目标点,待目标点位置满意后释放鼠标键,见图 5.2。

图 5.1

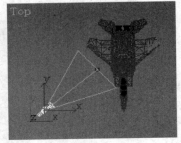

图 5.2

(5) 单击鼠标右键,结束摄像机的创建模式。

(6) 在视口的空白区域单击,取消摄像机对象的选择。

(7) 在激活顶视口的情况下按键盘上的 C 键，此时顶视口变成了摄像机视口。

下面介绍如何选择摄像机。

(1) 启动 3DS MAX，创建案例文件，该文件仅包含一个目标摄像机，见图 5.3。

(2) 单击主工具栏的 ✛ Select and Move 按钮。

(3) 在顶视口单击摄像机图标，以选择它。

(4) 在状态栏的变换数据输入区域将 Z 区域的数值改为 35.0 Z: 35.0 。

(5) 确认摄像机仍然被选择，然后在激活的视口中单击鼠标右键，在出现的菜单中选取 Select Camera Target，见图 5.4。这样摄像机的目标点就被选择了。

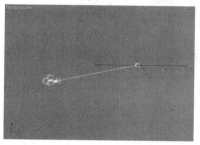

图 5.3

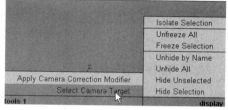

图 5.4

(6) 确认主工具栏中的 ✛ Select and Move 按钮是激活的，然后在其上单击鼠标右键，出现 Move Transform Type-In 对话框，见图 5.5。

(7) 在 Move Transform Type-In 对话框的 Offset: World 区域将 Z 的数值改为 20，见图 5.5。

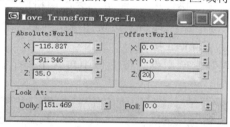

图 5.5

(8) 单击 ✖ 按钮，关闭 Move Transform Type-In 对话框。

(9) 在视口的空白区域单击，取消摄像机的选择。

(10) 按键盘上的 H 键，打开 Select Objects 对话框。摄像机和它的目标显示在 Select Objects 对话框的文件名列表区域，可以使用这个对话框选择摄像机或者摄像机的目标。

(11) 单击 Cancel 按钮，关闭 Select Objects 对话框。

前面学习了如何创建和选择摄像机，下面举例说明如何设置摄像机视口。

(1) 启动 3DS MAX，创建案例文件。该文件中包含了一个圆柱、一个角锥和一个摄像机。

(2) 在透视视口的视口标签上单击鼠标右键。

(3) 从弹出的菜单中选取 Views/Camera01，现在透视视口变成了摄像机视口。也可以使用键盘上的快捷键激活摄像机视口。

(4) 激活左视口，然后按键盘上的 C 激活摄像机视口。现在我们有了两个摄像机视口，见图 5.6。

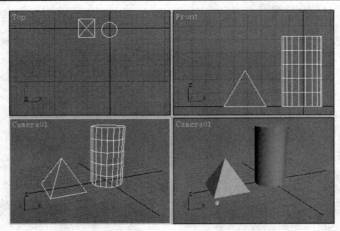

图 5.6

5.1.3 摄像机导航控制按钮

当激活摄像机视口后，视口导航控制区域的按钮变成了摄像机视口专用导航控制按钮，见图 5.7。

下面介绍这些按钮的含义。

图 5.7

1.  Dolly Camera(移动摄像机)按钮

使用  Dolly Camera(移动摄像机)按钮可沿着摄像机的视线移动摄像机。在移动摄像机的时候，它的镜头长度保持不变，其结果是使摄像机靠近或远离对象。

下面介绍如何使用 Dolly Camera 按钮。

(1) 启动 3DS MAX，打开案例文件。该文件中包含了一个圆柱、一个角锥和一个摄像机，见图 5.8。

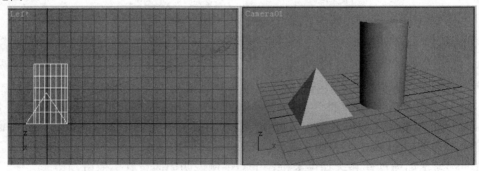

图 5.8

(2) 在摄像机视口的视口标签上单击鼠标右键，从弹出的菜单中选取 Select Camera，见图 5.9。

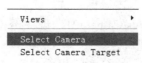

图 5.9

　　技巧：*如果在使用视口导航控制按钮的同时选择了摄像机，将可以在所有视口中同时观察摄像机的变化。*

　　(3) 单击摄像机导航控制区域的 Dolly Camera 按钮，在摄像机视口上下拖曳鼠标，场景对象会变小或者变大，好像摄像机远离或者靠近对象一样。注意观察顶视图中摄像机的运动。

　　(4) 在摄像机视口单击鼠标右键，结束 Dolly Camera 模式。

　　(5) 单击主工具栏上的 Undo 按钮，撤消对摄像机的调整。

2. Dolly Target(移动目标点)按钮

　　使用 Dolly Target(移动目标点)按钮可沿着摄像机的视线移动摄像机的目标点，镜头参数和场景构成不变。摄像机绕轨道旋转(Orbit)是基于目标点的，因此调整目标点会影响摄像机绕轨道的旋转。

　　下面说明 Dolly Target 按钮的使用。

　　(1) 继续前面的练习，确认仍然选择了摄像机。

　　(2) 在摄像机导航控制区域按下 Dolly Camera 按钮。

　　(3) 从弹出的按钮中选取 Dolly Target 按钮。

　　(4) 在摄像机视口按住鼠标左键上下拖曳，摄像机的目标点将沿着视线前后移动。

　　(5) 在摄像机视口单击鼠标右键，结束 Dolly Target 模式。

　　(6) 按 Ctrl + Z 键撤消对摄像机目标点的调整。

3. Dolly Camera + Target(移动摄像机和目标点)按钮

　　该按钮将沿着视线移动摄像机和目标点。这个效果类似于 Dolly Camera，但是摄像机和目标点之间的距离保持不变。只有当需要调整摄像机的位置，而又希望保持摄像机绕轨道旋转不变的时候，才使用这个按钮。

　　我们通过以下练习来演示 Dolly Camera + Target 按钮的功能。

　　(1) 继续前面的练习，确认摄像机仍然被选择。

　　(2) 在摄像机导航控制区域按下 Dolly Camera 按钮。

　　(3) 从弹出的按钮中选取 Dolly Camera + Target。

　　(4) 在摄像机视口按住鼠标左键上下拖曳，摄像机和目标点都跟着移动。

　　(5) 在摄像机视口单击鼠标右键，结束 Dolly Camera + Target 模式。

　　(6) 按 Ctrl + Z 键撤消对摄像机和摄像机目标点的调整。

4. Perspective(透视)按钮

　　使用该按钮可移动摄像机使其靠近目标点，同时改变摄像机的透视效果，从而使镜头长度变化。35 mm～50 mm 的镜头长度可以很好地匹配人类的视觉系统。镜头长度越短，透视变形就越夸张，从而产生非常有趣的艺术效果；镜头长度越长，透视的效果就越弱，图形的效果就越类似于正交投影。

　　下面我们来演示 Perspective 按钮的功能。

　　(1) 继续前面的练习，确认仍然选择了摄像机。

　　(2) 在摄像机导航控制区域单击 Perspective 按钮。

(3) 在摄像机视口按住鼠标左键向上拖曳。

说明：如果透视效果改变不大，那么在拖曳的时候按下 Ctrl 键。这样就放大了鼠标拖曳的效果。当向上拖曳鼠标的时候，摄像机靠近对象，透视变形明显。

(4) 在摄像机视口按住鼠标左键向下拖曳，透视效果减弱了。

(5) 在摄像机视口单击鼠标右键，结束 Perspective 模式。

(6) 按 Ctrl + Z 键以撤消对摄像机透视效果的调整。

5. Roll Camera(滚动摄像机)按钮

该按钮可使摄像机绕着它的视线旋转。其效果类似于斜着头观察对象。

下面演示 Roll Camera 按钮的功能。

(1) 继续前面的练习，确认摄像机仍然被选择。

(2) 在摄像机导航控制区域单击 Roll Camera 按钮。

(3) 在摄像机视口按住鼠标左键左右拖曳，让摄像机绕视线旋转，见图 5.10。

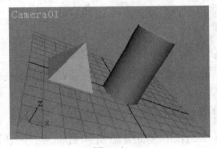

图 5.10

(4) 在摄像机视口单击鼠标右键，结束 Roll Camera 模式。

(5) 按 Ctrl + Z 键以撤消对摄像机滚动的调整。

6. Field of View(视野)按钮

该按钮的作用效果类似于 Perspective，只是摄像机的位置不发生改变。

下面演示 Field of View 按钮的功能。

(1) 继续前面的练习，确认摄像机仍然被选择。

(2) 在摄像机导航控制区域单击 Field of View 按钮。

(3) 在摄像机视口按住鼠标左键垂直拖曳。当光标向上拖曳的时候，视野变窄了，见图 5.11；当鼠标向下移动的时候，视野变宽了。

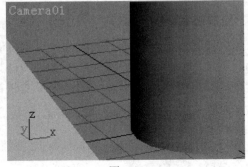

图 5.11

(4) 在摄像机视口单击鼠标右键，结束 Field of View 模式。

(5) 按 Ctrl + Z 键以撤消对摄像机视野的调整。

7. 　Truck Camera(滑动摄像机)按钮

使用该按钮可使摄像机沿着垂直于它的视线的平面移动，只改变摄像机的位置，而不改变摄像机的参数。当给该功能设置动画效果后，可以模拟汽车行进的效果。场景中的对象可能跑到视野之外。

下面演示 Truck Camera 按钮的功能。

(1) 继续前面的练习，确认摄像机仍然被选择。

(2) 在摄像机导航控制区域单击 　Truck Camera 按钮。

(3) 在摄像机视口按住鼠标左键水平拖曳，让摄像机在图形平面内水平移动。

(4) 在摄像机视口按住鼠标左键垂直拖曳，让摄像机在图形平面内垂直移动。

(5) 在摄像机视口单击鼠标右键，结束 Truck Camera 模式。

(6) 按 Ctrl + Z 键以撤消对摄像机滑动的调整。

技巧： 当滑动摄像机的时候，按住 Shift 键可将摄像机的运动约束到视图平面的水平或者垂直平面。

8. 　Orbit Camera(绕轨道旋转摄像机)按钮

使用该按钮，可使摄像机围绕着目标点旋转。

下面演示 Orbit Camera 按钮的功能。

(1) 继续前面的练习，确认摄像机仍然被选择。

(2) 在摄像机导航控制区域单击 　Orbit Camera 按钮。

(3) 按下 Shift 键，在摄像机视口水平拖曳摄像机，让摄像机在水平面上绕目标点旋转。

(4) 按下 Shift 键，在摄像机视口垂直拖曳摄像机，让摄像机在垂直面上绕目标点旋转。

(5) 在摄像机视口单击鼠标右键，结束 Orbit Camera 模式。

(6) 按 Ctrl + Z 键以撤消对摄像机的调整。

9. 　Pan Camera(平移摄像机)按钮

该按钮是 Orbit Camera 下面的弹出按钮，它使摄像机的目标点绕摄像机旋转。

下面演示 Pan Camera 按钮的功能。

(1) 继续前面的练习，确认摄像机仍然被选择。

(2) 在摄像机导航控制区域按下 Orbit Camera 按钮。

(3) 从弹出的按钮中选取 　Pan Camera。

(4) 在摄像机视口按下鼠标左键上下拖曳。

(5) 按下 Shift 键，在摄像机视口水平拖曳摄像机。摄像机的目标点在水平面上绕摄像机旋转。

(6) 按下 Shift 键，在摄像机视口垂直拖曳摄像机。

(7) 摄像机的目标点在水平面上绕摄像机旋转。

(8) 在摄像机视口单击鼠标右键，结束 Pan Camera 模式。

(9) 按 Ctrl + Z 键以撤消对摄像机的调整。

5.1.4　关闭摄像机的显示

有时我们需要将场景中的摄像机隐蔽起来，下面继续使用前面的例子来说明如何隐藏摄像机。

(1) 确认激活了摄像机视口。

(2) 在摄像机的视口标签上单击鼠标右键，从弹出的右键菜单上选取 Select Camera 按钮。

(3) 到 Display 命令面板，取消 Hide by Category 卷展栏中 Cameras 的复选，见图 5.12，这样将隐藏场景中的所有摄像机。如果用户只希望隐藏选择的摄像机，那么可以单击 Hide 卷展栏中的 Hide Selected 按钮。

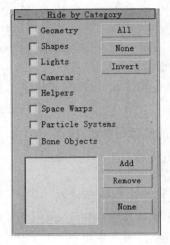

图 5.12

5.2　使用 Path Constraint 控制器

在第 4 章中，已经使用了默认的控制器类型。本节将学习如何使用 Path Constraint 控制器。Path Constraint 控制器使用一个或者多个图形来定义动画中对象的空间位置。

如果使用默认的 Bezier Position 控制器，需要打开 Animate 按钮，然后在非第 0 帧变换才可以设置动画。当应用了 Path Constraint 控制器后，就取代了默认的 Bezier Position 控制器，对象的轨迹线变成了指定的路径。路径可以是任何二维图形。二维图形可以是开放图形也可以是封闭的图形。

5.2.1　Path Constraint 的主要参数

在 3DS MAX 中，Path Constraint 控制器允许指定多个路径，这样对象运动的轨迹线是多个路径的加权混合。例如，如果有两个二维图形分别定义曲曲弯弯的河流的两岸，那么使用 Path Constraint 控制器可以使船沿着河流的中央行走。

Path Constraint 控制器的 Path Parameters 卷展栏见图 5.13。

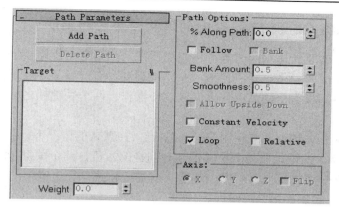

图 5.13

下面介绍它的主要参数项。

1．Follow(跟随)选项

Follow 选项使对象的某个局部坐标系与运动的轨迹线相切。与轨迹线相切的默认轴是 X，也可以指定任何一个轴与对象运动的轨迹线相切。默认情况下，对象局部坐标系的 Z 轴与世界坐标系的 Z 轴平行。如果给摄像机应用了 Path Constraint 控制器，就可以使用 Follow 选项使摄像机的观察方向与运动方向一致。

2．Bank(倾斜)选项

Bank 选项使对象局部坐标系的 Z 轴朝向曲线的中心。只有复选了 Follow 选项后才能使用该选项。倾斜的角度与 Bank Amount 参数相关。该数值越大，倾斜的越厉害。倾斜角度也受路径曲线度的影响，曲线越弯曲，倾斜角度越大。

Bank 选项可以用来模拟飞机飞行的效果。

3．Smoothness(光滑)参数

只有当复选了 Bank 选项，才能设置 Smoothness 参数。光滑参数沿着路径均分倾斜角度，该数值越大，倾斜角度越小。

4．Constant Velocity(匀速)选项

在通常情况下，样条线是由几个线段组成的。当第一次给对象应用 Path Constraint 控制器后，对象在每段样条线上运动速度是不一样的。样条线越短，对象运动得越慢；样条线越长，对象运动得越快。复选该选项后，就可以使对象在样条线的所有线段上的运动速度一样。

5．控制路径运动距离的选项

在 Path Parameters 卷展栏中还有一个% Along Path 选项，该选项用于指定对象沿着路径运动的百分比。

当选择一个路径后，就在当前动画范围的百分比轨迹的两端创建了两个关键帧。关键帧的值是 0～100 之间的一个数，代表路径的百分比。第 1 个关键帧的数值是 0%，代表路径的起点；第二个关键帧的数值是 100%，代表路径的终点。

就像对其他关键帧操作一样，Percent 轨迹的关键帧也可以被移动、复制或者删除。

5.2.2 使用 Path Constraint 控制器控制沿路径的运动

当一个对象沿着路径运动的时候，可能需要在某些特定点暂停一下。假如给摄像机应用了 Path Constraint 控制器，使其沿着一条路径运动，有时就需要停下来四处观察一下。这可以通过创建有同样数值的关键帧来完成这个操作。两个关键帧之间的间隔就代表运动停留的时间。

暂停运动的另外一种方法是使用 Percent 轨迹。在默认的情况下，百分比轨迹使用的是 Bezier Float 控制器。这样，即使两个关键帧有同样的数值，两个关键帧之间的数值也不一定相等。为了使两个关键帧之间的数值相等，就需要将第一个关键帧的 Out 切线类型和第二个关键帧的 In 切线类型指定为线性。

下面举例说明如何使用 Path Constraint 控制器控制沿路径的运动。

(1) 启动 3DS MAX，创建案例文件。场景中包含了一个茶壶和一个有圆角的矩形，见图 5.14。

(2) 在透视视口单击茶壶，以选择它。

(3) 到  Motion 命令面板，在 Parameters 标签中打开 Assign Controller 卷展栏。

(4) 单击 Position: Bezier Position，以选定它，见图 5.15。

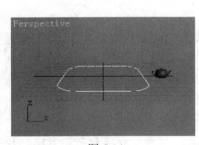

图 5.14

图 5.15

(5) 在 Assign Controller 卷展栏单击 Assign Controller，出现 Assign Position Controller 对话框，见图 5.16。

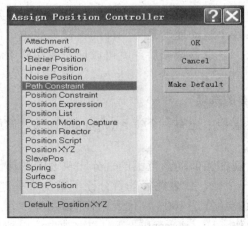

图 5.16

(6) 在 Assign Position Controller 对话框中，单击 Path Constraint，然后单击 OK 按钮。此时在 Motion 命令面板上出现 Path Parameters 卷展栏，参见图 5.13。

(7) 在 Path Parameters 卷展栏单击 Add Path 按钮，然后在透视视口中单击矩形。

(8) 在透视视口单击鼠标右键结束 Add Path 操作。现在矩形被增加到路径列表中，见图 5.17。

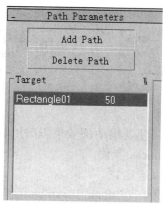

图 5.17

(9) 反复拖曳时间滑动块，观察茶壶的运动。茶壶沿着路径运动，运动的时间是 100帧。当拖曳时间滑动块的时候，Path Options 区域的%Along Path 数值跟着改变。该数值指明当前帧时完成运动的百分比。

下面介绍如何使用 Follow 选项。

(1) 单击动画控制区域的 ▶ Play Animation 按钮。此时注意观察在没有打开 Follow选项时茶壶运动时的方向。茶壶沿着有圆角的矩形运动，壶嘴始终指向正 X 方向。

(2) 在 Path Parameters 卷展栏，选定 Follow 复选框。现在茶壶的壶嘴指向了路径方向。

(3) 在 Path Parameters 卷展栏选择 Y，见图 5.18。现在茶壶的局部坐标轴的 Y 轴指向了路径方向。

(4) 在 Path Parameters 卷展栏选择 Flip，见图 5.19。这时局部坐标系 Y 轴的负方向指向运动的方向。

　　　　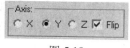

图 5.18　　　　　　　　　　图 5.19

(5) 单击动画控制区域的 ▮▮ Stop Animation 按钮。

下面介绍如何使用 Bank 选项。

(1) 启动 3DS MAX，创建案例文件。场景中包含了一个茶壶和一个有圆角的矩形。茶壶已经被指定了控制器并设置了动画。

(2) 在透视视口单击茶壶，以选择它。

(3) 到 Motion 命令面板，打开 Path Parameters 卷展栏中 Path Options 区域的 Banks选项，见图 5.20。

(4) 单击动画控制区域的 ▶ Play Animation 按钮。茶壶在矩形的圆角处向里倾斜。但是倾斜得太过分了。

(5) 在 Path Options 区域将 Bank Amount 设置为 0.1，使倾斜的角度变小。前面已经提到，Bank Amount 数值越小，倾斜的角度就越小。矩形的圆角半径同样会影响对象的倾斜，半径越小，倾斜角度就越大。

(6) 单击动画控制区域的 Stop Animation 按钮。

(7) 在透视视口单击矩形，以选定它。

(8) 到 Modify 面板的 Parameters 卷展栏，将 Corner Radius 改为 10.0，见图 5.21。

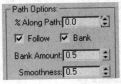
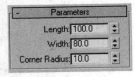

图 5.20　　　　　　　　　　　图 5.21

(9) 来回拖曳时间滑动块，以便观察动画效果。可以看到茶壶的倾斜角度变大了。

下面的步骤用来改变 Smoothness 参数。

(1) 在透视视口单击茶壶，以选定它。

(2) 到 Motion 命令面板，在 Path Parameters 卷展栏的 Path Options 区域，将 Smoothness 设置为 0.1。

(3) 来回拖曳时间滑动块，以便观察动画效果。茶壶在圆角处突然倾斜，见图 5.22。

图 5.22

5.3　使摄像机沿着路径运动

当给摄像机指定了路径控制器后，通常需要调整摄像机沿着路径运动的时间，可以使用轨迹栏或者轨迹视图来完成这个工作。

如果使用轨迹视图调整时间，最好使用曲线模式。当使用曲线观察百分比曲线的时候，可以看到在两个关键帧之间百分比是如何变化的(见图 5.23)，这样可以方便动画的处理。

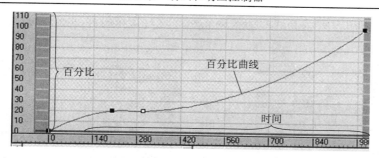

图 5.23

一旦设置完成了摄像机沿着路径运动的动画，就可以调整摄像机的观察方向，模拟观察者四处观看的效果。

下面将创建一个自由摄像机，并给位置轨迹指定一个 Path Constraint 控制器，然后再调整摄像机的位置和观察方向。

(1) 启动 3DS MAX，创建案例文件。场景中包含了一条样条线，见图 5.24。该样条线将被用作摄像机的路径。

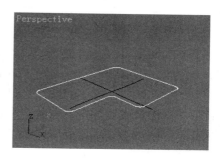

图 5.24

说明：作为摄像机路径的样条线应该尽量避免有尖角，以避免摄像机方向的突然改变。

为了给场景创建一个自由摄像机，可以在透视视口创建自由摄像机，但最好在正交视口创建自由摄像机。自由摄像机的默认观察方向是激活绘图平面的负 Z 轴方向，创建之后必须变换摄像机的观察方向。

(2) 到 Create 命令面板的 Cameras 标签，单击 Object Type 卷展栏下面的 Free 按钮。

(3) 在 Left 视口单击，创建一个自由摄像机，见图 5.25。

(4) 在前视口单击鼠标右键结束摄像机的创建操作。

接下来的步骤是给摄像机指定一个 Path Constraint 控制器。由于 3DS MAX 是面向对象的程序，因此给摄像机指定路径控制器与给几何体指定路径控制器的过程是一样的。

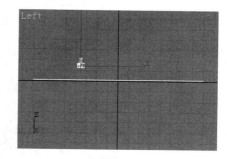

图 5.25

(1) 确认选择了摄像机，到 Motion 命令面板，打开 Assign Controller 卷展栏。

(2) 单击 Position: Position XYZ，见图 5.26。

(3) 在 Assign Controller 卷展栏中，单击 Assign Controller 按钮。

(4) 在 Assign Position Controller 对话框，单击 Path Constraint，然后单击 OK 按钮，关闭该对话框。

(5) 在命令面板的 Path Parameters 卷展栏，单击 Add Path 按钮。

(6) 按键盘上的 H 键，打开 Pick Object 对话框。在 Pick Object 对话框单击 Camera Path，

然后单击 Pick 按钮，关闭 Pick Object 对话框。这时摄像机移动到作为路径的样条线上，见图 5.27。

图 5.26

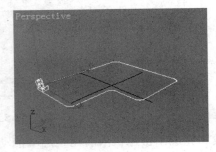

图 5.27

(7) 来回拖曳时间滑动块，观察动画的效果。现在摄像机的动画还有两个问题：第一是观察方向不对，第二是观察方向不随着路径改变。首先来解决第二个问题。

(8) 在 Path Parameters 卷展栏的 Path Options 区域复选 Follow。

(9) 来回拖曳时间滑动块，以观察动画的效果。现在摄像机的方向随着路径改变，但是观察方向仍然不对。下面就来解决这个问题。

(10) 在 Path Parameters 卷展栏的 Axis 区域选择 Y 。

(11) 来回拖曳时间滑动块，观察动画的效果。现在摄像机的观察方向也正确了。

(12) 到 Display 命令面板的 Hide 卷展栏单击 Unhide All 按钮。场景中显示出了所有隐藏的对象，见图 5.28。

图 5.28

(13) 激活透视视口，按键盘上的 C 键，将透视视口改为摄像机视口。

(14) 单击动画控制区域的 ▶ Play Animation 按钮，就能看见摄像机在路径上快速运动。

(15) 单击动画控制区域的 ‖ Stop Animation 按钮。

接下来需要调整一下摄像机在路径上的运动速度，步骤如下：

(1) 继续前面的练习。

(2) 来回拖曳时间滑动块，以观察动画的效果。

在默认的 100 帧动画中摄像机正好沿着路径运行一圈。当按每秒 25 帧的速度回放动画的时候，100 帧正好 4 秒。如果希望运动的速度稍微慢一点，可以将动画时间调整得稍微长一些。

（3）在动画控制区域单击  Time Configuration 按钮。

（4）在出现的 Time Configuration 对话框的 Animation 区域中，将 Length 设置为 1000，见图 5.29。

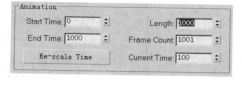

（5）单击 OK 按钮，关闭 Time Configuration 对话框。

图 5.29

（6）来回拖曳时间滑动块，以观察动画的效果。这时摄像机的运动范围仍然是 100 帧。下面我们将第 100 帧处的关键帧移动到第 1000 帧。

（7）在透视视口单击摄像机，以选择它。

（8）在将鼠标光标放在轨迹栏上第 100 帧处的关键帧上，然后将这个关键帧移动到第 1000 帧处。

（9）单击动画控制区域的 ▶ Play Animation 按钮。现在摄像机的运动范围是 1000 帧。我们可能已经注意到，摄像机在整个路径上的运动速度是不一样的。

（10）单击动画控制区域的 ▮▮ Stop Animation 按钮，停止播放。

（11）确认仍然选择了摄像机，到 Motion 命令面板的 Path Options 区域，选择 Constant Velocity 选项，见图 5.30。

（12）单击动画控制区域的 ▶ Play Animation 按钮，让摄像机在路径上匀速运动。

（13）单击动画控制区域的 ▮▮ Stop Animation 按钮，停止播放。

当制作摄像机漫游的动画时，经常需要摄像机走一走、停一停。下面介绍如何设置摄像机暂停的动画。

（1）启动或者重新设置 3DS MAX，创建案例文件。该文件包含一个圆柱、一个摄像机和一条样条线(见图 5.31)，摄像机沿着样条线运动，总长度为 1000 帧。

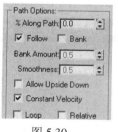

图 5.30

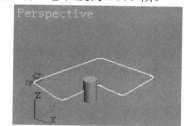

图 5.31

（2）将时间滑动块调整到第 200 帧 ▭ 200 / 1000 ▭，然后从这一帧开始将动画暂停 100 帧。

（3）在透视视口单击摄像机，选择它。

（4）在透视视口单击鼠标右键，然后在弹出的菜单上选择 Curve Editor。这样就为摄像机打开了一个 Track View-Curve Editor 对话框。在 Track View 编辑区域显示一个垂直的线，指明当前编辑的时间，见图 5.32。

（5）在层级列表区域单击 Percent 轨迹，见图 5.32。

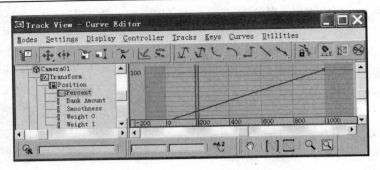

图 5.32

(6) 在 Track View 的工具栏上单击 Add Keys 按钮。

(7) 在 Track View 的编辑区域百分比轨迹的当前帧处单击,增加一个关键帧,见图 5.33。

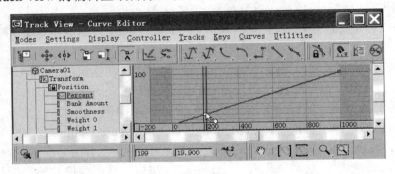

图 5.33

(8) 在 Track View 的编辑区域单击鼠标右键,结束 Add Keys 操作。

(9) 在编辑区域选择刚刚增加的关键帧。

(10) 如果增加的关键帧不是正好在第 200 帧,那么在 Track View 的时间区域键入 200,见图 5.34。

(11) 在编辑区域的第 200 帧处单击鼠标右键,出现 Camera01\Percent 对话框,见图 5.35。

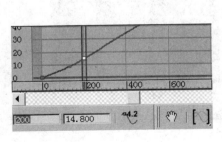

图 5.34

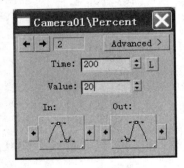

图 5.35

(12) 如果关键帧的数值不是 20.0,那么在 Camera01\Percent 对话框的 Value 区域键入 20.0。这意味着摄像机用了 200 帧完成了总运动的 20%。由于希望摄像机在这里暂停 100 帧,因此需要将第 300 帧处的关键帧值也设置为 20.0。

(13) 单击 按钮,关闭 Camera01\Percent 对话框。

（14）单击 Track View 工具栏中的 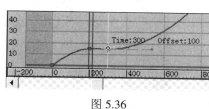 Move Keys 按钮，按下键盘上的 Shift 键，在 Track View 的编辑区域将第 200 帧处的关键帧拖曳到第 300 帧，在复制时保持水平移动。这样就将第 200 帧处的关键帧复制到了第 300 帧，见图 5.36。

（15）在 Track View 的编辑区域的第 300 帧处单击鼠标右键，打开 Camera01\Percent 对话框，见图 5.37。

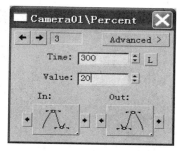

图 5.36

图 5.37

（16）单击 ✕ 按钮，关闭 Camera01\Percent 对话框，再单击 Track View 中的 ✕ 按钮，关闭 Track View。

（17）单击动画控制区域的 ▶ Play Animation 按钮，播放动画。现在摄像机在第 200 帧到第 300 帧之间没有运动。

（18）单击动画控制区域的 ▮▮ Stop Animation 按钮，停止播放。

说明：如果在第 300 帧处的关键帧数值不是 20，则将它改为 20。

5.4　Look At Constraint 控制器

Look At Constraint 控制器可使一个对象的某个轴一直朝向另外一个对象。下面介绍它的使用步骤。

（1）启动 3DS MAX，创建案例文件。场景中有一个被弯曲了的管、一个文字和一条样条线，见图 5.38。文字已经被指定为 Path Constraint 控制器。

（2）来回拖曳时间滑动块，观察动画的效果，可以看到文字沿着路径运动。

（3）在透视视口中单击圆管，以选择它。到 ⊕ Motion 面板，打开 Assign Controller 卷展栏，单击 Rotation，见图 5.39。

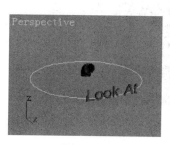

图 5.38

图 5.39

(4) 单击 Assign Controller 卷展栏中的 📇 Assign Controller 按钮。

(5) 在出现的 Assign Rotation Controller 对话框中单击 LookAt Constraint(见图 5.40)，然后单击 OK 按钮。

(6) 在 Motion 命令面板打开 LookAt Constraint 卷展栏，单击 Add LookAt Target 按钮(见图 5.41)。

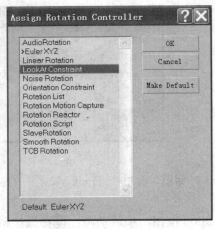

图 5.40

图 5.41

(7) 在透视视口单击文字。

(8) 单击动画控制区域的 ▶ Play Animation 按钮，播放动画，可以看到圆管一直指向动画的文字。

5.5　Link Constraint 控制器

Link Constraint 控制器是用来变换一个对象到另一个对象的层级链接的。有了这个控制器，3DS MAX 的位置链接不再是固定的了。

下面我们就使用 Link Constraint 控制器制作传接小球的动画，图 5.42 所示是其中的一帧。

图 5.42

(1) 启动或者重新设置 3DS MAX。创建案例文件。场景中有四根长方条，见图 5.43。

图 5.43

(2) 来回拖曳时间滑动块，观察动画的效果，可以看到四根长方条来回交接。

(3) 在 Create 面板单击 Sphere 按钮，在前视图中创建一个半径为 20 个单位的小球，且将小球与 chuanjg01 对齐，见图 5.44。

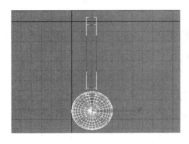 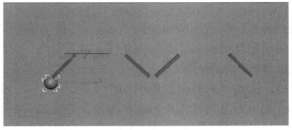

图 5.44

(4) 选择小球，到 Motion 命令面板，单击 Parameter 按钮，打开 Assign Controller 卷展栏，选取 Transform 选项，如图 5.45 所示。

(5) 单击 Assign Controller 按钮，出现 Assign Transform Controller 对话框，选取 Link Constraint，单击 OK 按钮，然后退出 Assign Transform Controller 对话框，如图 5.46 所示。

(6) 打开 Link Parameter 卷展栏，单击 Add Link 按钮。将时间滑动块调整到第 0 帧，选取 chuanjg01；将时间滑动块调整到第 20 帧，选取 chuanjg02；将时间滑动块调整到第 40 帧，选取 chuanjg03(右数第二个)；将时间滑动块调整到第 60 帧，选取 chuanjg04；将时间滑动块调整到第 100 帧，选取 chuanjg03；将时间滑动块调整到第 120 帧，选取 chuanjg02；将时间滑动块调整到第 140 帧，选取 chuanjg01。这时的 Link Parameters 卷展栏见图 5.47。

图 5.45　　　　　　　　　图 5.46　　　　　　　　　图 5.47

(7) 观看动画，然后停止播放。

5.6　渲 染 动 画

设置完动画后需要渲染动画，然后就可以真实地、有质感地播放动画了。

为了更好地渲染整个动画，我们需要考虑如下几个问题。

1. 图像文件格式

可以采用不同的方法渲染动画。一种方法是直接渲染某种格式的动画文件，例如 avi、mov 或者 flc。当渲染完成后就可以回放渲染的动画，回放的速度与文件大小和播放速率有关。

第二种方法是渲染诸如 tga、bmp、tga 或者 tif 一类的独立静态位图文件，然后再使用非线性编辑软件编辑独立的位图文件，最后输出 DVD 和计算机能播放的格式等。某些输出选项需要特别的硬件。

此外，高级动态范围图像(HDRI)文件(*.hdr, .pic)可以在 3DS MAX 渲染器中调用或保存，对于实现高度真实效果的制作方法大有帮助。

在默认的情况下，3DS MAX 的渲染器可以生成如下格式的文件：avi、flc、movmp、cin、jpg、png、rla、rpf、eps、rgb、tif、tga 等。

2. 渲染的时间

渲染动画可能需要花费很长的时间。例如，如果有一个 45 秒长的动画需要渲染，播放速率是每秒 15 帧，每帧渲染需要花费 2 分钟，那么总的渲染时间为

$$45 \text{ 秒} \times 15 \text{ 帧/秒} \times 2 \text{ 分/帧} = 1350 \text{ 分(或者 } 22.5 \text{ 小时)}$$

既然渲染时间很长，那么就要避免重复渲染。以下几种方法可以避免重复渲染：

(1) 测试渲染：从动画中选择几帧，然后将它渲染成静帧，以检查材质、灯光等效果和摄像机的位置。

(2) 预览动画：在菜单栏的 Rendering 菜单下有一个 Make Preview 选项。该选项可以在较低图像质量情况下渲染出 avi 文件，以检查摄像机和对象的运动。

下面举例说明如何渲染动画。

(1) 启动 3DS MAX，创建案例文件。这是一个弹跳球的动画场景，见图 5.48。

图 5.48

(2) 在菜单栏上选取 Rendering/Render，出现 Render Scene 对话框。

(3) 在 Render Scene 对话框的 Common 面板中的 Common Parameters 卷展栏下选择 Range。

(4) 在 Range 区域的第 1 个数值区键入 0，第 2 个数值区键入 50，见图 5.49。

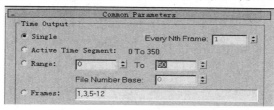

图 5.49

(5) 在 Common Parameters 卷展栏的 Output Size 区域，Width 选择 320，Height 选择 240，见图 5.50。Image Aspect 指的是图像的宽高比，320/240 = 1.33。

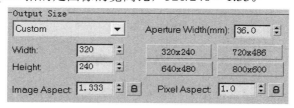

图 5.50

(6) 在 Render Output 区域单击 Files。

(7) 在出现的 Render Output File 对话框的文件名区域指定一个文件名，例如 ch05_11。

(8) 在保存类型的下拉式列表中选取 mov，见图 5.51。

(9) 在 Render Output File 对话框中，单击 Save 按钮。

(10) 在 Compression Settings 对话框选取 Animation，见图 5.52。压缩质量的数值越大，图像质量就越高，文件也越大。

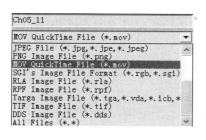

图 5.51

图 5.52

(11) 将压缩质量设置为 Medium，单击 OK 按钮。

(12) 单击 Render 按钮，出现 Render 进程对话框。

(13) 完成了动画渲染后，关闭 Render Scene 对话框。

(14) 在菜单栏选取 File/View Image File，然后在 View File 对话框选取并播放刚刚渲染的文件。图 5.53 是其中的一帧。

图 5.53

5.7 小 结

本章学习了如何创建与使用摄像机。我们不但可以调整摄像机的参数，而且可以使用摄像机导航按钮直接可视化地调整摄像机。要设置摄像机漫游的动画，则应使用 Path Constraint 控制器，使摄像机沿着某条路径运动。调整摄像机的运动的时候，最好使用 Track View 的曲线模式。

在制作完动画后，需要渲染动画，可以将渲染结果保存成独立的位图文件，也可以将渲染结果保存成动画文件。

5.8 习 题

思考题

(1) 3DS MAX 的摄像机类型有几种？

(2) 在制作漫游动画的时候常使用哪种类型的摄像机？为什么？

(3) 目标摄像机有几个对象？

(4) 解释 Path Constraint 控制器的主要参数。

(5) 是否可以指定多条样条线作为 Path Constraint 控制器的路径？

(6) 如何制作一个对象沿着某条曲线运动的动画？

(7) 3DS MAX 的位移和旋转的默认控制器是什么？

(8) 如何改变 3DS MAX 的控制器？

(9) 请模仿制作动画。

提示：让一个对象沿着螺旋线运动，然后给圆柱增加一个 Look At Constraint 控制器，使圆柱观察沿着螺旋线运动的对象。

第三部分

建　　模

第 6 章　二维图形建模

6.1　二维图形的基础

6.1.1　二维图形的术语

二维图形是由一条或者多条样条线(Spline)组成的对象。样条线是由一系列点定义的曲线。样条线上的点通常被称为节点(Vertex)。每个节点包含定义它的位置坐标的信息，以及曲线通过节点方式的信息。样条线中连接两个相邻节点的部分称为线段(Segment)，见图 6.1。

　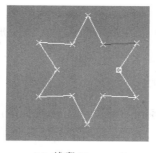　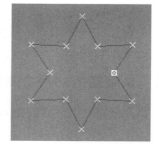

(a)　节点(Vertex)　　　　　　(b)　线段(Segment)　　　　　　(c)　样条线(Spline)

图 6.1

6.1.2　二维图形的用法

二维图形通常作为三维建模的基础。应用 Extrude、Bevel、Bevel Profile 和 Lathe 等编辑修改器就可以将二维图形转换成三维图形。二维图形的另外一个用法是作为 Path Constraint 控制器的路径。此外，还可以将二维图形直接设置成可以渲染的，以创建诸如霓虹灯一类的效果。

6.1.3 节点的类型

节点用来定义二维图形中的样条线。节点有如下四种类型：

(1) Corner(拐角)。Corner 节点类型使节点两端的入线段和出线段相互独立，因此两个线段可以有不同的方向。

(2) Smooth(光滑)。Smooth 节点类型使节点两侧的线段的切线在同一条线上，从而使曲线有光滑的外观。

(3) Bezier。Bezier 节点类型的切线类似于 Smooth 节点类型。不同之处在于 Bezier 类型提供了一个可以调整切线矢量大小的句柄，通过这个句柄可以将样条线段调整到它的最大范围。

(4) Bezier Corner(Bezier 拐角)。Bezier Corner 节点类型分别给节点的入线段和出线段提供了调整句柄，但是它们是相互独立的。两个线段的切线方向可以单独进行调整。

6.1.4 标准的二维图形

3DS MAX 提供了几个标准的二维图形(样条线)按钮，见图 6.2。二维图形的基本元素都是一样的，不同之处在于标准的二维图形在更高层次上有一些控制参数，用来控制图形的形状。这些控制参数决定了节点的位置、类型和方向。

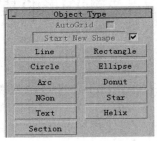

图 6.2

在创建了二维图形后，还可以在编辑面板对二维图形进行编辑。我们将在后面对这些问题进行详细讨论。

6.1.5 二维图形的共有属性

二维图形有一个共有的 Rendering(渲染)和 Interpolation(插值)属性。这两个卷展栏见图 6.3。

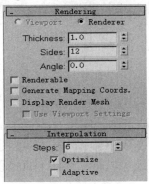

图 6.3

在默认情况下，二维图形不能被渲染，但是，有一个选项可以将它设置为可以渲染的。如果激活了这个选项，那么在渲染的时候将使用一个指定厚度的圆柱网格取代线段，这样就可以生成诸如霓虹灯等的模型。指定网格的边数可以控制网格的密度，还可以指定是在视口中渲染二维图形，还是在渲染时渲染二维图形。对于视口渲染和扫描线渲染来讲，网格大小和密度的设置可以是独立的。

在 3DS MAX 内部，样条线有确定的数学定义，但在显示和渲染时则使用一系列线段来近似样条线。插值设置决定使用的直线段数。步数(Steps)决定在线段的两个节点之间插入的中间点数。中间点之间用直线来表示。Steps 参数的取值范围是 0～100。0 表示在线段的两个节点之间没有插入中间点；该数值越大，插入的中间点就越多。一般情况下，在满足基本要求的情况下，尽可能将该参数设置为最小。

在样条线的 Interpolation 卷展栏中还有 Optimize 和 Adaptive 选项。当选取了 Optimize 复选框后，3DS MAX 将检查样条线的曲线度，并减少比较直的线段上的步数，这样可以简化模型。当选取了 Adaptive 复选框时，3DS MAX 将自适应调整线段。

6.1.6　Start New Shape 选项

Object Type 卷展栏中的 Start New Shape 选项(参见图 6.2)用来控制所创建的一组二维图形是一体的，还是独立的。

前面已经提到，二维图形可以包含一个或者多个样条线。当创建二维图形的时候，如果选取了 Start New Shape 复选框，创建的图形就是独立的新的图形；如果关闭了 Start New Shape 选项，那么创建的图形就是一个二维图形。

6.2　创建二维图形

6.2.1　使用 Line、Rectangle 和 Text 工具来创建二维图形

本节将使用 Line、Rectangle 和 Text 工具来创建二维对象。

(1) 启动 3DS MAX，或者在菜单栏选取 File/Reset，以复位 3DS MAX。

(2) 在创建命令面板中单击 ⬡ Shapes 按钮。

(3) 在 Shapes 面板中单击 ▭ Line ▭ 按钮。这时 Create 面板上的 Shapes 分类自动打开，并选取了 Line 工具，见图 6.4。

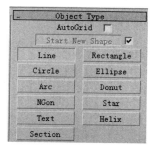

图 6.4

(4) 在前视口单击创建第一个节点，然后移动鼠标再单击创建第二个节点。

(5) 单击鼠标右键，结束画线工作。

1. 使用 Line 工具

(1) 继续前面的练习。这是一个只包含系统设置，没有场景信息的文件。

(2) 在顶视口单击鼠标右键，以激活它。

(3) 单击视图导航控制区域的 ⬚ Max/Min Toggle 按钮，切换到满屏显示。

（4）在创建命令面板中单击 🎨 Shapes 按钮，然后在命令面板的 Object Type 卷展栏单击 Line 按钮。

（5）在 Create 面板中仔细观察 Creation Method 卷展栏的设置，见图 6.5。

这些设置将决定样条线段之间的过渡是光滑的还是不光滑的。Initial Type 设置是 Corner，表示用单击的方法创建节点的时候，相邻的线段之间是不光滑的。

（6）在顶视口采用单击的方法创建 3 个节点，见图 6.6。创建完 3 个节点后单击鼠标右键以结束创建操作。

从图 6.6 中可以看出，在两个线段之间，也就是节点 2 处有一个拐角。

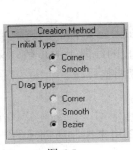

图 6.5

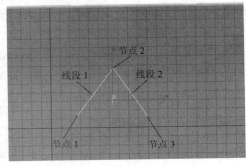

图 6.6

（7）在 Create 面板的 Creation Method 卷展栏，将 Initial Type 设置为 Smooth。

（8）采用与第（6）步相同的方法在顶视口创建一个样条线，见图 6.7。

从图 6.7 中可以看出选择 Smooth 后创建了一个光滑的样条线。

Drag Type 设置决定拖曳鼠标时创建的节点类型。不管是否拖曳鼠标，Corner 类型使每个节点都有一个拐角。Smooth 类型在节点处产生一个不可调整的光滑过渡。Bezier 类型在节点处产生一个可以调整的光滑过渡。如果将 Drag Type 设置为 Bezier，那么从单击点处拖曳的距离将决定曲线的曲率和通过节点处的切线方向。

（9）在 Creation Method 卷展栏，将 Initial Type 设置为 Corner，将 Drag Type 设置为 Bezier。

（10）在顶视口再创建一条曲线。这次采用单击并拖曳的方法创建第 2 点，创建的图形应该类似于图 6.8 中最下面的图。

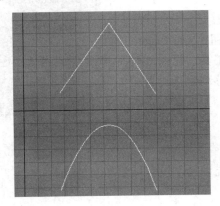

图 6.7

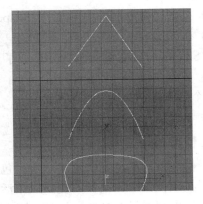

图 6.8

2．使用 Rectangle 工具

(1) 在菜单栏选取 File/Reset，以复位 3DS MAX。

(2) 单击创建命令面板的　 Shapes 按钮。

(3) 在命令面板的 Object Type 卷展栏单击 Rectangle 按钮。

(4) 在顶视口单击并拖曳创建一个矩形。

(5) 在 Create 面板的 Parameters 卷展栏，将 Length 设置为 100，将 Width 设置为 200，将 Corner Radius 设置为 20。这时的矩形见图 6.9。Rectangle 是只包含一条样条线的二维图形，它有 8 个节点和 8 个线段。

(6) 选择矩形，然后打开　 Modify 命令面板。矩形的参数在 Modify 面板的 Parameters 卷展栏中，见图 6.10。用户可以改变这些参数。

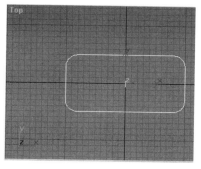

图 6.9

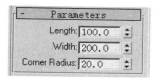

图 6.10

3．使用 Text 工具

(1) 在菜单栏中选取 File/Reset，以复位 3DS MAX。

(2) 在创建命令面板中单击　 Shapes 按钮。

(3) 在命令面板的 Object Type 卷展栏单击 Text 按钮。这时 Create 面板的 Parameters 卷展栏将显示默认的文字(Text)设置，见图 6.11。从图 6.12 中可以看出，默认的字体是 Arial，大小是 100 个单位，文字内容是 MAX Text。

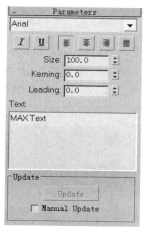

图 6.11

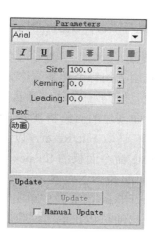

图 6.12

(4) 在 Create 面板的 Parameters 卷展栏，采用单击并拖曳的方法选取 MAX Text，使其突出显示。

(5) 采用中文输入方法键入文字"动画"，见图 6.12。

(6) 在顶视口单击创建文字，见图 6.13。这个文字对象由多个相互独立的样条线组成。

(7) 确认文字仍然被选择，回到 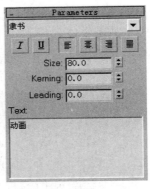 Modify 面板。

(8) 在 Modify 面板的 Parameters 卷展栏将字体改为隶书，将 Size 改为 80，见图 6.14。

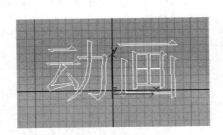

图 6.13

图 6.14

(9) 视口的文字自动更新，以反映对参数所做的修改，见图 6.15。

图 6.15

与矩形一样，文字也是参数化的，这就意味着可以在 Modify 面板中通过改变参数来控制文字的外观。

6.2.2　在创建中使用 Start New Shape 选项

前面已经提到，一个二维图形可以包含多个样条线。当 Start New Shape 选项被打开后，3DS MAX 将新创建的每个样条线作为一个新的图形。例如，如果在 Start New Shape 选项被打开的情况下创建了三条线，那么每条线都是一个独立的对象。如果关闭了 Start New Shape 选项，后面创建的对象将被增加到原来的图形中。下面我们就举例来说明这个问题。

(1) 在菜单栏选取 File/Reset，以复位 3DS MAX。

(2) 在 Create 命令面板的 Shapes 中，关闭 Object Type 卷展栏下面的 Start New Shape 按钮。

(3) 在 Object Type 卷展栏中单击 Line 按钮。

(4) 在顶视口通过单击的方法创建两条直线，见图 6.16。

(5) 单击主工具栏的 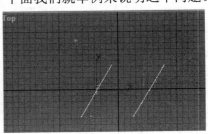 Select and Move 按钮。

图 6.16

(6) 在顶视口移动二维图形。由于这两条线是同一个二维图形的一部分，因此它们一起移动。

6.2.3　渲染样条线

下面介绍如何渲染样条线。

(1) 启动 3DS MAX，或者在菜单栏选取 File/Reset，以复位 3DS MAX。

(2) 创建案例文件，见图 6.17。

图 6.17

(3) 在顶视口单击鼠标右键，以激活它。

(4) 单击主工具栏的 🖰 Render Scene 按钮。

(5) 在 Render Scene 对话框 Common 面板中 Common Parameters 卷展栏的 Output Size 区域，选取 320×240，然后单击 Render 按钮。这时文字没有被渲染，在渲染窗口中没有任何东西。

(6) 关闭渲染窗口和 Render Scene 对话框。

(7) 确认仍然选择了文字对象，回到 🖉 Modify 面板，打开 Rendering 卷展栏。在 Rendering 卷展栏中显示了 Viewport 和 Renderer 选项，可以在这里为视口或者渲染设置 Thickness、Sides 和 Angle 的数值。

(8) 在 Rendering 卷展栏中选取 Renderer 选项，然后选择 Renderable 复选框，见图 6.18。

(9) 确认仍然激活了顶视口，单击主工具栏的 🖾 Quick Render 按钮，可以看到文字被渲染了，渲染结果见图 6.19。

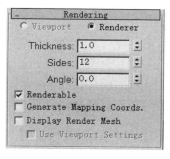

图 6.18

图 6.19

(10) 关闭渲染窗口。

(11) 在 Rendering 卷展栏将 Thickness 改为 4。

(12) 确认仍然激活了顶视口，单击主工具栏的 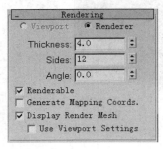 Quick Render 按钮。渲染后文字的线条变粗了。

(13) 关闭渲染窗口。

(14) 在 Rendering 卷展栏选取 Display Render Mesh 复选框，见图 6.20。在视口中文字按网格的方式来显示，见图 6.21。现在的网格使用的是 Renderer 的设置，Thickness 为 4。

(15) 在 Rendering 卷展栏中选取 Use Viewport Settings 复选框。由于网格使用的是 Viewport 的设置，Thickness 为 1，因此文字的线条变细了。

图 6.20

图 6.21

6.2.4　使用插值(Interpolation)设置

在 3DS MAX 内部，表现样条线的数学方法是连续的，但是在视口中显示时做了些近似处理，样条线变成了不连续的。样条线的近似设置在 Interpolation 卷展栏中。

下面我们就举例来说明如何使用插值设置。

(1) 继续前面的练习，在菜单栏选取 File/Reset，以复位 3DS MAX。

(2) 在 Create 面板单击 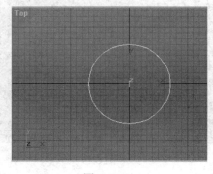 Shapes 按钮。

(3) 单击 Object Type 卷展栏下面的 Circle 按钮。

(4) 在顶视口创建一个圆，见图 6.22。

(5) 在顶视口单击鼠标右键，结束创建圆的操作。该圆是有 4 个节点的封闭样条线。

(6) 确认选择了圆，在 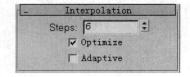 Modify 命令面板打开 Interpolation 卷展栏，见图 6.23。Steps 值用来指定每个样条线段的中间点数，该数值越大，曲线越光滑。但是，如果该数值太大，将会影响系统的运行速度。

图 6.22

图 6.23

（7）在 Interpolation 卷展栏将 Steps 数值设置为 1。这时圆变成了多边形，见图 6.24。

（8）在 Interpolation 卷展栏将 Steps 设置为 0，结果见图 6.25。现在圆变成了一个正方形。

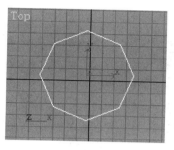

图 6.24

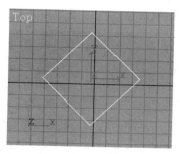

图 6.25

（9）在 Interpolation 卷展栏选取 Adaptive 复选框，圆中的正方形又变成了光滑的圆，而且 Steps 和 Optimize 选项变灰，不能使用。

6.3　编辑二维图形

上一节介绍了如何创建二维图形，这一节我们将讨论如何在 3DS MAX 中编辑二维图形。

6.3.1　访问二维图形的次对象

对于所有二维图形来讲，Modify 面板中的 Rendering 和 Interpolation 卷展栏都是一样的，但是 Parameters 卷展栏却是不一样的。

在所有二维图形中，Line 是比较特殊的，它没有可以编辑的参数。创建完 Line 对象后就必须在 Vertex、Segment 和 Spline 层次进行编辑。我们将这几个层次称为次对象层次。下面就举例来说明如何访问次对象层次。

（1）在菜单栏选取 File/Reset，复位 3DS MAX。

（2）在 Create 命令面板中单击 🔸 Shapes 按钮。

（3）在 Object Type 卷展栏中单击 Line 按钮。

（4）在顶视口创建一条与图 6.26 类似的线。

（5）在 Modify 命令面板的堆栈显示区域中单击 Line 左边的 + 号，显示次对象层次，见图 6.27。可以在堆栈显示区域单击任何一个次对象层次来访问它。

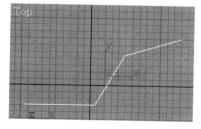

图 6.26

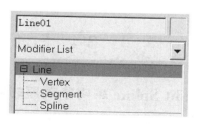

图 6.27

(6) 在堆栈显示区域单击 Vertex。

(7) 在顶视口显示任何一个节点，见图 6.28。

(8) 单击主工具栏的 ✥ Select and Move 按钮。

(9) 在顶视口移动选择的节点，见图 6.29。

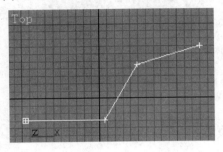 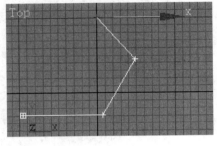

　　　　　图 6.28　　　　　　　　　　　　　　　　　图 6.29

(10) 在 Modify 面板的堆栈显示区域单击 Line，就可以离开次对象层次。

6.3.2　处理其他图形

　　对于其他二维图形，有两种方法来访问次对象：第一种方法是将它转换成可编辑的样条线(Editable Spline)；第二种方法是应用 Edit Spline 编辑修改器。

　　这两种方法在用法上还是有所不同的。如果将二维图形转换成 Editable Spline，就可以直接在次对象层次设置动画，但是同时将丢失创建参数。如果对二维图形应用 Edit Spline 编辑修改器，则可以保留对象的创建参数，但是不能直接在次对象层次设置动画。

　　要将二维对象转换成 Editable Spline，可以在编辑修改器堆栈显示区域的对象名上单击鼠标右键，然后从弹出的快捷菜单中选取 Convert to Editable Spline；还可以在场景中选择的二维图形上单击鼠标右键，然后从弹出的菜单中选取 Convert to Editable Spline，见图 6.30。

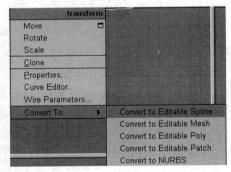

图 6.30

　　要给对象应用 Edit Spline 编辑修改器，则在选择对象后选择 Modify 面板，再从编辑修改器列表中选取 Edit Spline 即可。

　　无论使用哪种方法访问次对象都是一样的，使用的编辑工具也是一样的。在下一节我们以 Edit Spline 为例来介绍如何在次对象层次编辑样条线。

6.4　Edit Spline 编辑修改器

6.4.1　Edit Spline 编辑修改器的卷展栏

　　Edit Spline 编辑修改器有三个卷展栏，即 Selection 卷展栏(见图 6.31)、Soft Selection 卷

展栏(见图 6.32)和 Geometry 卷展栏(见图 6.33)。

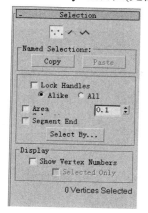

图 6.31

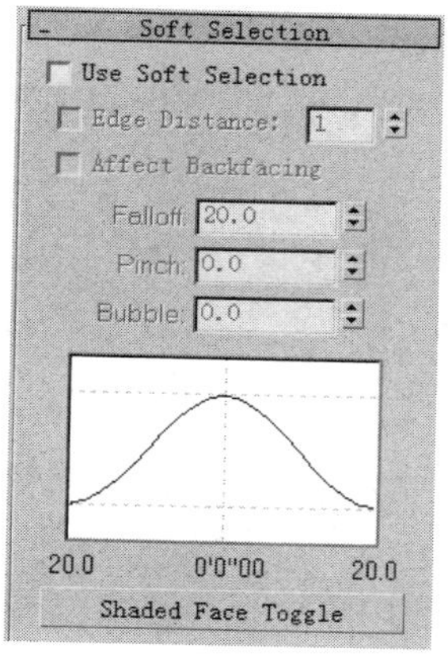

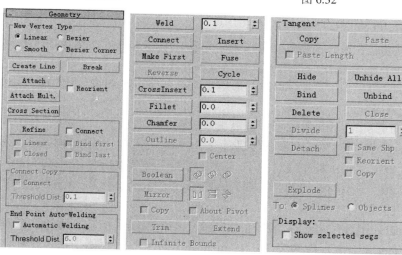

图 6.32

图 6.33

1. Selection 卷展栏

Selection 卷展栏用于设定编辑层次。一旦设定了编辑层次，就可以用 3DS MAX 的标准选择工具在场景中选择该层次的对象。

Selection 卷展栏中的 Area Selection 选项用来增强选择功能，选择这个复选框后，离选择节点的距离小于该区域指定的数值的节点都将被选择，这样就可以通过单击的方法一次选择多个节点；也可以在这里命名次对象的选择集，系统根据节点、线段和样条线的创建次序对它们进行编号。

2. Soft Selection 卷展栏

Soft Selection 卷展栏的工具主要用于次对象层次的变换。Soft Selection 定义一个影响区域，在这个区域的次对象都被软选择。变换应用软选择的次对象时，其影响方式与一般的选择不同。例如，如果将选择的节点移动 5 个单位，那么软选择的节点可能只移动 2.5 个单位。在图 6.34 中，我们选择了螺旋线的中心点。当激活软选择后，某些节点用不同的颜色来显示，表明它们离选择点的距离不同。这时如果移动选择的点，那么软选择的点移动的距离较近，见图 6.35。

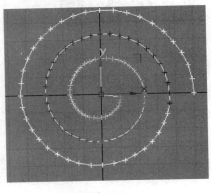

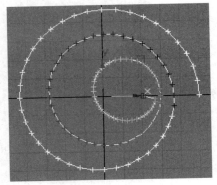

图 6.34　　　　　　　　　　　　　　　　　　图 6.35

3．Geometry 卷展栏

Geometry 卷展栏包含许多次对象工具，这些工具与选择的次对象层次密切相关。

(1) Spline 次对象层次的常用工具包括以下几项：

① Attach(附加)：给当前编辑的图形增加一个或者多个图形。这些被增加的二维图形也可以由多条样条线组成。

② Detach(分离)：从二维图形中分离出线段或者样条线。

③ Boolean(布尔运算)：对样条线进行交、并和差运算。交(Intersection)是根据两条样条线的相交区域创建一条样条线。并(Union)是将两个样条线结合在一起形成一条样条线，该样条线包容两个原始样条线的公共部分。差(Subtraction)是指从一个样条线中删除与另外一个样条线相交的部分。

④ Outline(外围线)：给选择的样条线创建一条外围线，相当于增加一个厚度。

(2) Segment 次对象层次的编辑：Segment 次对象允许通过增加节点来细化线段，也可以改变线段的可见性或者分离线段。

(3) Vertex 次对象支持如下操作：

① 切换节点类型。

② 调整 Bezier 节点句柄。

③ 循环节点的选择。

④ 插入节点。

⑤ 合并节点。

⑥ 在两个线段之间倒一个圆角。

⑦ 在两个线段之间倒一个尖角。

6.4.2　在节点次对象层次工作

我们先选择节点，然后再改变节点的类型，具体步骤如下：

(1) 启动 3DS MAX，或者在菜单栏选取 File/Reset，以复位 3DS MAX。

(2) 创建案例文件，见图 6.36。

（3）在顶视口单击线，以选择它。

（4）选择 Modify 命令面板。

（5）在编辑修改器堆栈显示区域单击 Line 左边的 + 号，这样就显示出了 Line 的次对象层次，且 + 号变成了 − 号。

（6）在编辑修改器堆栈显示区域单击 Vertex，这样就选择了 Vertex 次对象层次，见图 6.37。

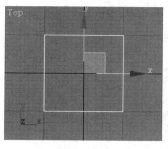

图 6.36

图 6.37

（7）在 Modify 面板打开 Selection 卷展栏，选择 Vertex 选项，见图 6.38。Selection 卷展栏底部的 Display 区域的内容(见图 6.39)表明当前没有选择节点。

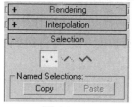

图 6.38

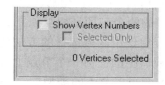

图 6.39

（8）在顶视口选择左上角的节点。由 Selection 卷展栏显示区域的内容 Spline 1/Vert 1 Selected 可知选择了一个节点。

说明：这里只有一条样条线，因此所有节点都属于这条样条线。

（9）在 Selection 卷展栏中选择 Show Vertex Numbers 复选框，见图 6.40。这时在视口中显示出了节点的编号，见图 6.41。

图 6.40

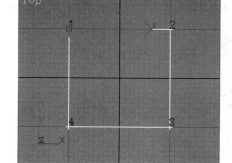

图 6.41

（10）在顶视口的节点 1 上单击鼠标右键。

（11）在弹出的菜单中选取 Smooth，见图 6.42。

(12) 在顶视口的第 2 个节点上单击鼠标右键，然后从弹出的菜单中选取 Bezier，在节点两侧出现 Bezier 调整句柄。

(13) 单击主工具栏的 ⊕ Select and Move 或 ↻ Select and Rotate 按钮。

(14) 在顶视口选择其中的一个句柄，然后将图形调整成图 6.43 所示的样子。节点两侧的 Bezier 句柄始终保持在一条线上，而且长度相等。

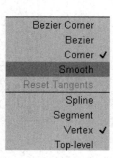

图 6.42

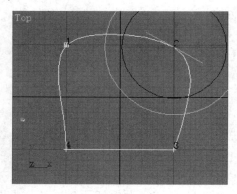

图 6.43

(15) 在顶视口的第 3 个节点上单击鼠标右键，然后从弹出的菜单中选取 Bezier Corner。

(16) 在顶视口将 Bezier 句柄调整成图 6.44 所示的样子。从操作中可以看出，Bezier Corner 节点类型的两个句柄是相互独立的，改变句柄的长度和方向将得到不同的效果。

(17) 在顶视口使用区域选择的方法选择 4 个节点。

(18) 在顶视口中的任何一个节点上单击鼠标右键，然后从弹出的菜单中选取 Smooth，这样可以一次改变很多节点的类型。

(19) 在顶视口单击第 1 个节点。

(20) 单击 Modify 面板 Geometry 卷展栏下面的 Cycle 按钮，再在视口中选择第 2 个节点。

(21) 在编辑修改器堆栈的显示区单击 Line，然后退出次对象编辑模式。

下面我们给样条线插入节点，步骤如下：

(1) 启动 3DS MAX，或者在菜单栏选取 File/Reset，以复位 3DS MAX。

(2) 创建案例文件。这个文件中包含了一个二维图形，见图 6.45。

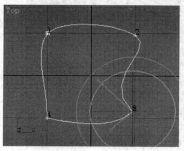

图 6.44

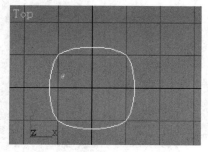

图 6.45

(3) 在顶视口单击二维图形，以选择它。

(4) 在 Modify 命令面板的编辑修改器堆栈显示区域单击 Vertex，进入到节点层次。

(5) 在 Modify 面板的 Geometry 卷展栏单击 Insert 按钮。

(6) 在顶视口的节点 2 和节点 3 之间的线段上单击鼠标左键，插入了一个节点，拖动鼠标至需要的位置，再次单击鼠标左键，然后单击鼠标右键，退出 Insert 方式。由于增加了一个新节点，所以节点被重新编号，见图 6.46。

技巧：Refine 工具也可以用来增加节点，且不改变二维图形的形状。

(7) 在顶视口的样条线上单击鼠标右键，然后从弹出的菜单中选取 Top-Level(见图 6.47)，返回到对象的最顶层。

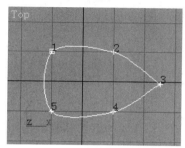

图 6.46

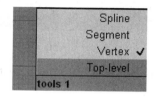

图 6.47

下面介绍如何合并节点。

(1) 启动 3DS MAX，或者在菜单栏选取 File/Reset，以复位 3DS MAX。

(2) 创建案例文件。这是一个只包含系统设置、没有场景信息的文件。

(3) 在 Create 面板中单击 Shapes 按钮，然后单击 Object Type 卷展栏的 Line 按钮。

(4) 按键盘的 S 键，激活捕捉功能。

(5) 在顶视口按逆时针的方向创建一个三角形，见图 6.48。当再次单击第一个节点的时候，系统会询问是否封闭该图形，见图 6.49。

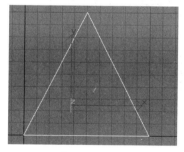

图 6.48

图 6.49

(6) 在 Spline 对话框中单击否(N)按钮。

(7) 在顶视口单击鼠标右键，结束样条线的创建。

(8) 再次单击鼠标右键，结束创建模式。

(9) 按键盘上的 S 键，关闭捕捉。

(10) 在 Modify 命令面板的 Selection 卷展栏中单击 Vertex。

(11) 在顶视口使用区域选择的方法选择所有的节点(共 4 个)。

(12) 在顶视口的任何一个节点上单击鼠标右键，然后从弹出的菜单中选取 Smooth。在图 6.50 中，样条线上重合在一起的第 1 点和最后一点处没有光滑过渡，第 2 点和第 3 点处已经变成了光滑过渡，这是因为两个不同性质的节点之间不能生成光滑。

(13) 在顶视口使用区域的方法选择重合在一起的第 1 点和最后一点。

(14) 在 Modify 面板的 Geometry 卷展栏中单击 Weld 按钮。

两个节点被合并在一起，而且节点处也光滑了，见图 6.51。

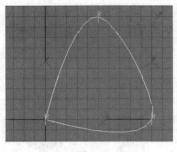 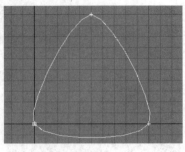

图 6.50　　　　　　　　　　　　　　　　图 6.51

(15) 在 Selection 卷展栏的 Display 区域选择 Show Vertex Numbers 复选框，图中只显示 3 个节点的编号。

下面介绍如何对样条线进行倒角操作。

(1) 启动 3DS MAX，或者在菜单栏选取 File/Reset，以复位 3DS MAX。

(2) 创建案例文件。这时场景中包含一条用 Line 绘制的三角形，见图 6.52。

(3) 在顶视口单击其中的任何一条线，以选择它。

(4) 在顶视口中的样条线上单击鼠标右键，然后在弹出的菜单中选取 Cycle Vertices，见图 6.53。这样就进入了 Vertex 次对象模式。

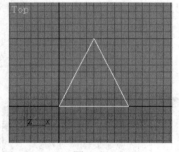 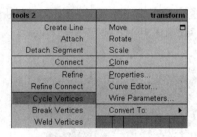

图 6.52　　　　　　　　　　　　　　　　图 6.53

(5) 在顶视口中，使用区域的方法选择 3 个节点。

(6) 在 Modify 面板的 Geometry 卷展栏中将 Fillet 数值改为 25 Fillet 25 。

现在在每个选择的节点处出现一个半径为 25 的圆角，同时增加了 3 个节点，见图 6.54。

说明：当按 Enter 键后，圆角的微调器数值返回 0。该微调器的参数不被记录，因此不能编辑参数。

(7) 在主工具栏中单击 Undo 按钮，撤消倒圆角操作。

(8) 在菜单栏选取 Edit/Select All，则所有节点都被选择。

(9) 在 Modify 面板的 Geometry 卷展栏中，将 Chamfer 数值改为 20 Chamfer 20 。

此时在每个选择的节点处都被倒了一个切角，见图 6.55。该微调器的参数不被记录，因此不能用固定的数值控制切角。

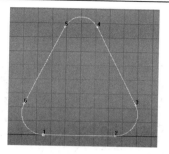
图 6.54

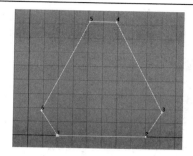
图 6.55

6.4.3　在线段次对象层次工作

我们可以在线段次对象层次做许多工作，首先介绍如何细化线段。

(1) 创建案例文件。这时场景中包含一个用 Line 绘制的矩形，见图 6.56。

(2) 在顶视口单击任何一条线段，选择该图形。

(3) 在 Modify 命令面板的编辑修改器堆栈显示区域展开 Line 层级，并单击 Segment，进入该层次，见图 6.57。

(4) 在 Modify 面板的 Geometry 卷展栏，单击 Refine 按钮。

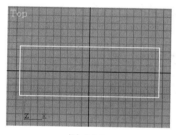
图 6.56

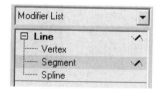
图 6.57

(5) 在顶视口中，在不同的地方单击四次顶部的线段，则该线段增加 4 个节点，见图 6.58。下面介绍如何移动线段。

(1) 继续前面的练习，单击主工具栏的 ⊕ Select and Move 按钮。

(2) 在顶视口单击矩形顶部中间的线段，以选择它，见图 6.59。这时在 Modify 面板的 Selection 卷展栏中显示第 5 条线段被选择 Spline 1/Seg 5 Selected 。

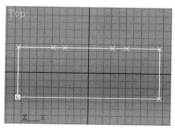
图 6.58

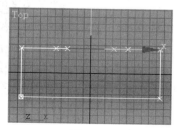
图 6.59

(3) 在顶视口向下移动选择的线段，结果见图 6.60。

(4) 在顶视口的图形上单击鼠标右键。

(5) 在弹出的菜单中选取 Sub-objects/Vertex。

(6) 在顶视口选取第 6 个节点，见图 6.61。

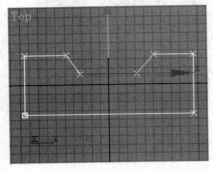

图 6.60

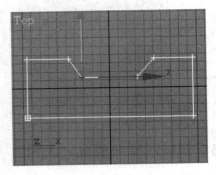

图 6.61

(7) 在工具栏的捕捉按钮上(例如) 单击鼠标右键，出现 Grid and Snap Settings 对话框，见图 6.62。

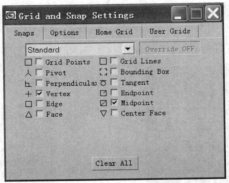

图 6.62

(8) 在 Grid and Snap Settings 对话框中取消 Grid Points 的复选，选择 Vertex 复选框，见图 6.62。

(9) 关闭 Grid and Snap Settings 对话框。

(10) 在顶视口按下 Shift 键单击鼠标右键，打开 Snap 菜单。在 Snap 菜单选择 Options/Transform Constraints，见图 6.63。这样将把变换约束到选择的轴上。

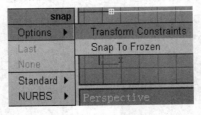

图 6.63

(11) 按键盘上的 S 键，激活捕捉功能。

(12) 在顶视口将鼠标光标移动到选择的节点(第 6 个节点)上，然后将它向左拖曳到第 7 点的下面，捕捉它的 X 坐标。这样，在 X 方向上第 6 点就与第 7 点对齐了，见图 6.64。

(13) 按键盘上的 S 键关闭捕捉功能。

(14) 在顶视口单击鼠标右键，然后从弹出的菜单中选取 Sub-objects/Segment。

(15) 在顶视口选择第 6 条线段，沿着 X 轴向左移动，见图 6.65。

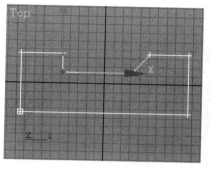
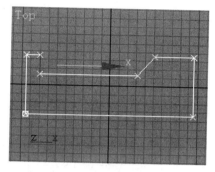

图 6.64　　　　　　　　　　　　　　　　　图 6.65

6.4.4　在样条线层次工作

首先介绍如何将一个二维图形附加到另外一个二维图形上。

(1) 创建案例文件。场景中包含三个独立的样条线，见图 6.66。

(2) 单击主工具栏的 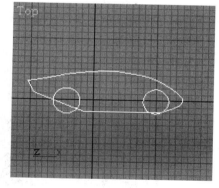 Select by Name 按钮，出现 Select Objects 对话框。Select Objects 对话框的列表中有 3 个样条线，即 Circle01、Circle02 和 Line01。

(3) 单击 Line01，然后再单击 Select 按钮。

(4) 在 Modify 命令面板上单击 Geometry 卷展栏的 Attach 按钮。

图 6.66

(5) 在顶视口分别单击两个圆。

技巧：确认在圆的线上单击。

(6) 在顶视口单击鼠标右键，结束 Attach 操作。

(7) 单击主工具栏的 Select by Name 按钮，出现 Select Objects 对话框。在 Select Objects 对话框的文件名列表中没有了 Circle01 和 Circle02，它们都包含在 Line01 中了。

(8) 在 Select Objects 对话框中单击 Cancel 按钮，关闭它。

下面介绍使用 Outline 后场景中所出现的变化。

(1) 继续前面的练习，选择场景中的图形。

(2) 在 Modify 面板的编辑修改器堆栈显示区域单击 Line 左边的+号，展开次对象列表。

(3) 在 Modify 面板的编辑修改器堆栈显示区域单击 Spline。

(4) 在顶视口单击前面的圆，见图 6.67。

(5) 在 Modify 面板的 Geometry 卷展栏中将 Outline 的数值改为 −2

(6) 单击后面的圆，重复第(5)步的操作。结果见图 6.68。

(7) 在顶视口的图形上单击鼠标右键，然后从弹出的菜单上选取 Sub-Object/Top Level。

(8) 单击主工具栏的 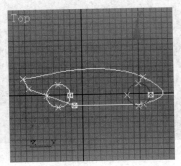 Select by Name 按钮，出现 Select Objects 对话框。所有圆都包含在 Line01 中。

(9) 在 Select Objects 对话框中单击 Cancel 按钮，关闭它。

图 6.67

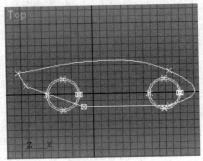

图 6.68

下面我们介绍如何使用二维图形的布尔运算。

(1) 继续前面的练习，在顶视口选择场景中的图形。

(2) 在 Modify 命令面板的编辑修改器堆栈显示区域展开次对象列表，然后单击 Spline。

(3) 在顶视口单击车身样条线，以选择它，见图 6.69。

(4) 在 Modify 面板的 Geometry 卷展栏中，单击 Boolean 区域的 Subtraction 按钮。

(5) 单击 Boolean 按钮 Boolean。

(6) 在顶视口单击后车轮的外圆，完成布尔减操作，见图 6.70。

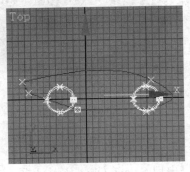

图 6.69

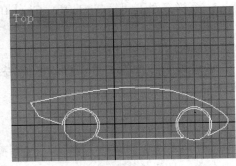

图 6.70

(7) 在顶视口单击鼠标右键，结束 Boolean 操作模式。

(8) 在 Modify 面板的编辑修改器堆栈显示区域单击 Line，返回到顶层。

6.4.5　使用 Edit Spline 编辑修改器访问次对象层次

下面介绍如何使用 Edit Spline 编辑修改器访问次对象层次。

(1) 创建案例文件。文件中包含一个有圆角的矩形，见图 6.71。

(2) 选择 Modify 命令面板，Modify 面板中有 3 个卷展栏，即 Rendering、Interpolation 和 Parameters。

(3) 打开 Parameters 卷展栏，见图 6.72。Parameters 卷展栏是矩形对象独有的。

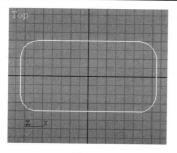

图 6.71

图 6.72

（4）在 Modify 面板的编辑修改器列表中选取 Edit Spline，见图 6.73。

（5）在 Modify 面板将鼠标光标移动到空白处，当它变成手的形状后单击鼠标右键，然后在弹出的快捷菜单中选取 Close All，见图 6.74。Edit Spline 编辑修改器的卷展栏与我们编辑线段时使用的卷展栏一样。

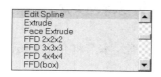

图 6.73

图 6.74

（6）在 Modify 命令面板的堆栈显示区域单击 Rectangle，出现了矩形的参数卷展栏，见图 6.75。

（7）在 Modify 命令面板的堆栈显示区域单击 Edit Spline 左边的 + 号，展开次对象列表，见图 6.76。

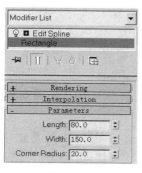

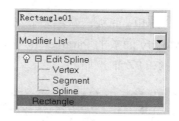

图 6.75

图 6.76

（8）单击 Edit Spline 左边的－号，关闭次对象列表。

（9）在 Modify 命令面板的堆栈显示区域单击 Edit Spline。

（10）单击堆栈区域的 🔘 Remove modifier from the stack 按钮，删除 Edit Spline。

6.4.6　使用 Editable Spline 编辑修改器访问次对象层次

下面介绍如何使用 Editable Spline 编辑修改器访问次对象层次。

（1）继续前面的练习，选择矩形，然后在顶视口的矩形上单击鼠标右键。

（2）在弹出的菜单中选取 Convert To/Convert to Editable Spline，见图 6.77。这时矩形的创建参数没有了，但是可以通过 Editable Spline 访问样条线的次对象层级。

（3）选择 Modify 面板的编辑修改器堆栈显示区域，单击 Editable Spline 左边的 + 号，展开次对象层级，见图 6.78。Editable Spline 的次对象层级与 Edit Spline 的次对象层次相同。

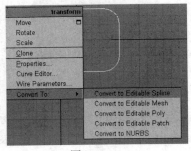

图 6.77

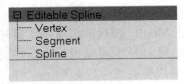

图 6.78

6.5　使用编辑修改器将二维对象转换成三维对象

有很多编辑修改器可以将二维对象转换成三维对象。本节将介绍 Extrude、Lathe、Bevel 和 Bevel Profile 编辑修改器。

6.5.1　Extrude(拉伸)

Extrude 可以沿着二维对象的局部坐标系的 Z 轴给它增加一个厚度，还可以沿着拉伸方向给它指定段数。如果二维图形是封闭的，则可以指定拉伸的对象是否有顶面和底面。

Extrude 输出的对象类型可以是 Patch、Mesh 或者 NURBS，默认的类型是网格(Mesh)。下面举例来说明如何使用 Extrude 编辑修改器拉伸对象。

（1）创建案例文件，该文件中包含一个圆，见图 6.79。

（2）在透视视口单击圆，以选择它。

（3）选择 Modify 面板，从编辑修改器列表中选取 Extrude。

（4）在 Modify 面板的 Parameters 卷展栏将 Amount 设置为 40，见图 6.80。二维图形被沿着局部坐标系的 Z 轴拉伸。

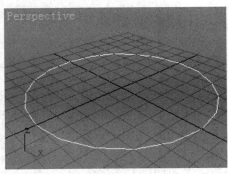

图 6.79

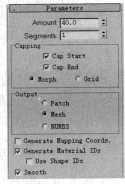

图 6.80

（5）在 Modify 面板的 Parameters 卷展栏，将 Segments 设置为 3 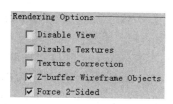。几何体在拉伸的方向分了三个段。

（6）按键盘上的 F3 键，将视口切换成明暗显示方式，见图 6.81。

（7）在 Parameters 卷展栏关闭 Cap End，去掉顶面。

说明：这样做底面好像也被删除了，实际上是因为法线反转，该面没有被渲染，所以看不到。可以通过设置双面渲染来强制显示另外一面。

（8）在透视视口的标签上单击鼠标右键，然后在弹出的快捷菜单上选取 Configure，出现 Viewport Configuration 对话框。

（9）在 Viewport Configuration 对话框的 Rendering Options 中选择 Force 2-Sided 复选框，见图 6.82。

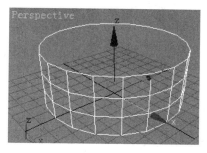

图 6.81

图 6.82

（10）单击视图导航控制区域的 Min/Max Toggle 按钮，切换成单视口显示，这时可以在视口中看到图形的背面。

（11）在 Modify 面板的 Parameters 卷展栏关闭 Cap Start 选项，顶面和底面都被去掉了。

Smooth 选项给拉伸对象的侧面应用一个光滑组。下面我们来设置一下光滑选项：

（1）继续前面的练习，在透视视口选择圆。

（2）选择 Modify 面板，从编辑修改器列表中选取 Extrude。

（3）在 Modify 面板的 Parameters 卷展栏将 Amount 设置为 40。

（4）在 Modify 面板关闭 Smooth 选项。

尽管图形的几何体没有改变，但是它侧面的面片变化非常明显，见图 6.83。

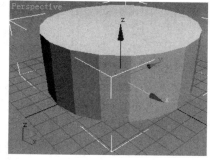

图 6.83

6.5.2　Lathe(旋转)

Lathe 编辑修改器可以绕指定的轴向旋转二维图形，它常用来建立诸如高脚杯、盘子和花瓶等模型。旋转的角度可以是 0°～360° 的任何数值。

下面举例来说明如何使用 Lathe 编辑修改器。

（1）启动或者复位 3DS MAX，创建案例文件。文件中包含一个用 Line 绘制的简单二维图形，见图 6.84。

(2) 在透视视口选择二维图形。

(3) 选择 Modify 面板，从编辑修改器列表中选取 Lathe，见图 6.85。旋转的轴向是 Y轴，旋转中心在二维图形的中心。

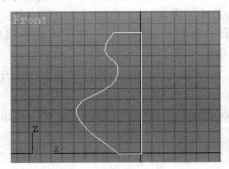

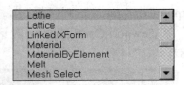

图 6.84   图 6.85

(4) 在 Modify 面板的 Parameters 卷展栏中的 Align 区域单击 Max ，则旋转轴被移动到二维图形局部坐标系 X 方向的最大处。

(5) 在 Parameters 卷展栏选取 Weld Core，见图 6.86。这时得到的几何体见图 6.87。

(6) 在 Parameters 卷展栏将 Degrees 设置为 240 。

(7) 在 Parameters 卷展栏的 Capping 区域，取消对 Cap Start 和 Cap End 的复选。结果见图 6.88。

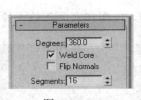 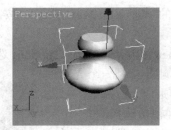 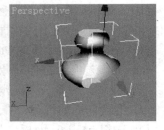

图 6.86   图 6.87   图 6.88

(8) 在 Parameters 卷展栏关闭 Smooth 选项，结果见图 6.89。

(9) 在 Modify 面板的编辑修改器堆栈显示区域单击 Lathe 左边的 + 号，展开次对象层级，单击 Axis 选择它，见图 6.90。

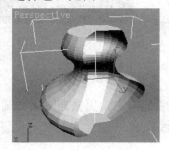 

图 6.89   图 6.90

(10) 单击主工具栏的 ↻ Select and Move 按钮，在透视视口沿着 X 轴将旋转轴向左拖曳一点，结果见图 6.91。

(11) 单击主工具栏的 Select and Roatae 按钮，在透视视口绕 Y 轴将旋转轴旋转一点，结果见图 6.92。

(12) 在编辑修改器堆栈显示区域单击 Lathe，返回到最顶层。

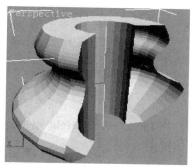

图 6.91

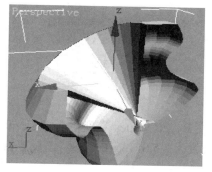

图 6.92

6.5.3　Bevel(倒角)

Bevel 编辑修改器与 Extrude 类似，但是比 Extrude 的功能要强一些。它除了沿着对象的局部坐标系的 Z 轴拉伸对象外，还可以分 3 个层次调整截面的大小，创建诸如倒角字一类的效果，见图 6.93。

图 6.93

下面举例来说明如何使用 Bevel 编辑修改器。

(1) 启动或者复位 3DS MAX，创建案例文件。文件中包含一个用 Rectange 绘制的简单二维图形，见图 6.94。

(2) 在顶视口选取有圆角的矩形。

(3) 选择 Modify 面板，从编辑修改器列表中选取 Bevel，见图 6.95。

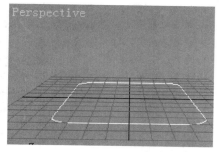

图 6.94

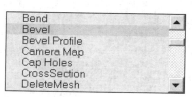

图 6.95

(4) 在 Modify 命令面板的 Bevel Values 卷展栏将 Level 1 的 Height 设置为 20.0，Outline

设置为 5.0，见图 6.96。

(5) 在 Bevel Values 卷展栏选择 Level 2 复选框，将 Level 2 的 Height 设置为 30.0，Outline 设置为 0.0，见图 6.97。

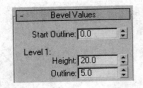

图 6.96　　　　　　　　　　　　　　　　　　　　图 6.97

(6) 在 Bevel Values 卷展栏选择 Level 3 复选框，将 Level 3 的 Height 设置为 −20.0，Outline 设置为 −5.0，见图 6.98。该设置得到的几何体见图 6.99。

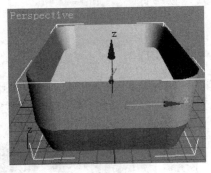

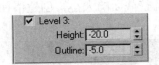

图 6.98　　　　　　　　　　　　　　　　　　　图 6.99

(7) 按 F3 键将透视视口的显示切换成线框模式。

(8) 在 Parameters 卷展栏的 Surface 区域下将 Segments 设置为 6。该设置得到的几何体见图 6.100。

(9) 按 F3 键将透视视口的显示切换成明暗模式。

(10) 在 Parameter 卷展栏的 Surface 区域选取 Smooth Across Levels 复选框 Smooth Across Levels，则不同层间的小缝被光滑掉了。

(11) 在 Bevel Values 卷展栏将 Start Outline 设置为 −20.0 Start Outline: −20.0，这时整个对象变小了，见图 6.101。

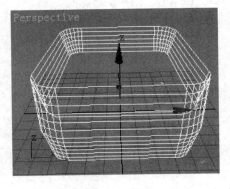

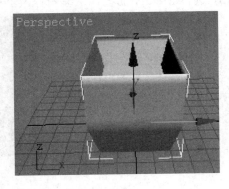

图 6.100　　　　　　　　　　　　　　　　　　　图 6.101

6.5.4　Bevel Profile(根据侧面倒角)

Bevel Profile 编辑修改器的作用类似于 Bevel 编辑修改器，但是它比 Bevel 的功能更强大些，它用一个称为侧面的二维图形定义截面大小，因此变化更为丰富。图 6.102 就是使用 Bevel Profile 得到的几何体。

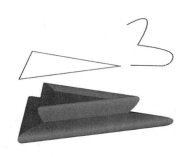

图 6.102

下面举例来说明如何使用 Bevel Profile 编辑修改器。

(1) 启动或者复位 3DS MAX，创建案例文件。文件中包含两个二维图形，见图 6.103。

(2) 在透视视口中选择大的图形。

(3) 选择 Modify 面板，从编辑修改器列表中选取 Bevel Profile，使 Bevel Profile 出现在编辑修改器堆栈中，见图 6.104。

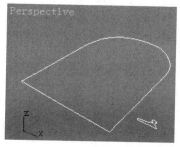

图 6.103　　　　　　　　　　　　　　　　　　图 6.104

(4) 在 Modify 面板的 Parameters 卷展栏单击 Pick Profile 按钮。

(5) 在透视视口中单击小的图形，结果见图 6.105。

(6) 在前视口确认已选择了小的图形。这时的前视口见图 6.106。

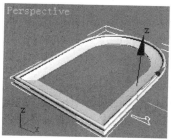
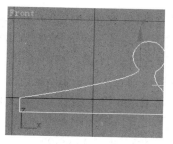

图 6.105　　　　　　　　　　　　　　　　　　图 6.106

(7) 在 Modify 面板的堆栈显示区域单击 Segment，见图 6.107。

(8) 在前视口选择侧面图形左侧的垂直线段，见图 6.108。

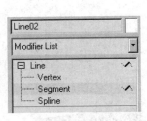

图 6.107

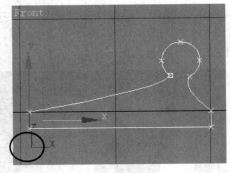

图 6.108

(9) 单击主工具栏的 ✛ Select and Move 按钮。

(10) 在前视口沿着 X 轴左右移动选择的线段。当移动线段的时候，使用 Bevel Profile 得到的几何体也动态更新，见图 6.109。

(11) 在 Modify 面板的堆栈显示区域单击 Line，回到最上层。

下面介绍如何使用 Bevel Profile 来制作如图 6.102 左图所示的动画效果。

(1) 启动 3DS MAX，在场景中创建一个星星和一个椭圆，见图 6.110。星星和椭圆的大小没有关系，只要比例合适即可。

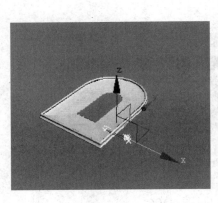

图 6.109

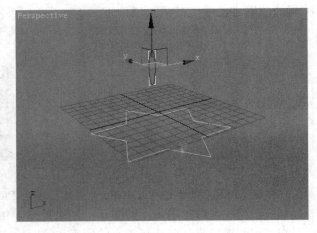

图 6.110

(2) 选择星星，进入 Modify 面板，增加一个 Bevel Profile 编辑修改器，单击命令面板上的按钮 `Pick Profile`，然后单击椭圆，结果见图 6.111。

(3) 按键盘上的 N 键，将时间滑动块移动到第 100 帧。

(4) 在堆栈列表中单击 Bevel Profile 左边的 + 号，展开层级列表，选择 Profile Gizmo。

(5) 选取主工具栏中的 ↻ Select and Rotate 按钮，在前视图中任意旋转 Bevel Profile，图 6.112 所示是其中的一帧。

(6) 单击 ▶ Play Animation 按钮，播放动画。观察完毕后，单击 ⏸ Stop Animation 按钮停止播放动画。

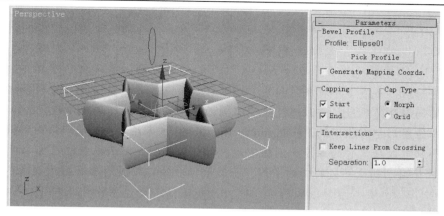

图 6.111

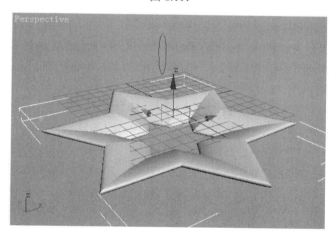

图 6.112

说明：在 Bevel Profile 中，如果使用的 Profile 图形是封闭的，那么得到的几何体的中间是空的；如果使用的 Profile 图形是不封闭的，那么得到的几何体的中间是实心的，见图 6.113。

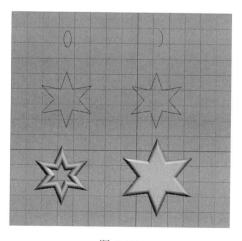

图 6.113

6.6 小 结

二维图形由一个或多个样条线组成。样条线的最基本元素是节点。在样条线上相邻两个节点中间的部分是线段。可以通过改变节点的类型来控制曲线的光滑度。

所有二维图形都有相同的 Rendering 和 Interpolation 卷展栏。如果二维图形被设置成可以渲染的，就可以指定它的厚度和网格密度。插值设置控制渲染结果的近似程度。

Line 工具用于创建一般的二维图形，而其他标准的二维图形工具用于创建参数化的二维图形。

二维图形的次对象包括 Splines、Segments 和 Vertices。要访问线的次对象，需要选择 Modify 面板。若要访问参数化的二维图形的次对象，则需要应用 Edit Spline 编辑修改器，或者将它转换成 Editable Spline。

通过应用一些诸如 Extrude、Bevel、Bevel Profile 和 Lathe 的编辑修改器可以将二维图形转换成三维几何体。

6.7 习 题

1. 判断题

(1) Editable Spline 和 Edit Spline 在用法上没有区别。

正确答案：错误。Edit Spline 保留堆栈中样条线的创建参数，但是次对象不能直接制作动画，要制作次对象的动画需要增加 Xform。Editable Spline 不保留堆栈中样条线的创建参数，但是次对象可以直接制作动画。

(2) 在二维图形的插补中，当 Optimize 被复选后，Steps 的设置不起作用。

正确答案：错误。从图 6.114 左边的图就可以看出，复选 Optimize 后 Steps 的设置仍然起作用。

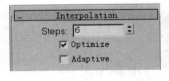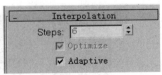

图 6.114

(3) 在二维图形的插补中，当 Adaptive 被复选后，Steps 的设置不起作用。

正确答案：正确。

(4) 在二维图形的插补中，当 Optimize 被复选后，直线样条线段的 Steps 被设置为 0。

正确答案：正确。

(5) 在二维图形的插补中，当 Adaptive 被复选后，Optimize 和 Steps 的设置不起作用。

正确答案：正确。从图 6.114 右边的图就可以看出，复选 Adaptive 后 Steps 和 Optimize 的设置不起作用。

(6) 作为运动路径的样条线的第一点决定运动的起始位置。

正确答案：正确。

(7) Lathe 编辑修改器的次对象不能用来制作动画。

正确答案：错误。Lathe 编辑修改器的次对象是轴(Axis)，轴可以用来制作动画。

(8) Bevel 编辑修改器不能生成曲面倒角的文字。

正确答案：错误。可以生成曲面倒角的文字。

(9) 对二维图形制作的动画效果不能够带到由它形成的三维几何体中。

正确答案：错误。对二维图形制作的动画效果可以带到三维几何体中。

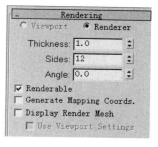

图 6.115

(10) 对二维图形设置 Renderable 可以渲染线框图，但是这样的做法并不一定节省面。

正确答案：正确。设置 Renderable 的卷展栏见图 6.115。从图中可以看出，设置 Renderable 后，可以渲染对象的面数由 Sides 决定，如果 Sides 设置得大，可以渲染对象的面数可能会很多。

2. 选择题

(1) 下面哪个不是样条线的术语？

A. 节点   B. 样条线   C. 线段   D. 面

正确答案：D。

(2) 在样条线编辑中，下面哪种节点类型可以产生没有控制手柄，且节点两边曲率相等的曲线？

A. Corner   B. Bezier   C. Smooth   D. Bezier Corner

正确答案是 C。

(3) 在二维图形的插补中，当 Adaptive 被复选后，3DS MAX 自动计算图形中每个样条线段的步数。那么从当前点到下一点之间的角度超过多少时就设置步数？

A. 2°   B. 1°   C. 3°   D. 5°

正确答案是 A。

(4) 样条线上的第一点影响下面哪一类对象？

A. 放样对象   B. 分布对象   C. 布尔对象   D. 基本对象

正确答案是 A。

(5) 在对样条线进行布尔运算之前，应确保样条线满足一些要求。请问下面哪一项要求是布尔运算中所不需要的？

A. 样条线必须是同一个二维图形的一部分

B. 样条线必须封闭

C. 样条线本身不能自交

D. 样条线之间必须相互重叠

E. 一个样条线需要完全被另外一个样条线包围

正确答案是 E。

(6) 下列选项中不属于基本几何体的是:

A. 球体　　　　　B. 圆柱体　　　　　C. 立方体　　　　　D. 多面体

正确答案是 D。

(7) Helix 是二维建模中的:

A. 直线　　　　　B. 椭圆形　　　　　C. 矩形　　　　　D. 螺旋线

正确答案是 D。

(8) 下面哪一组二维图形之间肯定不能进行布尔运算?

A. 有重叠部分的两个圆

B. 一个圆和一个螺旋线,它们之间有重叠的部分

C. 一个圆和一个矩形,它们之间有重叠的部分

D. 一个圆和一个多边形,它们之间有重叠的部分

正确答案是 B。

(9) 下面哪个二维图形是多条样条线?

A. Arc　　　　　B. Helix　　　　　C. Ngon　　　　　D. Donut

正确答案是 D。

(10) 下面哪个二维图形是空间曲线?

A. Arc　　　　　B. Helix　　　　　C. Ngon　　　　　D. Donut

正确答案是 B。

3. 思考题

(1) 3DS MAX 提供了哪几种二维图形? 如何创建这些二维图形? 如何改变二维图形的参数设置?

(2) Edit Spline 的次对象有哪几种类型?

(3) 3DS MAX 中二维图形有哪几种节点类型? 各有什么特点?

(4) 如何使用二维图形的布尔运算?

(5) 尝试用多种方法将二维不可以渲染的对象变成可以渲染的三维图形。各种方法的特点是什么?

(6) Lathe 和 Bevel Profile 的次对象是什么? 如何使用它们的次对象设置动画?

(7) 尝试制作国徽上五角星的模型。

(8) 请制作如图 6.116 所示的模型。

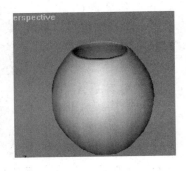

图 6.116

第 7 章 编辑修改器和复合对象

7.1 编辑修改器的概念

编辑修改器是用来修改场景中几何体的工具。3DS MAX 自带了许多编辑修改器,每个编辑修改器都有自己的参数集合和功能。本节将讨论与编辑修改器相关的知识。

一个编辑修改器可以应用于场景中的一个或者多个对象,根据参数的设置来修改对象。同一对象也可以使用多个编辑修改器。后一个编辑修改器接收前一个编辑修改器传递过来的参数。编辑修改器的次序对最后结果影响很大。

在编辑修改器列表中可以找到 3DS MAX 的编辑修改器。在命令面板上有一个编辑修改器显示区域,用来显示应用给几何体的编辑修改器,下面我们就来介绍这个区域。

7.1.1 编辑修改器堆栈显示区域

编辑修改器显示区域其实就是一个列表,它包含基本对象和作用于基本对象的编辑修改器。通过这个区域可以方便地访问基本对象和它的编辑修改器。如图 7.1 所示,给基本对象 Box 增加了 Edit Mesh、Taper 和 Bend 编辑修改器。

如果在堆栈显示区域选择了编辑修改器,那么它的参数将显示在 Modify 面板的下半部分。

下面举例来说明如何使用编辑修改器。

(1) 启动 3DS MAX,或者在菜单栏选取 File/Reset,以复位 3DS MAX。

(2) 创建案例文件,文件中包含两个锥,其中左边的锥已经被应用 Bend 和 Taper 编辑修改器,见图 7.2。

(3) 在前视口选择左边的锥(Cone01)。

(4) 到 Modify 命令面板。从编辑修改器堆栈显示区域可以看出,先增加了 Bend 编辑修改器,后增加 Taper 编辑修改器,见图 7.3。

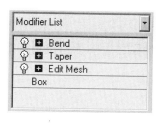

图 7.1

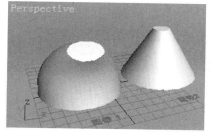

图 7.2

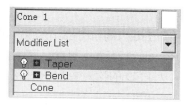

图 7.3

(5) 在编辑修改器堆栈显示区域单击 Taper,然后将它拖曳到右边的锥上(Cone 2)。这时锥化编辑修改器被应用到第 2 个锥上，见图 7.4。

(6) 在透视视口选择左边的锥(Cone 1)。

(7) 在编辑修改器堆栈显示区域单击 Bend，将它拖曳到右边的锥上(Cone 2)。

(8) 在透视视口的空白区域单击取消右边锥的选择(Cone 2)。现在两个锥被应用了相同的编辑修改器，但是由于次序不同，其作用效果也不同，见图 7.5。

(9) 在透视视口选择左边的锥(Cone 1)。

(10) 在编辑修改器堆栈显示区域单击 Bend，然后将它拖曳到 Taper 编辑修改器的上面，见图 7.6。现在编辑修改器的次序一样，因此两个锥的效果类似。

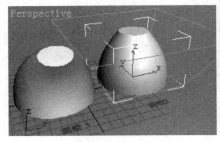 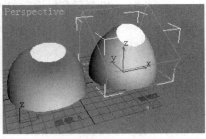 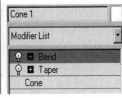

图 7.4　　　　　　　　　　　　图 7.5　　　　　　　　　　　　图 7.6

(11) 在透视视口选择右边的锥(Cone 2)。

(12) 在编辑修改器堆栈显示区域左边的 Bend 上单击鼠标右键。

(13) 在弹出的快捷菜单上选取 Delete，见图 7.7。Bend 编辑修改器被删掉了。

(14) 在透视视口选择左边的锥(Cone 1)。

(15) 在编辑修改器堆栈显示区域单击鼠标右键，然后在弹出的快捷菜单上选取 Collapse All。

(16) 在出现的 Warning 消息框中单击 Yes 按钮。编辑修改器和基本对象塌陷成 Editable Mesh，见图 7.8。

 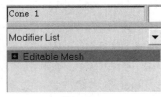

图 7.7　　　　　　　　　　　　　　　　图 7.8

7.1.2　Free Form Deformation(FFD)编辑修改器

Free Form Deformation 编辑修改器用于变形几何体，它由一组称之为格子的控制点组成，通过移动控制点，其下面的几何体也跟着变形。

FFD 的次对象层次见图 7.9。

FFD 编辑修改器有如下三个次对象层次：

(1) Control Points(控制点)：单独或者成组变换控制点。当控制点变换的时候，其下面的几何体也跟着变化。

(2) Lattice(格子)：独立于几何体变换格子，以便改变编辑修改器的影响。

(3) Set Volume(设置体)：变换格子控制点，以便更好地适配几何体。做这些调整的时候，对象不变形。

FFD 的 Parameters 卷展栏见图 7.10。

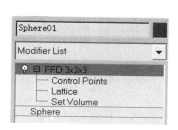

图 7.9　　　　　　　　　　　　图 7.10

FFD 的 Parameters 卷展栏包含三个主要区域：Display 区域控制是否在视口中显示格子，还可以按没有变形的样子显示格子；Deform 区域可以指定编辑修改器是否影响格子外面的几何体；Control Points 区域可以将所有控制点设置回它的原始位置，并使格子自动适应几何体。

下面举例说明如何使用 FFD 编辑修改器。

(1) 启动 3DS MAX，或者在菜单栏选取 File/Reset，以复位 3DS MAX。

(2) 创建案例文件。文件中包含了两个对象，见图 7.11。

(3) 在透视视口选择上面的对象。

(4) 选择 Modify 命令面板，在编辑修改器列表中选择 FFD 3×3×3，见图 7.12。

(5) 单击编辑修改器显示区域内 FFD 3×3×3 左边的 + 号，展开层级。

(6) 在编辑修改器堆栈的显示区域单击 Control Points，见图 7.13。

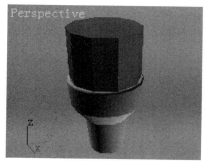

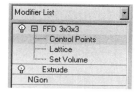

图 7.11　　　　　　　　　　图 7.12　　　　　　　　　图 7.13

(7) 按下 Alt + W 键，使四个视口全部显示。在前视口使用区域选择的方式选择顶部的控制点，见图 7.14。

(8) 在主工具栏中选取 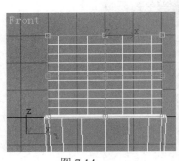 Select and Uniform Scale 按钮。

(9) 在透视视口将鼠标光标放在 Transform Gizmo 的 X、Y 坐标系交点处(见图 7.15)，然后缩放控制点，直到它们离得很近为止，见图 7.16。

图 7.14

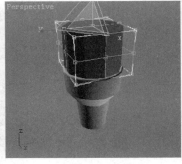
图 7.15

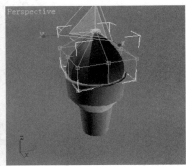
图 7.16

(10) 在前视口选择所有中间层次的控制点，见图 7.17。

(11) 在透视视口上单击鼠标右键以激活它。

(12) 在透视视口将鼠标光标放在变换坐标系的 X、Y 交点处，然后放大控制点，直到它们与图 7.18 类似为止。

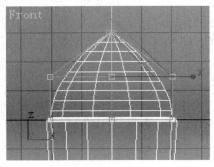
图 7.17

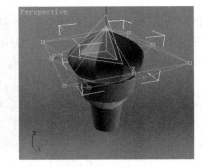
图 7.18

(13) 单击主工具栏的 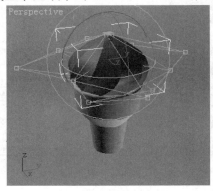 Select and Rotate 按钮。

(14) 在透视视口将选择的控制点旋转大约 45°，见图 7.19。

(15) 在编辑修改器堆栈显示区域单击 FFD 3×3×3，返回到对象的最上层。

图 7.19

7.1.3　Noise 编辑修改器

　　Noise 编辑修改器可以令几何体随机变形,也可以设置每个坐标方向的强度。由于 Noise 可用来设置动画，因此表面变形可以随着时间改变，变化的速率受 Parameters 卷展栏中 Animation 下面的 Frequency 参数的影响，见图 7.20。

　　Seed 数值可改变随机图案。如果两个参数相同的基本对象被应用了一样参数的 Noise 编辑修改器，那么变形效果将是一样的。这时改变 Seed 数值将使它们的效果变得不一样。

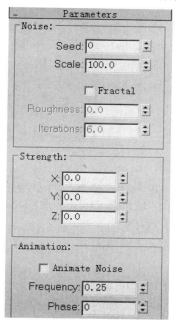

图 7.20

下面举例来说明如何使用 Noise 编辑修改器。

(1) 启动 3DS MAX，或者在菜单栏选取 File/Reset，以复位 3DS MAX。

(2) 创建案例文件。文件中包含了一个简单的盒子，见图 7.21。

(3) 在前视口单击盒子，以选择它。

(4) 选择 Modify 命令面板，在编辑修改器列表中选取 Noise。

(5) 在 Modify 面板的 Parameters 卷展栏将 Strength 区域的 Z 数值设置为 50.0，这样盒子就变形了，见图 7.22。

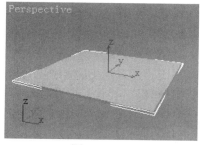

图 7.21

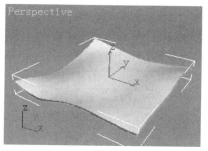

图 7.22

(6) 在编辑修改器堆栈的显示区域，单击 Noise 左边的 + 号，展开 Noise 编辑修改器的次对象层次，见图 7.23。

(7) 在编辑修改器显示区域单击 Center，以选择它。

(8) 在透视视口将鼠标光标放在变换 Gizmo 的区域标记上，然后在 XY 平面移动 Center，见图 7.24。移动 Noise 的 Center，也可改变盒子的效果。

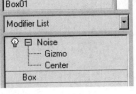

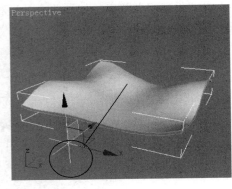

图 7.23   图 7.24

(9) 单击主工具栏的 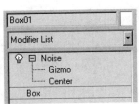 Undo 按钮，这样可将 Noise 的 Cente 恢复到它的原始位置。

(10) 在编辑修改器堆栈显示区域选取 Noise，返回 Noise 层次，再在 Modify 面板的 Parameters 卷展栏选取 Fractal ☑ Fractal。

(11) 在编辑修改器堆栈的显示区域单击 Box，以选定它，见图 7.25。在命令面板中将显示盒子的 Parameters 卷展栏。

(12) 在 Parameters 卷展栏将 Length Segs 和 Width Segs 设置为 10。注意观察盒子形状的改变。

(13) 在编辑修改器堆栈显示区域选取 Noise，返回到编辑修改器的最顶层。

(14) 在 Parameters 卷展栏的 Animation 区域打开 Animate Noise ☑ Animate Noise。

(15) 在动画控制区域单击 ▶ Play Animation 按钮。注意观察动画效果。

(16) 在动画控制区域单击 ◄◄ Goto Start 按钮。

(17) 在 Modify 面板的编辑修改器显示区域单击 Noise 左边的灯泡，关闭它。这时编辑修改器仍然存在，可是没有效果了，但在视口中仍然可以看到它的作用区域的黄框，见图 7.26。

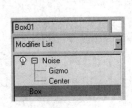

图 7.25   图 7.26

　　(18) 在编辑修改器堆栈的显示区域单击 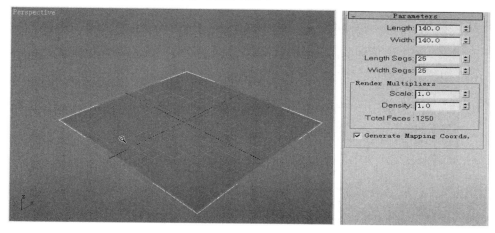 Remove Modifier from the Stack 按钮，这样就删除了 Noise 编辑修改器，盒子仍然在原始的位置。

7.1.4　Bend 编辑修改器

　　Bend 修改工具用来对对象进行弯曲处理，可以调节弯曲的角度和方向，以及弯曲所依据的坐标轴向，还可以将弯曲修改限制在一定的区域之内。在这一节，我们将举例说明如何灵活使用 Bend 编辑修改器建立模型或者制作动画。

1. 由一个平面弯曲成一个球

　　(1) 启动 3DS MAX，或者在菜单栏选取 File/Reset，以复位 3DS MAX。

　　(2) 进入 Create 面板，单击 Plane 按钮。在透视视图中创建一个长宽都为 140、长度和宽度方向分段数都为 25 的平面，见图 7.27。

图 7.27

　　(3) 到 Modify 面板，给平面增加一个 Bend 编辑修改器，沿 X 轴将平面弯曲 360°，如图 7.28 所示。

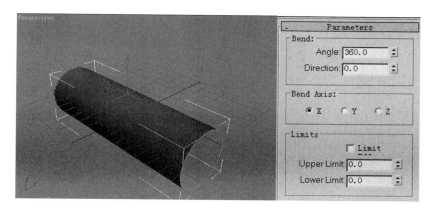

图 7.28

　　(4) 给平面增加一个 Bend 编辑修改器，沿 Y 轴将平面弯曲 180°，见图 7.29。

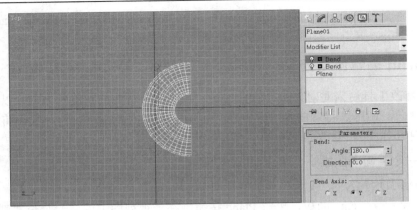

图 7.29

(5) 在堆栈中单击最上层 Bend 左边的＋号，打开次对象层级，选择 Center，然后在顶视图中沿着 X 轴向左移动 Center，直到平面看起来与球类似为止，见图 7.30。

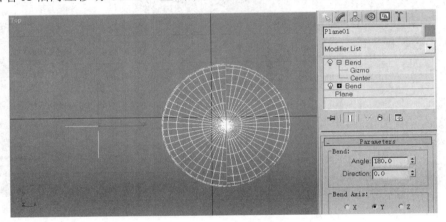

图 7.30

2．制作弯曲的 9 字动画

下面示范如何制作图 7.31 所示的动画。

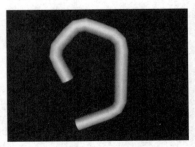

图 7.31

(1) 启动 3DS MAX，或者在菜单栏选取 File/Reset，复位 3DS MAX。

(2) 单击 Cylinder 按钮，在透视视图中创建一个半径为 2、高度为 80、高度方向段数为 25 的圆柱，见图 7.32。

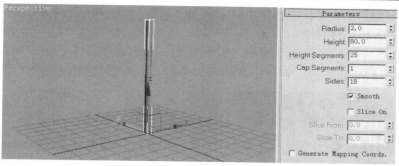

图 7.32

(3) 进入 Modify 面板，给圆柱增加 Bend 编辑修改器。在 Bend 的 Angle 项键入 −90，在 Upper Limit 项键入 7，复选 Limit Effect，结果见图 7.33。

(4) 在堆栈列表中单击 Bend 左边的 + 号，从列表中选择 Center 项。单击主工具栏中的 Select and Move 按钮，在透视视图沿 Z 轴将 Center 移动到如图 7.34 所示的位置。

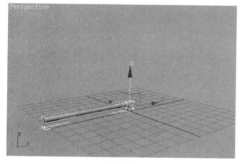

图 7.33

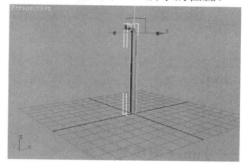

图 7.34

(5) 给圆柱再增加一个 Bend 编辑修改器，在 Bend 的 Angle 项键入 −90，在 Upper Limit 项键入 7，复选 Limit Effect。

(6) 在堆栈列表中单击 Bend 左边的 + 号，从列表中选择 Center 项。单击主工具栏中的 Select and Move 按钮，在透视视图沿 Z 轴将 Center 移动到如图 7.35 所示的位置。

(7) 给圆柱增加一个弯曲编辑修改器。在 Bend 的 Angle 项键入 −90，在 Upper Limit 项键入 7，复选 Limit Effect。

(8) 在堆栈列表中单击上面 Bend 左边的 + 号，从列表中选择 Center 项。单击主工具栏中的 Select and Move 按钮，在透视视图沿 Z 轴将 Center 移动到如图 7.36 所示的位置。

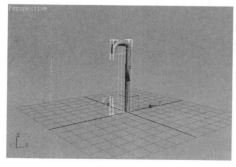

图 7.35

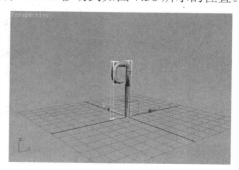

图 7.36

（9）给圆柱增加一个弯曲编辑修改器。在 Bend 的 Angle 项键入 –90，在 Lower Limit 项键入 –7，复选 Limit Effect。

（10）在堆栈列表中单击上面 Bend 左边的 + 号，从列表中选择 Center 项。单击主工具栏中的 Select and Move 按钮，在透视视图沿 Z 轴将 Center 移动到如图 7.37 所示的位置。

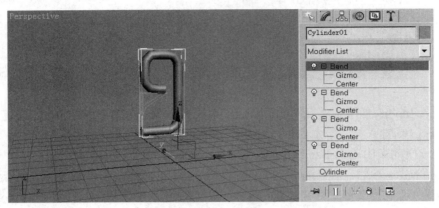

图 7.37

（11）按键盘上的 N 键，打开 Auto 按钮，将时间滑动块移动到第 50 帧，分别进入各个 Bend 编辑修改器的命令面板，将弯曲的角度(Angle)改为 90°。

（12）将时间滑动块移动到第 100 帧，分别进入各个 Bend 编辑修改器的命令面板，将弯曲的角度(Angle)改为 –90°。

7.1.5 Taper 编辑修改器

Taper 修改工具通过缩放对象的两端而产生锥形轮廓来修改造型，同时还可以加入光滑的曲线轮廓；允许用户控制导边的倾斜度、曲线轮廓的曲度，还可以限制局部的导边效果。在这一节，我们将举例说明使用 Taper 制作动画的方法。

灵活使用弯曲、锥化等编辑修改器可以制作类似于文件 Samples\ch07\ ch07_11bf.avi 的动画效果(图 7.38 是其中的一帧)。为了简单起见，在这里只制作圆柱部分，而不设置小球的动画。

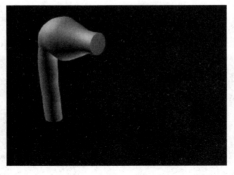

图 7.38

（1）启动 3DS MAX，在 Create 面板中单击 Cylinder 按钮，再在透视视图中创建一个半径为 14、高度为 100、高度方向的分段数为 23 的圆柱，见图 7.39。

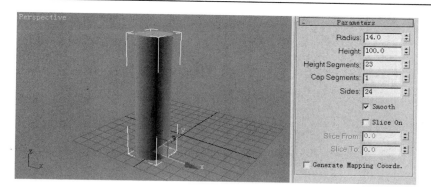

图 7.39

（2）在 Modify 面板中，给圆柱增加一个 Taper 编辑修改器，将 Parameters 卷展栏中的 Amount 设置为 −2.79，Curve 设置为 −0.03。复选 Limit Effect，将 Upper Limit 设置为 20，Lower Limit 设置为 −20，见图 7.40。

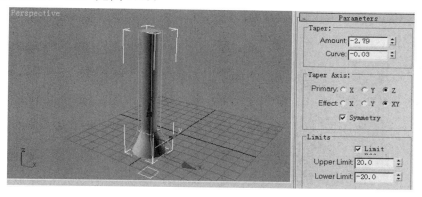

图 7.40

（3）单击堆栈中 Taper 左边的 + 号，展开层级列表，然后选取 Center。

（4）激活主工具栏中的 <kbd>✛</kbd> Select and Move 按钮，然后在前视图中沿着 Y 轴向下移动 Taper 的 Center，使圆柱上的鼓包弯曲消失，见图 7.41。

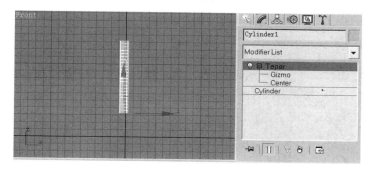

图 7.41

（5）按键盘上的 N，打开 Auto 按钮，将时间滑动块移动到第 70 帧，然后在前视图沿着 Y 轴向上移动 Center，使鼓包完全消失，见图 7.42。

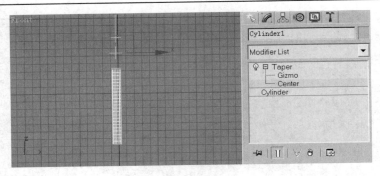

图 7.42

(6) 单击 Play 按钮，观察动画效果。这时的动画效果并不是我们所要求的，下面需进行一些改进。

(7) 关闭 Auto 按钮，然后复选 Taper 编辑修改器 Parameters 卷展栏中的 System。注意：一定要关闭 Auto 按钮后再复选 System。

(8) 单击 Play 按钮，观察动画效果。现在的动画效果已经正确了，图 7.43 是其中的一帧。接下来我们设置弯曲的效果。

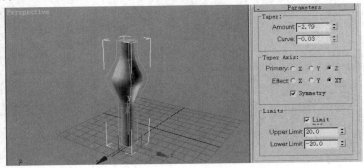

图 7.43

(9) 在 Modify 命令面板给圆柱增加 Bend 编辑修改器，将 Parameters 卷展栏中的 Angle 设置为 90，复选 Limit Effect，将 Upper Limit 设置为 30，Lower Limit 设置为 0，结果见图 7.44。

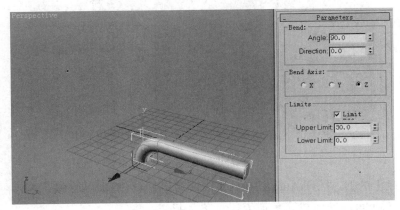

图 7.44

(10) 单击堆栈中 Bend 左边的 + 号，展开层级列表，然后选取 Center。

(11) 激活主工具栏中的 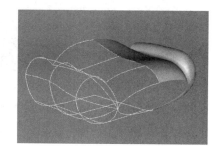 Select and Move 按钮，然后在前视图中沿着 Y 轴向上移动 Bend 的 Center，使圆柱类似于图 7.45。现在圆柱鼓包动画的效果已经正确了，下面我们来设置圆柱抖动的效果。

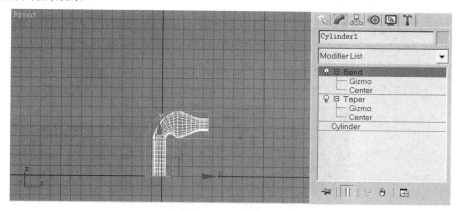

图 7.45

(12) 在 Modify 命令面板给圆柱增加 Noise 编辑修改器，将 Parameters 卷展栏中的 Strength 区域的 Z 设置为 15，复选 Animate Noise。这样，播放动画的时候，圆柱就会有所抖动。

7.2　面　片　建　模

在第 6 章我们学习了如何给二维图形增加一个编辑修改器使它变成三维几何体，这一节将学习建立三维几何体。首先需要了解面片建模。面片建模也是将二维图形结合起来形成三维几何体的方法。在面片建模中，我们将使用两个特殊的编辑修改器，即 Cross Section 和 Surface。

7.2.1　面片建模基础

面片是根据样条线边界形成的 Bezier 表面。面片建模有很多优点，它不但直观，而且可以参数化地调整网格的密度。

1. 面片的构架

面片的样条线网络被定义为面片的构架 (Cage)，见图 7.46。可以用各种方法来创建样条线构架，例如手工绘制样条线，或者使用标准的二维图形和 Cross Section 编辑修改器。

可以通过给样条线构架应用 Surface 编辑修改器来创建面片表面。Surface 编辑修改器用来分析样条线构架，并在满足样条线构架要求的所有区域创建面片表面。

图 7.46

2．对样条线的要求

可以用 3～4 个边来创建面片。作为边的样条线节点必须分布在每个边上，而且要求每个边的节点必须相交。样条线构架类似于一个网，网的每个区域有 3～4 个边。

3．Cross Section 编辑修改器

Cross Section 编辑修改器可自动根据一系列样条线创建样条线构架。该编辑修改器自动在样条线节点间创建交叉的样条线，从而形成合法的面片构架。为了使 Cross Section 编辑修改器更有效地工作，最好使每个样条线有相同的节点数。图 7.47 中右边是几个多边形图形，左边是给这些多边形应用 Cross Section 编辑修改器后的对象。

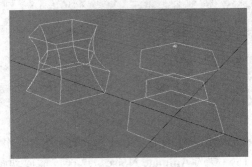

图 7.47

在应用 Cross Section 编辑修改器之前，必须将样条线结合到一起，形成一个二维图形。Cross Section 编辑修改器在样条线上创建的节点的类型可以是 Linear、Smooth、Bezier 和 Bezier corner 中的任何一个。节点类型影响表面的光滑程度。

在图 7.48 中，左边的是 Linear 节点类型，右边的是 Smooth 节点类型。

4．Surface 编辑修改器

定义好样条线构架后，就可以应用 Surface 编辑修改器了。图 7.49 中，右边的是应用 Surface 编辑修改器之后的图形，左边的是应用 Surface 编辑修改器之前的效果。Surface 编辑修改器在构架上生成 Bezier 表面。表面的创建参数和设置包括表面法线的反转选项、删除内部面片选项和设置插值步数的选项。

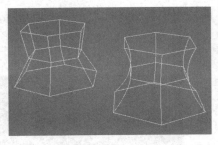

图 7.48

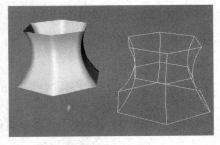

图 7.49

表面法线(Surface Normals)指定表面的外侧，对视口显示和最后渲染的结果影响很大。

在默认的情况下，可删除内部面片。由于内部表面完全被外部表面包容，因此可以安全地将它删除。

Surface Interpolation 下面的 Steps 设置是非常重要的属性，它参数化地调整面片网格的

密度。如果一个面片表面被转换成 Editable Mesh，那么网格的密度将与面片表面的密度匹配。用户可以复制几个面片模型，并给定不同的插值设置，然后将它转换成网格对象来观察多边形数目的差异。

7.2.2　创建和编辑面片表面

在这个练习中，我们将使用面片创建一个帽子的模型。

（1）启动 3DS MAX，或者在菜单栏选取 File/Reset，以复位 3DS MAX。

（2）创建案例文件，文件中包含了 4 条样条线和一个帽子，见图 7.50。帽子是建模中的参考图形。

（3）在透视视口选择 Circle01(下面的大圆，见图 7.51)。这是定义帽沿的外圆。

 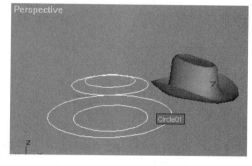

图 7.50　　　　　　　　　　　　　　　　图 7.51

（4）在 Modify 面板的编辑修改器列表中选取 Edit Spline。

（5）在 Modify 面板的 Geometry 卷展栏中单击 Attach 按钮。

（6）在透视视口依次单击 Circle02、Circle03 和 Circle04，见图 7.52。

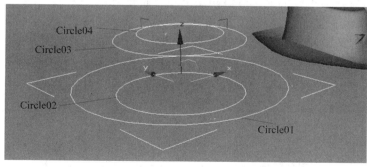

图 7.52

（7）在透视视口单击鼠标右键结束 Attach 模式。

（8）在 Modify 面板的编辑修改器列表中选取 CrossSection。这时出现了一些样条线将圆连接起来，以便应用 Surface 编辑修改器。

（9）在 Parameters 卷展栏分别选取 Linear 选项和 Smooth 选项，其效果见图 7.53、图 7.54。

（10）在 Parameters 卷展栏选取 Bezier。

（11）在 Modify 面板的编辑修改器列表中选取 Surface，见图 7.55。这样就得到了帽子的基本图形，见图 7.56。

图 7.53

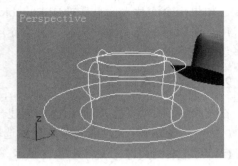
图 7.54

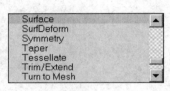
图 7.55

图 7.56

注意：步骤(8)～步骤(10)也可用另一种方法实现，即在 Modify 面板的 Geometry 卷展栏中单击 `Cross Section`，然后依次单击 Circle01、Circle02、Circle03 和 Circle04。

(12) 在命令面板的 Parameters 卷展栏选择 Flip Normals 和 Remove interior patches 复选框，见图 7.57。

(13) 在 Modify 面板的编辑修改器列表区域选取 Edit Patch。

(14) 在编辑修改器堆栈的显示区域单击 Edit Patch 左边的 + 号，展开 Edit Patch 的次对象层级。

(15) 在编辑修改器堆栈的显示区域单击 Patch，见图 7.58。

图 7.57

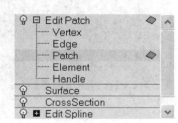
图 7.58

(16) 在视口导航控制区域单击 Arc Rotate 按钮。

(17) 调整透视视口的显示，使其类似于图 7.59。从图 7.59 中可以看出在帽沿下面有填充区域，这是因为 Surface 编辑修改器在构架中的第一个和最后一个样条线上生成了面。在下面的步骤中，我们将删除不需要的表面。

(18) 按键盘上的 F3 键，切换到线框模式。

(19) 在透视视口选择 Circle01 上的表面，见图 7.60。

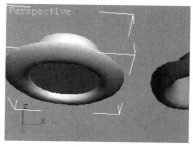

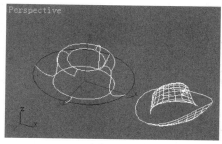

图 7.59　　　　　　　　　　　　　　　图 7.60

（20）按键盘上的 Delete 键，表面被删除了。

（21）按键盘上的 F3 键返回到明暗模式，这时的透视视口见图 7.61。下面我们继续来调整帽子。

（22）在编辑修改器堆栈的显示区域单击 Vertex，见图 7.62。

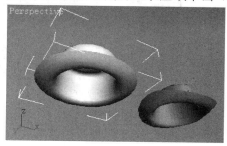

图 7.61　　　　　　　　　　　　　　　图 7.62

（23）在前视口单击鼠标右键，以激活它。在视口导航控制区域单击  Zoom Extents 按钮。

（24）在前视口使用区域选择的方式选取帽子顶部的节点。

（25）按键盘上的空格键，以锁定 选择的节点。

（26）选取主工具栏的 Select and Uniform Scale 按钮。

（27）在主工具栏选取 Selection Center 按钮。

（28）在前视口将鼠标光标放置在变换 Giamo 的 X 轴上，然后将选择的节点缩放约 70%。在进行缩放的时候，缩放数值显示在状态栏中 。

（29）在前视口按键盘上的 L 键，以激活左视口。

（30）按键盘上的 F3 键，将它切换成明暗显示。

（31）在左视口沿着 X 轴将选择的节点缩放 80%。

（32）单击主工具栏的 Select and Rotate 按钮，然后再在其上单击鼠标右键。

（33）在出现的 Transform Type-In 对话框中，将 Offset 的 Z 区域数值改为 −8。

（34）关闭 Transform Type-In 对话框。

（35）按键盘上的空格键解除选择节点的锁定。

（36）在左视口按 F 键激活前视口。

（37）在前视口选择帽沿外圈的节点，见图 7.63。

（38）单击主工具栏的 Select and Move 按钮，然后在该按钮上单击鼠标右键。

（39）在出现的 Transform Type-In 对话框中，将 Offset 的 Y 区域数值改为 7。

(40) 关闭 Transform Type-In 对话框。这时的帽子效果图见图 7.64。

　　　　图 7.63　　　　　　　　　　　　　　　图 7.64

(41) 在前视口选择每个 Bezier 句柄，将它们移动成类似于图 7.65 的样子。

(42) 在前视口按 L 键激活左视口。

(43) 在左视口选择前面的节点，见图 7.66。

 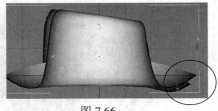

　　　　图 7.65　　　　　　　　　　　　　　　图 7.66

(44) 在主工具栏的 ⊕ Select and Move 按钮上单击鼠标右键。

(45) 在出现的 Transform Type-In 对话框中，将 Offset 的 Y 区域数值改为 −7，见图 7.67。

(46) 继续编辑帽子，直到满意为止。

(47) 在编辑修改器显示区域单击 Edit Patch，返回到最上层。图 7.68 所示就是我们编辑的帽子的最后效果。

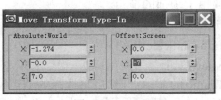 

　　　　图 7.67　　　　　　　　　　　　　　　图 7.68

7.3　复　合　对　象

　　复合对象是将两个或者多个对象结合起来形成的。常见的复合对象包括布尔对象 (Booleans)、放样(Lofts)、连接对象(Connect)、水滴网格(BlobMesh)等。

7.3.1　布尔对象

1. 布尔运算的概念和基本操作

1) 布尔对象和运算对象

布尔对象是根据几何体的空间位置结合两个三维对象形成的对象。每个参与结合的对象被称为运算对象。通常参与运算的两个布尔对象应该有相交的部分。有效的运算操作包括：生成代表两个几何体总体的对象；从一个对象上删除与另外一个对象相交的部分；生成代表两个对象相交部分的对象。

2) 布尔运算的类型

在布尔运算中常用的三种操作包括：

● Union(并)：生成代表两个几何体总体的对象。

● Subtraction(减)：从一个对象上删除与另外一个对象相交的部分。可以从第一个对象上减去与第二个对象相交的部分，也可以从第二个对象上减去与第一个对象相交的部分。

● Intersection(交)：生成代表两个对象相交部分的对象。

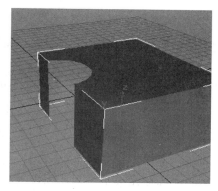

减操作的一个变形是 Cut(切割)。切割后的对象上没有运算对象的任何网格。例如，如果拿一个圆柱切割盒子，那么在盒子上将不保留圆柱的曲面，将创建一个有孔的对象，见图 7.69。Cut 下面还有一些其他选项，我们将在具体操作中介绍这些选项。

图 7.69

3) 创建布尔运算的方法

要创建布尔运算，需要先选择一个运算对象，然后通过 Compounds 标签面板或者 Create 面板中的 Compound Objects 类型来访问布尔工具。

在用户界面中运算对象被称之为 A 和 B。当进行布尔运算的时候，选择的对象被当作运算对象 A，后加入的对象变成了运算对象 B。图 7.70 是布尔运算的参数卷展栏。

选择对象 B 之前，需要指定操作类型是 Union、Intersection 还是 Subtraction。一旦选择了对象 B，就自动完成布尔运算，视口也会更新。

技巧：也可以在选择了运算对象 B 之后，再选择运算对象。

说明：也可以创建嵌套的布尔运算对象。将布尔对象作为一个运算对象进行布尔运算就可以创建嵌套的布尔运算。

图 7.70

4) 显示和更新选项

在 Parameters 卷展栏下面是 Display/Update 卷展栏。该卷展栏的显示选项允许按如下几种方法观察运算对象或者运算结果：

● Result(结果)：这是默认的选项，它只显示运算的最后结果。

● Operands(运算对象)：显示运算对象 A 和运算对象 B，就像布尔运算前一样。

● Result + Hidden Operands(最后结果+隐藏的对象)：显示最后的结果和运算中去掉的部分，去掉的部分按线框方式显示。

5) 表面拓扑关系的要求

表面拓扑关系指对象的表面特征。表面特征对布尔运算能否成功影响很大。对运算对象的拓扑关系有如下几点要求：

- 运算对象的复杂程度类似。如果在网格密度差别很大的对象之间进行布尔运算，可能会产生细长的面，从而导致不正确的渲染。
- 在运算对象上最好没有重叠或者丢失的表面。
- 表面法线方向应该一致。

2. 编辑布尔对象

当创建完布尔对象后，运算对象被显示在编辑修改器堆栈的显示区域，见图 7.71。

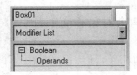

图 7.71

可以通过 Modify 面板编辑布尔对象和它们的运算对象。在编辑修改器显示区域，布尔对象显示在层级的最顶层。通过展开布尔层级来显示运算对象，这样就可以访问在当前布尔对象或者嵌套布尔对象中的运算对象；通过改变布尔对象的创建参数，也可以给运算对象增加编辑修改器。在视口中更新布尔运算对象的任何改变。

从布尔运算中分离出运算对象后，分离的对象可以是原来对象的复制品，也可以是原来对象的关联复制品。如果是采用复制的方式分离的对象，那么它将与原始对象无关；如果是采用关联方式分离的对象，那么对分离对象进行的任何改变都将影响布尔对象。采用关联的方式分离对象是编辑布尔对象的一个简单方法，这样就不需要频繁使用 Modify 面板中的层级列表。

对象被分离后，仍然处于原来的位置，因此需要移动对象才能看得清楚。

1) 创建布尔 Union 运算

(1) 启动 3DS MAX，或者在菜单栏选取 File/Reset，以复位 3DS MAX。

(2) 创建案例文件。文件中包含了 3 个相交的盒子，见图 7.72。

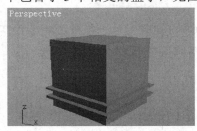

图 7.72

(3) 按键盘上的 H 键，显示 Select Objects 对话框。Select Objects 对话框的列表区域显示 Box01、Rib1 和 Rib2。

(4) 在 Select Objects 对话框中单击 Cancel 按钮，然后关闭 Select Objects 对话框。

(5) 在透视视口选择大的盒子。

(6) 在 Create 命令面板，从对象类型中选取 Compound Objects，见图 7.73。

(7) 在 Object Type 卷展栏单击 Boolean。

(8) 在 Create 命令面板 Parameters 卷展栏下面的 Operation 区域选取 Union，见图 7.74。

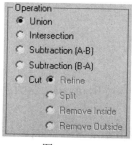

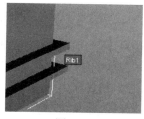

图 7.73　　　　　　　　　　　　　　图 7.74　　　　　　　　　　　　图 7.75

(9) 在 Pick Boolean 卷展栏单击 Pick Operand B。

(10) 在透视视口单击下面的盒子(Rib1)，见图 7.75。下面的盒子与大盒子并在一起。

(11) 在 Parameters 卷展栏中列出了所有运算对象，见图 7.76。

(12) 在透视视口单击鼠标右键，以结束布尔运算操作。接下来我们继续前面的练习来创建嵌套的布尔对象。

(13) 确认选择了新创建的布尔对象，在 Create 面板的 Object Type 卷展栏中单击 Boolean。

(14) 在 Pick Boolean 卷展栏单击 Pick Operand B。

(15) 在透视视口单击 Rib2，见图 7.77。

(16) 在激活的视口上单击鼠标右键，以结束布尔运算。这样就创建了一个嵌套布尔运算。3 个盒子被并在了一起。

(17) 按键盘上的 H 键显示 Select Objects 对话框。对话框的列表区域只有一个对象名称：Box01。

(18) 在 Select Objects 对话框中单击 Cancel 按钮，关闭对话框。

(19) 选择 Modify 命令面板的编辑修改器堆栈显示区域，单击 Boolean 左边的 + 号，展开层级列表。在 Parameters 卷展栏仔细观察运算对象列表。列表中显示 A：Box01 和 B：Rib2，见图 7.78。其中 Box01 是一个布尔对象。

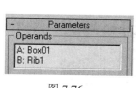

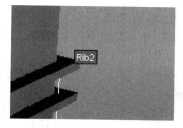

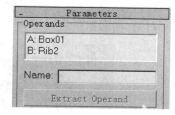

图 7.76　　　　　　　　　　　　　图 7.77　　　　　　　　　　　图 7.78

(20) 在 Parameters 卷展栏单击 Box01。编辑修改器堆栈显示区域有两个 Boolean(见图 7.79)，每个代表一次布尔运算。

(21) 在编辑修改器堆栈显示区域，单击下面的 Boolean 左边的+号，然后选取 Operands，见图 7.80。

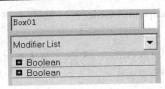
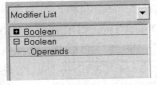

图 7.79　　　　　　　　　　　　　　图 7.80

(22) 在 Parameters 卷展栏仔细观察运算对象列表。列表中显示 Box01 和 Rib1，说明它们是第一次布尔运算的运算对象。

(23) 在编辑修改器显示区域选取 Boolean，返回到堆栈顶层。

2) 创建布尔减运算

(1) 继续前面的练习，在  命令面板的 Hide 卷展栏单击 Unhide All 按钮。出现了两个类似于拱门的对象，见图 7.81。

(2) 确认选择了 Box01。

(3) 在创建命令面板中单击 ◉ 按钮，在下拉列表中选择 Compound Objects。

(4) 在 Object Type 卷展栏中单击 Boolean 按钮。

(5) 在展开的 Operation 区域选取 Subtraction [A-B] ◉ Subtraction (A-B)。

(6) 在 Pick Boolean 卷展栏中单击 Pick Operand B。

(7) 在透视视口中单击 Arch1，见图 7.82。

图 7.81　　　　　　　　　　　　　　图 7.82

(8) 在透视视口中单击鼠标右键，以结束布尔操作。

(9) 在 Object Type 卷展栏中单击 Boolean。

(10) 在 Pick Boolean 卷展栏中单击 Pick Operand B。

(11) 在透视视口中单击 Arch2，见图 7.83。

(12) 在激活的视口中单击鼠标右键，以结束布尔操作。最后的布尔对象见图 7.84。

图 7.83　　　　　　　　　　　　　　图 7.84

7.3.2　放样

用一个或者多个二维图形沿着路径(Path)扫描就可以创建放样对象。定义横截面(Section)的图形被放置在路径的指定位置，可以通过插值得到截面图形之间的区域。

1．放样基础

1)　放样的相关术语

路径和横截面都是二维图形，但是在界面内分别被称为路径和截面图形。图 7.85 图示化地解释了这些概念。

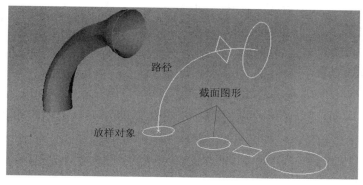

图 7.85

2)　创建放样对象

在创建放样对象之前必须先选择一个截面图形或者路径。如果先选择路径，那么开始的截面图形将被移动到路径上，以便它的局部坐标系的 Z 轴与路径的起点相切。如果先选择了截面图形，将移动路径，以便它的切线与截面图形局部坐标系的 Z 轴对齐。

指定的第一个截面图形将沿着整个路径扫描，并填满这个图形。若要给放样对象增加其它截面图形，则必须先选择放样对象，然后指定截面图形在路径上的位置，最后选择要加入的截面图形。

插值用于在截面图形之间创建表面。3DS MAX 使用每个截面图形的表面创建放样对象的表面。如果截面图形的第一点相差很远，将创建扭曲的放样表面。也可以在给放样对象增加完截面图形后，旋转某个截面图形来控制扭转。

有以下三种方法可以指定截面图形在路径上的位置。指定截面图形位置时使用的是 Path Parameters 卷展栏，见图 7.86。

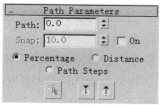

图 7.86

- Percentage(百分比)：用路径的百分比来指定横截面的位置。
- Distance(距离)：用从路径开始的绝对距离来指定横截面的位置。

● Path Steps(路径的步数)：用表示路径样条线的节点和步数来指定位置。

在创建放样对象的时候，还可以设置表皮参数(Skin Parameters)。可以通过设置表皮参数调整放样的如下几个方面：

● 可以指定放样对象顶和底是否封闭。
● 使用 Shape Steps 设置放样对象截面图形节点之间的网格密度。
● 使用 Path Steps 设置放样对象沿着路径方向截面图形之间的网格密度。
● 在两个截面图形之间的默认插值设置是光滑的，也可以将插值设置为 Linear。

3) 编辑放样对象

可以在 Modify 面板编辑放样对象。Loft 显示在编辑修改器堆栈显示区域的最顶层，见图 7.87。在 Loft 的层级中，Shape 和 Path 是次对象。只要突出显示 Shape 次对象层次，然后在视口中选择要编辑的截面图形，就可以进行编辑。此外，还可以改变截面图形在路径上的位置，或者访问截面图形的创建参数。

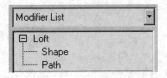

图 7.87

编辑修改器堆栈显示区域的 Path 次对象层次，可以用来复制或者关联复制路径，从而得到一个新的二维图形。

可以使用 Shape 次对象层次访问 Compare 对话框，见图 7.88。这个对话框用来比较放样对象中不同截面图形的起点和位置。前面已经提到，如果截面图形的起点，也就是第一点没有对齐，放样对象的表面将是扭曲的。这时可以将截面图形放入该对话框，然后比较不同图形的起点。如果在视口中旋转图形，Compare 对话框中的图形也将自动更新。

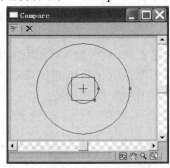

图 7.88

编辑路径和截面图形的一个简单方法是放样时采用关联选项。这样，就可以在对象层次交互编辑放样对象中的截面图形和路径。如果放样的时候采用了复制选项，那么编辑场景中的二维图形将不影响放样对象。

2．使用放样创建一个眼镜蛇

在这个练习中，我们将使用放样创建一个眼镜蛇的模型。

(1) 启动 3DS MAX，或者在菜单栏选取 File/Reset，以复位 3DS MAX。

(2) 创建案例文件。文件中包含了几个二维图形，见图 7.89。

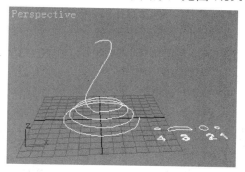

图 7.89

(3) 在透视视口中选取较大的螺旋线。

(4) 在 Create 面板的对象下拉式列表中选取 Compound Objects，参见图 7.73。

(5) 在 Object Type 卷展栏中单击 Loft 按钮。路径的起始点是眼镜蛇的尾巴，因此应该放置小的圆。

(6) 单击 Creation Method 卷展栏，单击 Get Shape 按钮。

(7) 在透视视口单击小圆(标记为 1)。这时沿着整个路径的长度方向放置了小圆。

(8) 在 Path Paramters 卷展栏将 Path Level 设置为 10 Path: 10.0 。这样就将下一个截面图形的位置指定到路径 10%的地方。

(9) 在 Skin Parameters 卷展栏的 Display 区域关闭 Skin 。这样将便于观察截面图形和百分比标记，见图 7.90。图像中的图案 就是百分比标记。

(10) 在 Creation Method 卷展栏单击 Get Shape 按钮。

(11) 在透视视口单击较大的圆(标记为 2)，见图 7.91。

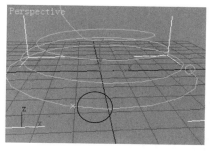

图 7.90

图 7.91

(12) 在 Path Parameters 卷展栏将 Path Level 设置为 90%。这是再次增加第二个图形的地方。

(13) 在 Creation Method 卷展栏中单击 Get Shape 按钮。

(14) 在透视视口中再次单击较大的圆(标记为 2)。

(15) 在 Path Parameters 卷展栏中将 Path Level 设置为 93%，这样就确定了较大椭圆的位置。

(16) 在 Creation Method 卷展栏中单击 Get Shape 按钮。

(17) 在透视视口单击较大的椭圆(标记为 3)。这时的放样对象见图 7.92。

(18) 在 Path Parameters 卷展栏中将 Path Level 设置为 100。

(19) 在 Creation Method 卷展栏中单击 Get Shape 按钮。

(20) 在透视视口中单击较小的椭圆(标记为 4)。

(21) 在激活的视口单击鼠标右键结束创建操作。放样的结果见图 7.93。

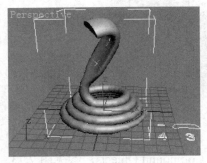 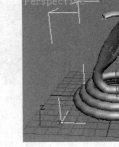

图 7.92   图 7.93

接下来我们调整一下放样对象。现在眼镜蛇头部的比例不太合适。需要将第三个截面图形向蛇头移一下。

(1) 继续前面的练习。

(2) 在透视口中鼠标单击选中放样的眼镜蛇。在 Skin Parameters 卷展栏的 Display 区域关闭 Skin。

(3) 在 Modify 命令面板的编辑修改器堆栈显示区域单击 Loft 左边的+号，展开层级列表，见图 7.94。

(4) 在编辑修改器堆栈显示区域单击 Shape，见图 7.95。

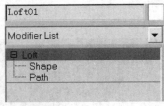 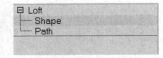

图 7.94   图 7.95

(5) 在透视视口将鼠标光标放在放样对象中第 3 个截面图形上，然后单击选择它。被选择的截面图形变成了红颜色，见图 7.96。Path Level 的数值显示为 93.0 。

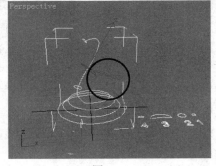

图 7.96

（6）在 Path Parameters 卷展栏将 Path Level 设置为 98.0 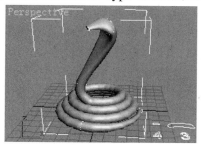。这时截面图形被沿着路径向前移动了，眼镜蛇的头部外观得到了明显改善，见图 7.97。

（7）在透视视口选择放样中的第 4 个截面图形。

（8）单击主工具栏的  Select and Rotate 按钮，然后再在其上单击鼠标右键。

（9）在弹出的 Transform Type-In 对话框的 Offset X 区域键入 45。这样就旋转了最后的图形，改变了放样对象的外观。

（10）关闭 Transform Type-In 对话框。这样蛇头的顶部略微向内倾斜，见图 7.98。

图 7.97 　　　　　　　　　　　　　　　　图 7.98

（11）在 Shape Commands 卷展栏单击 Compare 按钮。

（12）在出现的 Compare 对话框单击 Pick Shape 按钮。

（13）在透视视口分别单击放样对象中的 4 个截面图形。

（14）单击 Compare 对话框中的 Zoom Extents 按钮，见图 7.99。截面图形都被显示在 Compare 对话框中。图中的方框代表截面图形的第 1 点。如果第 1 点没有对齐，放样对象就可能是扭曲的。

（15）关闭 Compare 对话框。

（16）在编辑修改器显示区域选取 Loft，返回到对象的最顶层。

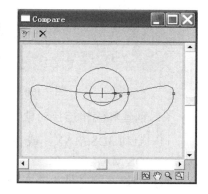

图 7.99

7.3.3　连接对象

组合对象用于在两个表面有孔的对象之间创建连接的表面。

1．对象连接的基础

（1）运算对象的方向。两个运算对象上的孔应该相互面对。只要丢失表面(形成孔)之间的夹角在正负 90°之间，那么就应该形成连接的表面。

（2）多个孔。如果对象上有多个孔，那么可以在其上创建多个连接，但是连接数不可能多于有最少孔数对象上的孔数。如果对象上有多个孔，那么应该使它们之间有合适的位置，否则可能创建相互交叉的对象。

（3）连接表面的属性。连接的命令面板见图 7.100。使用这个面板可以参数化地控制运算对象之间的连接，也可以指定连接网格对象上的段数、光滑和张力。较高的张力数值可使连接表面相互靠近，从而使它们向中心收缩；较低的正张力数值则倾向于在运算对象的孔之间进行线性插值；而负的张力数值将增加连接对象的大小。

此外，还可以使用光滑组控制连接几何体及其相临表面之间的光滑程度。在默认的情况下，末端是不光滑的。

(4) 编辑连接。可以在 Modify 面板编辑连接。连接出现在编辑修改器堆栈显示区域的顶部。它的次对象层次是 Operands 和 Edit Mesh，见图 7.101。使用 Operand 层次可以访问运算对象的创建或者网格参数；使用 Edit Mesh 层次可以访问连接中使用的网格。

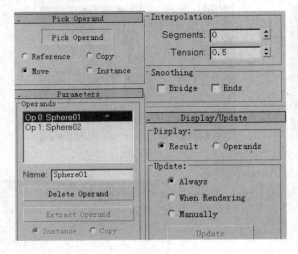

图 7.100

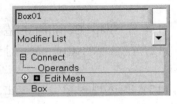

图 7.101

2．创建和编辑连接对象

(1) 启动 3DS MAX，或者在菜单栏选取 File/Reset，以复位 3DS MAX。

(2) 创建案例文件。该文件中包含两个网格对象。盒子上有一个孔，而圆柱周围有 9 个孔，见图 7.102。下面使用这两个对象来创建组合对象。

(3) 在透视视口选择盒子。

(4) 在 Create 命令面板的几何体类型下拉式列表中选取 Compound Objects。

(5) 在 Create 面板的 Object Type 卷展栏中单击 Connect。

(6) 在 Pick Operand 卷展栏中单击 Pick Operand。

(7) 在透视视口中单击圆柱。

(8) 在透视视口中单击鼠标右键以结束捡取操作。

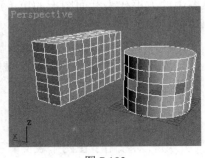

图 7.102

(9) 在透视视口中再次单击鼠标右键以结束 Connect 创建模式。在圆柱和盒子之间生成了连接的几何体，见图 7.103。

(10) 在 Modify 命令面板的编辑修改器堆栈显示区域单击 Connect 左边的 + 号，显示出了 Operands 层次，见图 7.104。

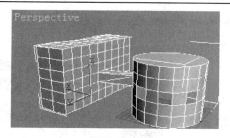

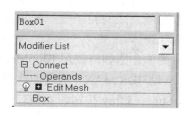

图 7.103　　　　　　　　　　　　　　　　　图 7.104

(11) 在编辑修改器堆栈显示区域单击 Operands。

(12) 在 Parameters 卷展栏单击 Op1:Cylinder01，见图 7.105。

(13) 单击主工具栏的 Select and Rotate 按钮，绕 Z 轴旋转圆柱。

(14) 在透视视口单击鼠标右键，以结束旋转操作。在旋转的过程中，自动捕捉最近的孔来生成连接的表面。

(15) 在 Parameters 卷展栏选择 Box01。

(16) 在编辑修改器堆栈显示区域单击 Edit Mesh 左边的 + 号，展开次对象层次。

(17) 在编辑修改器堆栈显示区域单击 Polygon。

(18) 在透视视口选择紧靠连接处左面的多边形，然后按键盘上的 Delete 键删除选择的多边形。这时在圆柱和盒子之间又出现了连接的几何体，见图 7.106。

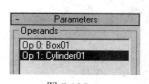

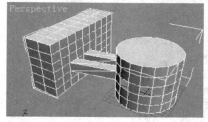

图 7.105　　　　　　　　　　　　　　　　　图 7.106

(19) 在编辑修改器堆栈显示区域单击 Connect，返回到对象层次。

(20) 在 Parameters 卷展栏的 Interpolation 区域将 Segments 设置为 3，将 Tension 设置为 0.0，见图 7.107。这时连接处的网格密度增加了，见图 7.108。

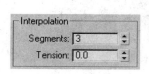

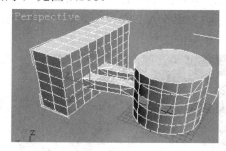

图 7.107　　　　　　　　　　　　　　　　　图 7.108

7.3.4　水滴网格

水滴网格是 3DS MAX 新增的功能，是一种变形球粒子的复合对象，它作为一种建模工具来使用，用于将所创建的一系列球形几何体或粒子系列连接在一起，使其看起来像软体或液态物质，或与粒子流一起用来制作器官表皮上粘着的粘性物体。

下面简单介绍如何使用 BlobMesh 功能。

(1) 启动 3DS MAX，进入创建面板，单击 Particle System->Super Spray 按钮，在视口中创建一个超级喷射，如图 7.109 所示。

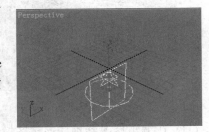

图 7.109

(2) 拖动时间滑块使粒子在场景中显示。

(3) 在创建命令面板中，单击 Compound Object->BlobMesh 工具按钮，在场景中的任意处单击鼠标创建原始 metaball(小水球)，如图 7.110 所示。

(4) 直接单击 进入 Modify 面板。在 Blob Objects 选项组中，单击 Pick 按钮，选择场景中创建的超级喷射粒子对象，则在每一个粒子的位置上出现小水球，如图 7.111 所示，左边创建的是 superspray(超级喷射)，右边创建的是 PF Source(粒子流源)。可以在场景中单击所创建的粒子系统，进入修改面板，通过修改粒子的参数，如大小、速度、偏移量等，以达到不同的效果。

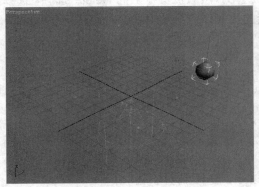

图 7.110

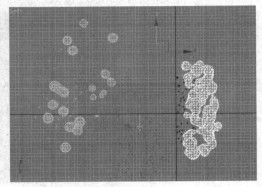

图 7.111

下面我们利用 BlobMesh 来制作动画效果(图 7.112 所示是其中的一帧)，步骤如下：

(1) 启动 3DS MAX 或者在菜单栏选取 File/Reset，以复位 3DS MAX。

(2) 打开案例文件，见图 7.113。

图 7.112

图 7.113

(3) 播放动画，可以看到场景中已经存在了粒子流的动画，并且场景中的粒子是呈四面体的，如图 7.114 所示。

(4) 创建 Blobmesh 对象。在创建命令面板中，选择 Compound Object->BlobMesh 工具，在场景中的任意处单击鼠标创建原始 metaball(小水球)。

(5) 单击 📎 进入 Modify 面板。在 Parameters 卷展栏的 Blob Objects 选项组中，单击 Add 按钮，在弹出的 Add Blobs 对话框中选择 PF Source 01，单击 Add Blobs 确认，如图 7.115 所示。这样就可以把粒子添加入 BlobMesh 对象中。

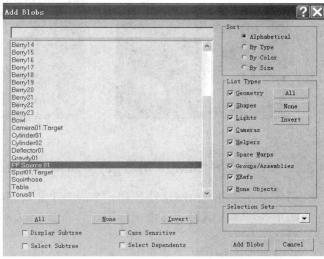

图 7.114 图 7.115

(6) 播放动画。现在粒子已经被粘带体所代替，如图 7.116 所示。

图 7.116

(7) 在视口中，一些小的粒子还会显示，这是因为 BlobMesh 对于视口显示和渲染采用不同的细节标准。

(8) 按下键盘上的 M 键，打开材质编辑器，选择第二行的第一种材质，如图 7.117 所示，将其应用于所创建的 BlobMesh 对象。

（9）渲染其中的一帧来观看 BlobMesh 的效果，如图 7.118 所示。

图 7.117　　　　　　　　　　　　　　图 7.118

7.3.5　形体合并(Shape Merge)和离散(Scatter)

形体合并是将一个网格物体和一个或多个几何图形合成在一起的方式。在合成过程中，几何图形既可深入网格物体内部，影响其表面形态，又可根据其几何外形将除此以外的部分从网格中减去。

离散是合成物体的一种方式，通过参数控制将 Source Object (离散分子)以各种方式覆盖在 Distribution Object(目标对象)的表面。这是一个非常有用的造型工具，通过它可以制作头发、胡须、草地、长满羽毛的鸟或者全身是刺的刺猬，这些都是一般造型工具无法制作的。

下面就来介绍如何制作类似的动画效果。为了简单起见，我们只制作文字 MAX 部分的动画，见图 7.119。

图 7.119

（1）启动 3DS MAX，单击 Sphere 按钮，创建一个半径为 50 的球。

（2）单击 Shapes 按钮，在命令面板的 Object Type 卷展栏中单击 Text 按钮，然后在命令面板的 Parameters 卷展栏中的文字输入区域突出显示原有文字，键入文字 MAX，将 Size 参数设置为 40。

（3）在前视口球的中心单击，创建文字，结果见图 7.120。

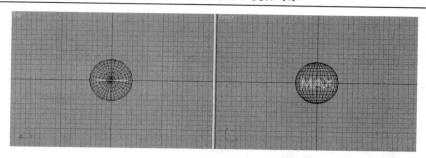

图 7.120

（4）激活主工具栏中的 ✛ Select and Move 按钮，在顶视图将文字"MAX"移动到球的下方，见图 7.121。

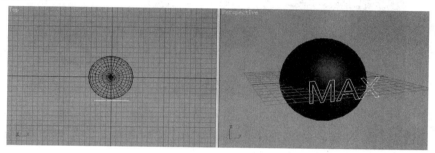

图 7.121

（5）在 Create 命令面板，单击 Geometry 按钮，在几何对象列表中选择 Compound Objects。

（6）确认选择了球，单击命令面板上 Object Type 卷展栏中的 ShapeMerge 按钮，进入 ShpaeMerge 命令面板，单击 Pick Operand 卷展栏中的 Pick Shape 按钮，然后在场景中单击文字"MAX"。

尽管文字已经与几何体合并在一起，但是这时视觉效果上并没有明显的变化。接下来我们对文字进行拉伸操作。

（7）到 Modify 面板，从编辑修改器列表中选取 Face Extrude，在 Parameters 卷展栏将 Amount 设置为 8.0，结果见图 7.122。

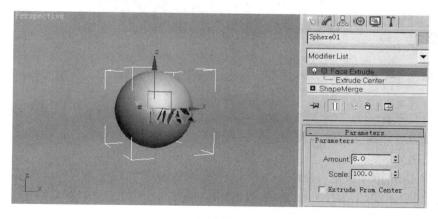

图 7.122

增加了 Face Extrude 后，文字就鼓起来了，但是这时文字并没有动画效果。下面我们来设置文字运动的动画效果。

(8) 在堆栈类表中单击 ShapeMerge 前面的 + 号，展开层级列表，然后从层级列表中选取 Operands。

(9) 激活主工具栏中的 ✛ Select and Move 按钮，在前视图中选择文字，将其向下移动，见图 7.123。

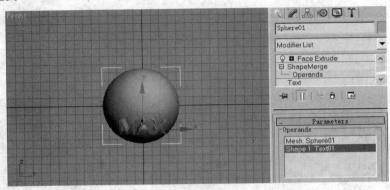

图 7.123

(10) 按键盘上的 N 键，打开 Auto Auto 按钮，将时间滑动块移动到第 100 帧，然后在前视图向上移动文字，结果见图 7.124。

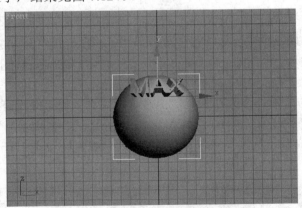

图 7.124

(11) 单击 ▶ Play 按钮，将会看到球上的文字从下向上移动。观察完后，停止动画的播放。

下面我们来看一下文字上的黄色小点是如何实现的。初看起来，似乎是给文字指定了材质，但是通过仔细观察就会发现，用材质实现这样的效果并不容易，制作这样效果的最好办法是使用分散。

(12) 单击 Shapes 按钮，在命令面板的 Object Type 卷展栏中单击 Star 按钮，然后在前视图创建一个 Radius 1 为 1、Radius 2 为 2.5 的星星。

(13) 确认选择了星星，单击鼠标右键，再在弹出的右键菜单上选取 Convert To: Editable Mesh，将星星转换成可以渲染的对象。

(14) 按键盘上的 M 键，进入材质编辑器，激活第一个样本视窗，再将材质的 Diffuse 颜色指定为黄色，将 Self-Illumination 参数设置为 100，见图 7.125。

图 7.125

(15) 确认选择了刚刚创建的星星，在材质编辑器单击  Assign Material to Selection 按钮。

(16) 到 Create 命令面板，单击 Geometry 按钮，在几何对象列表中选择 Compound Objects。

(17) 确认选择了星星，单击命令面板上 Object Type 卷展栏中的 Scatter 按钮，进入 Scatter 命令面板，单击 Pick Distribution Object 卷展栏中的 Pick Distribution Object 按钮，然后在场景中单击球。

(18) 到命令面板的 Display 卷展栏，复选 Hide Distribution Object，如图 7.126 所示。

图 7.126

(19) 将 Scatter Objects 卷展栏的 Duplicates 设置为 200。这时球的表面分布了 200 个小的星星。

(20) 复选 Use Selected Faces Only，结果见图 7.127。

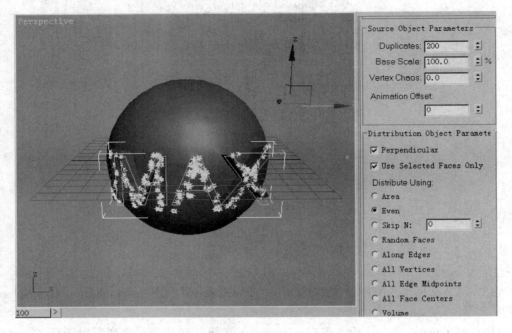

图 7.127

说明：Use Selected Faces Only 的含义是只使用选择的面，也就是使用堆栈中传递过来的面。此外，如果需要给小星星增加动画效果，那么可以打开 Auto 按钮，将时间滑动块移动到非第 0 帧，然后设置 Transforms 卷展栏中的参数。

7.4 小 结

在 3DS MAX 中，编辑修改器是编辑场景对象的主要工具。当给模型增加编辑修改器后，就可以通过参数设置来改变模型。

若要减小文件大小并简化场景，则可以将编辑修改器堆栈的显示区域塌陷成可编辑的网格，但是这样做将删除所有编辑修改器和与编辑修改器相关的动画。

面片建模生成基于 Bezier 的表面。创建一个样条线构架，然后再应用一个表面编辑修改器即可创建表面。面片模型的一个很大的优点就是可以调整网格的密度。

在 3DS MAX 中有几个复合对象类型。Booleans 根据几何体的相对位置生成复合的对象，有效的布尔操作包括 Union、Subtraction 和 Intersection。

Lofts 沿着路径扫描截面图形生成放样几何体沿着路径的不同位置可以放置多个图形，在截面图形之间插值生成放样表面。

Connect 组合对象在网格运算对象的孔之间创建网格表面。如果两个运算对象上有多个孔，那么将生成多个表面。

7.5　习　　题

1．判断题

(1) 在 3DS MAX 中编辑修改器的次序对最后的结果没有影响。

答案：错误。

(2) Noise 可以沿三个轴中的任意一个改变对象的节点。

答案：正确。

(3) 应用在对象局部坐标系的编辑修改器受对象轴心点的影响。

答案：正确。图 7.128 就是参数圆柱相同、轴心点不同的弯曲效果。

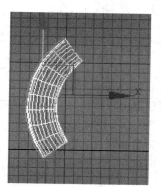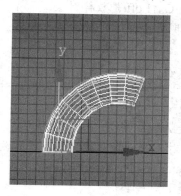

图 7.128

(4) Face Extrude 是一个动画编辑修改器。它影响传递到堆栈中的面，并沿法线方向拉伸面，建立侧面。

答案：正确

(5) 在组合对象中，Boolean 使用两个或者多个对象来创建一个对象。新对象是初始对象的交、并或者差。

答案：正确。

(6) 在组合对象中，Connect 根据一个有孔的基本对象和一个或者多个有孔的目标对象来创建连接的新对象。

答案：正确。

(7) 在组合对象中，Scatter 根据命令面板的设置，在第二个对象的表面上分散第一个对象。

答案：正确。

(8) 在组合对象中，ShapeMerge 将一个二维图形投影到网格对象的表面，并嵌入其表面。

答案：正确。

(9) 在放样中，所使用的每个截面图形必须有相同的开口或者封闭属性，也就是说，要么所有截面都是封闭的，要么所有截面都是不封闭的。

答案：错误。

(10) 组合对象的运算对象由两个或者多个对象组成，它们仍然是可以编辑的运算对象。每个运算对象都可以像其他对象一样被变换、编辑和动画。

答案：正确。

2．选择题

(1) Surface 编辑修改器生成的对象类型是：

A. Patch　　　　　　B. NURBS　　　　　　C. NURMS　　　　D. Mesh

正确答案是 A。

(2) 下列选项中不属于选择集编辑修改器的是：

A. Edit Patch　　　　B. Mesh Select　　　　C. Loft　　　　　　D. Edit Mesh

正确答案是 C。Loft 是放样对象，而不是编辑修改器。

(3) 能够实现弯曲物体的编辑修改器是：

A. Bend　　　　　　B. Noise　　　　　　　C. Twist　　　　　D. Taper

正确答案是 A。

(4) 要修改子物体上的点时应该选择次对象中的：

A. Vertex　　　　　B. Polygon　　　　　　C. Edge　　　　　D. Element

正确答案是 A。

(5) 可以在对象的一端对称缩放对象的截面的编辑器为：

A. Map Scaler　　　B. Affect Region　　　　C. Bend　　　　　D. Taper

正确答案是 D。

(6) Surface 编辑修改器生成的对象类型是：

A. Patch　　　　　　B. NURBS　　　　　　C. NURMS　　　　D. Mesh

正确答案是 A。

(7) 将二维图形和三维图形结合在一起的运算的名称为：

A. Connect　　　　　B. Morph　　　　　　C. Boolean　　　　D. ShapeMerge

正确答案是 D。

(8) 在一个几何体上分布另外一个几何体的运算的名称为：

A. Connect　　　　　B. Morph　　　　　　C. Scatter　　　　　D. Conform

正确答案是 C。

(9) 布尔运算中实现合并运算的选项为：

A. Subtraction (A−B)　　　B. Cut　　　　C. Intersection　　　D. Union

正确答案是 D。

(10) 在放样的时候，默认情况下截面图形上的哪一点放在路径上？

A. 第一点　　　　　B. 中心点　　　　　　C. 轴心点　　　　　D. 最后一点

正确答案是 B。

3．思考题

(1) 如何给场景的几何体增加编辑修改器？

(2) 如何在编辑修改器堆栈显示区域访问不同的层次？

(3) 如何使用面片建模工具建模？

(4) 是否可以在不同对象之间复制编辑修改器？

(5) 如何使用 FFD 编辑修改器建立模型？

(6) 如何使用 Noise 编辑修改器建立模型？如何设置 Noise 编辑修改器的动画效果？

(7) 简述放样的基本过程。

(8) 什么样的二维图形是合法的放样路径？什么样的二维图形是合法的截面图形？

(9) 通过放样为什么能构造复杂的物体？

(10) 如何创建布尔运算对象？

(11) 模仿制作图 7.129 所示的效果。

图 7.129

(12) 使用 Taper 编辑修改器的界限还可以制作一些更为复杂的效果，模仿制作图 7.130 所示的酒杯模型。

(13) 尝试制作图 7.131 所示的花瓣模型。

图 7.130

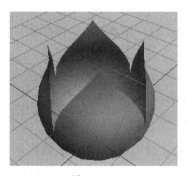

图 7.131

第8章　多边形建模

不管是否为游戏建模，优化模型并得到正确的细节都是成功产品的关键。模型中不需要的细节也将增加渲染时间。

模型中使用多少细节是合适的呢？这就是建模的艺术性所在，人眼的经验在这里起着重要作用。如果角色在背景中快速奔跑，或者喷气飞机在高高的天空快速飞过，那么这样的模型就不需要太多的细节。

8.1　3DS MAX 的表面

在 3DS MAX 中建模的时候，可以选择如下三种表面形式之一：网格(Meshes)、Bezier面片(Patches)、NURBS(不均匀有理 B 样条)。

1. 网格

最简单的网格是由空间 3 个离散点定义的面。尽管它很简单，但的确是 3DS MAX 中复杂网格的基础。本章后面的部分将介绍网格的各个部分，并详细讨论如何处理网格。

2. 面片

当给对象应用 Edit Patch 编辑修改器或者将它们转换成 Editable Patch 对象时，3DS MAX 将几何体转换成一组独立的面片。每个面片由连接边界的 3～4 个点组成，这些点可定义一个表面。

3. NURBS

术语 NURBS 代表 Non-Uniform Rational B-Splines(不均匀有理 B 样条)，具体含义如下：

(1) Non-Uniform(不均匀)意味着可以给对象上的控制点不同的影响，从而产生不规则的表面。

(2) Rational(有理)意味着代表曲线或者表面的等式被表示成两个多项式的比，而不是简单的求和多项式。有理函数可以很好地表示诸如圆锥、球等重要曲线和曲面模型。

(3) B-Spline (Basis Spline，基本样条线)是一个由三个或者多个控制点定义的样条线。这些点不在样条线上，与使用 Line 或者其他标准二维图形工具创建的样条线不同。后者创建的是 Bezier 曲线，它是 B-Splines 的一个特殊形式。

使用 NURBS 就可以用数学定义创建精确的表面。许多现代的汽车设计都是基于NURBS 来创建光滑和流线型表面的。

8.2　对象和次对象

3DS MAX 的所有场景都建立在对象的基础上，每个对象又由一些次对象组成。一旦开始编辑对象的组成部分，就不能变换整个对象。

8.2.1　次对象层次

在这个练习中，我们将熟悉组成 3DS MAX 对象的基本部分。

(1) 启动或者复位 3DS MAX。

(2) 单击命令面板的 Sphere 按钮，在顶视口创建一个半径约为 50 个单位的球。

(3) 到 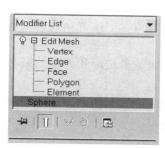 Modify 命令面板，在 [Modifier List] Modifier List 下拉式列表中选取 Edit Mesh。现在 3DS MAX 认为球是由一组次对象组成的，而不是由参数定义的。

(4) 在 Modify 命令面板的编辑修改器堆栈显示区域单击 Sphere，见图 8.1。

卷展栏现在恢复到它的原始状态，命令面板上出现了球的参数。使用 3DS MAX 的堆栈可以对对象进行一系列非破坏性的编辑。这就意味着可以随时返回编辑修改的早期状态。

(5) 在顶视口中单击鼠标右键，然后从弹出的四元组菜单中选取 Convent To:/Convert to Editable Mesh，见图 8.2。

这时编辑修改器堆栈的显示区域只显示 Editable Mesh。命令面板上的卷展栏类似于 Edit Mesh，球的参数化定义已经丢失，见图 8.3。

图 8.1

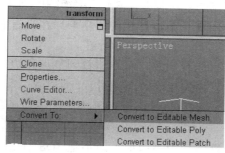
图 8.2

图 8.3

8.2.2　Editable Mesh 与 Edit Mesh 的比较

Edit Mesh 编辑修改器主要用来将标准几何体、Bezier 面片或者 NURBS 曲面转换成可以编辑的网格对象。增加了 Edit Mesh 编辑修改器后就在堆栈的显示区域增加了层。模型仍然保持它的原始属性，并且可以通过在堆栈显示区域选择合适的层来处理对象。

将模型塌陷成 Editable Mesh 后，堆栈显示区域只有 Editable Mesh，应用于对象的所有编辑修改器和对象的基本参数都丢失了，只能在网格次对象层次编辑。当完成建模操作后，将模型转换成 Editable Mesh 是一个很好的习惯，这样可以大大节省系统资源。如果模型需要输出给实时的游戏引擎，那么塌陷成 Editable Mesh 是必须的。

在后面的练习中我们将讨论这两种方法的不同。

8.2.3　网格次对象层次

一旦一个对象被塌陷成 Editable Mesh 编辑修改器或者被应用了 Edit Mesh 编辑修改器，就可以使用下面的次对象层次。

(1) 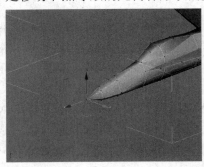　Vertex(节点)。节点是空间上的点，它是对象的最基本层次。当移动或者编辑节点的时候，它们的面也受影响。

对象形状的任何改变都会导致重新安排节点。在 3DS MAX 中有很多编辑方法，但是最基本的是节点编辑。

图 8.4 是移动节点导致的几何体形状的变化。

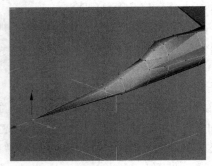

图 8.4

(2) 　Edge(边)。Edge 是一条可见或者不可见的线(参见图 8.5)，它连接两个节点，形成面的边。两个面可以共享一个边。

处理边的方法与处理节点的方法类似，在网格编辑中经常使用。

(3) 　Face(面)。面是由 3 个节点形成的三角形。在没有面的情况下，节点可以单独存在，但是在没有节点的情况下，面不能单独存在。

在渲染的结果中，我们只能看到面，而不能看到节点和边。面是多边形和元素的最小单位，可以被指定光滑组，以便与相临的面光滑。

(4) 　Polygon(多边形)。在可见的线框边界内的面形成了多边形。多边形是面编辑的便捷方法。

此外，某些实时渲染引擎常使用多边形，而不是 3DS MAX 中的三角形面。

(5) 　Element(元素)。元素是网格对象中以组连续的表面。例如茶壶就是由 4 个不同元素组成的几何体，见图 8.6。

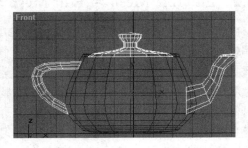

图 8.5　　　　　　　　　　　　　　　　图 8.6

当使用 Attach 将一个独立的对象附加到另外一个对象上后，这两个对象就变成新对象的元素。

下面举例说明如何在次对象层次工作。

(1) 启动 3DS MAX，或者在菜单栏选取 File/Reset，以复位 3DS MAX。

(2) 创建案例文件。

(3) 在用户视口中单击飞机，以选择它，见图 8.7。

(4) 单击主工具栏的 ✛ Select and Move 按钮。

(5) 在用户视口四处移动飞机，则飞机四处移动，好像一个对象似的。

(6) 单击主工具栏的 ↻ Undo 按钮。

(7) 在 Modify 面板，单击 Selection 卷展栏下面的 ⋰ Vertex 按钮。

(8) 在用户视口选择飞机最前端的点，然后四处移动该节点，会发现只有一个节点受变换的影响，见图 8.8。

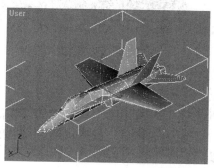

图 8.7　　　　　　　　　　　　　　　　图 8.8

(9) 按键盘上的 Ctrl + Z 键取消前面的移动操作。

(10) 单击 Selection 卷展栏下面的 ◁ Edge 按钮。

(11) 在用户视口选择机尾顶部的边，然后四处移动它，这时选择的边以及组成边的两个节点被移动，见图 8.9。

(12) 按键盘上的 Ctrl + Z 键取消对选择边的移动。

(13) 单击 Selection 卷展栏下面的 ◀ Face 按钮。

(14) 在用户视口选择机尾顶部的边，然后四处移动它。

(15) 在用户视口选择左侧机翼顶部的面(见图 8.10)，然后四处移动它，这时面及组成面的三个点被移动了。

图 8.9　　　　　　　　　　　　　　图 8.10

(16) 按键盘上的 Ctrl + Z 键，以撤消对选择面的移动。

(17) 单击 Selection 卷展栏下面的 ■ Polygon 按钮。

(18) 在用户视口的空白地方单击鼠标左键,以取消对面的选择。

(19) 在用户视口选取左侧机翼的多边形,这次整个机翼顶部都被选择了,见图 8.11。

(20) 单击 Selection 卷展栏下面的 ■ Element 按钮。

(21) 在用户视口选择机尾顶部的边,然后四处移动它,见图 8.12。由于机翼是一个独立的元素,因此它们一起移动。

　　　　　　图 8.11　　　　　　　　　　　　　　　　　　图 8.12

8.2.4　常用的次对象编辑选项

1. 命名的选择集

无论是在对象层次还是在次对象层次,选择集都是非常有用的工具。我们经常需要编辑同一组节点,若在使用选择集后给节点定义一个命名的选择集,就可以通过命名的选择集快速选择节点了。通常在主工具栏中命名选择集 ⬚feiji ▼ 。

2. 次对象的 Backfacing 选项

在选择次对象层次的时候,经常会选取在几何体另外一面的次对象。这些次对象是不可见的,通常也不是编辑中所需要的。在 3DS MAX 的 Selection 卷展栏中选择 Ignore Backfacing 复选框(见图 8.13),就能使背离激活视口的所有次对象不会被选择。

图 8.13

8.3　低消耗多边形建模基础

常见的低消耗网格建模的方法是盒子建模(Box Modeling)。盒子建模技术的流程是首先创建基本的几何体(例如盒子),然后将盒子转换成 Editable Mesh,这样就可以在次对象层次处理几何体了。一般通过变换和拉伸次对象使盒子逐渐接近最终的目标对象。

8.3.1　变换次对象

在次对象层次变换是典型的低消耗多边形建模技术,可以通过移动、旋转和缩放节点、边和面来改变几何体的模型。

8.3.2　处理面

通常使用 Edit Geometry 卷展栏(见图 8.14)下面的 Extrude 和 Bevel 来处理表面。可以通过输入数值或者在视口中交互拖曳来创建拉伸或者倒角的效果。

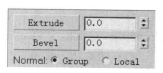

图 8.14

(1) Extrude。增加几何体复杂程度的最基本方法是增加更多的面。Extrude 就是增加面的一种方法。图 8.15 给出了面拉伸前后的效果。

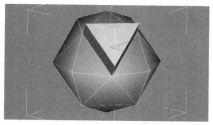

图 8.15

(2) Bevel。Bevel 首先将面拉伸到需要的高度，然后再缩小或者放大拉伸后的面。图 8.16 给出了倒角后的效果。

图 8.16

8.3.3　处理边

(1) 通过分割边来创建节点。创建节点最简单的方法是分割边。直接创建完面和多边形后，可以通过分割和细分边来生成节点(见图 8.17)。在 3DS MAX 中可以创建单独的节点，但是这些点与网格对象没有关系。

选择网格对象的一个边　　　　　　　　边被分割，生成一个节点

图 8.17

　　分割边后就生成一个新的节点和两个边。在默认的情况下，这两个边是不可见的。如果要编辑一个不可见的边，就需要先将它设置为可见的。有如下两种方法来设置边的可见性：① 先选择边，然后单击 Surface Properties 卷展栏中的 Visible 按钮；② 选择 Object Properties 对话框中 Display Properties 区域的 Edges Only 复选框，见图 8.18。

　　(2) 切割边。切割边更精确的方法是使用 Edit Geometry 卷展栏下面的 Cut 按钮，见图 8.19。使用 Cut 选项可以在各个连续的表面上交互地绘制新的边。

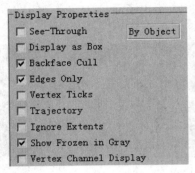

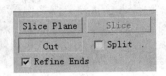

图 8.18　　　　　　　　　　　　　　　　　图 8.19

8.3.4　处理节点

　　建立低消耗多边形模型使用的一个重要技术是节点合并。例如，在建立人体模型时，通常建立一半的模型，然后通过镜像得到另外一半模型。图 8.20 给出了建立人头模型的情况。

　　当采用镜像方式复制人头的另外一面时，两侧模型的节点应该是一样的。可以通过调整位置使两侧面相交部分的节点重合，然后将重合的节点焊接在一起，从而得到完整的模型，见图 8.21。

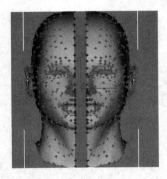

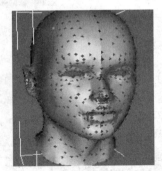

图 8.20　　　　　　　　　　　　　　　　图 8.21

　　将节点焊接在一起后，模型上的间隙将消失，重合的节点被去掉。有两种方法来合并节点：① 选择一定数目的节点，然后设置合并的阈值；② 直接选取合并的点，见图 8.22。

　　在前面的例子中已经使用了 Weld 下面的 Selected 选项。可以选择一两个重合或者不重合的节点，然后单击 Selected 按钮。这样，要么这些节点被合并在一起，要么将出现图 8.23 所示的消息框。

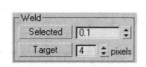

图 8.22　　　　　　　　　　　　　　　　　图 8.23

Selected 右边的阈值数值键入区用于决定能够被合并节点之间的距离。如果节点是重合在一起的，那么这个距离可以设置得小一些；如果需要合并节点之间的距离较大，那么这个数值需要设置得大一些。

在合并节点的时候，有时使用 Target 选项要方便些。一旦打开了 Target 选项，就可以通过拖曳的方法合并节点。

8.3.5　修改可以编辑的网格对象

在这个练习中，我们将使用 Face Extrude 选项来构造飞机的座舱盖。

(1) 启动 3DS MAX，或者在菜单栏选取 File/Reset，以复位 3DS MAX。

(2) 创建案例文件。

说明：Object Properties 对话框中的 Edges Only 选项已经被关闭，Edged Faces 的视口属性已经被设置到 User 视口。这样的设置可以使对网格对象的观察更清楚些。

(3) 在用户视口中选择飞机，见图 8-24。

(4) 在 Modify 面板，单击 Selection 卷展栏的 Polygon 按钮。

(5) 在用户视口选择座舱区域的两个多边形，见图 8.25。通过观察 Selection 卷展栏的底部(见图 8.26)就可以确认选择的面是否正确。这特别适用于次对象的选择。

图 8.24　　　　　　　　　　　　　　　　　图 8.25

(6) 在 Edit Geometry 卷展栏将 Extrude 的数值改为 23.0 ，这样选择的面被拉伸了，座舱盖有了大致的形状，见图 8.27。

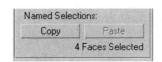

图 8.26　　　　　　　　　　　　　　　　　图 8.27

(7) 单击 Selection 卷展栏的 ⬚ Vertex 按钮。

(8) 在前视口使用区域的方式选择顶部的节点，见图 8.28。

(9) 在前视口调整节点，使其类似于图 8.29。

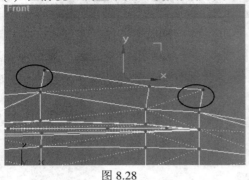

图 8.28　　　　　　　　　　　　　　　　　图 8.29

(10) 单击主工具栏的 ⬚ Non-uniform Scale 按钮。

(11) 在右视口使用区域的方式选择顶部剩余的两个节点(见图 8.30 的左图)，并沿着 X 轴缩放它们，直到使其与图 8.30 中的右图类似为止。

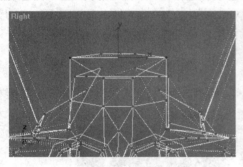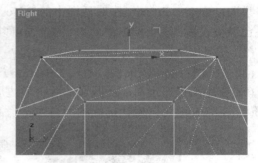

图 8.30

现在飞机有了座舱，见图 8.31。

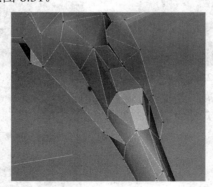

图 8.31

8.3.6　*反转边*

当使用多于三个边的多边形建模的时候，内部边有不同的形式。例如一个简单的四边形的内部边就有两种形式，见图 8.32。

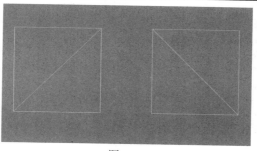

图 8.32

将内部边从一组节点改变到另外一组节点称为反转边(Edge Turning)。

图 8.32 是一个很简单的图形，因此很容易看清楚内部边。在复杂的三维模型上，弄清边界的方向变得非常重要。图 8.33 中被拉伸的多边形的边界是正确的。

如果反转了顶部边界，将会得到明显不同的效果，见图 8.34。

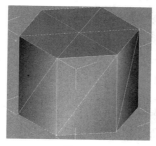
图 8.33

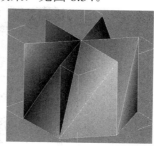
图 8.34

需要说明的是，尽管两个图明显不同，但是节点位置并没有明显改变。

下面举例说明如何反转边。

(1) 继续前面的练习。

(2) 选取视口导航控制区域中的 Arc Rotate SubObject 按钮。

(3) 在用户视口绕着机舱旋转视口，会发现机舱两侧是不对称的，见图 8.35。从图 8.35 中可以看出，长长的小三角形使机舱看起来有一个不自然的折皱。在游戏引擎中，这类三角形会出现问题。反转边可以解决这个问题。

右侧　　　　　　　　　左侧

图 8.35

(4) 在用户视口选择飞机。

(5) 选择 Modify 命令面板，单击 Selection 卷展栏的 Edge 按钮。

(6) 单击 Edit Geometry 卷展栏中的 Turn 按钮。

(7) 在用户视口选择飞机座舱左侧前半部分的边，见图 8.36。现在座舱看起来好多了。下面来设置右边的边。

图 8.36

(8) 在视口导航控制区域选取  Arc Rotate SubObject 按钮。

(9) 在用户视口绕着飞机旋转视口，以便观察座舱的右侧。

(10) 在 Turn 仍然打开的情况下，单击定义座舱后面小三角形的边，见图 8.37。现在座舱完全对称了。

图 8.37

8.3.7　增加和简化几何体

在这一小节我们使用边界细分来增加节点，然后再使用合并节点来简化几何体。

(1) 启动 3DS MAX，或者在菜单栏选择 File/Reset，以复位 3DS MAX。

(2) 创建案例文件。

(3) 在 Utilities 命令面板单击 More 按钮。

(4) 在 Utilities 对话框中单击 Polygon Counter，然后单击 OK 按钮，见图 8.38。

(5) 在用户视口选择飞机。Polygon Count 对话框显示出多边形数为 414，见图 8.39。

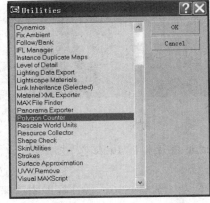

图 8.38

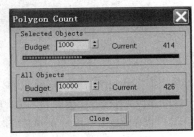

图 8.39

(6) 在 Modify 命令面板的 Selection 卷展栏中单击 ◁ Edge 按钮。

(7) 打开 Selection 卷展栏中的 Ignore Backfacing 复选框，可避免修改看不到的面。

(8) 在 Edit Geometry 卷展栏中单击 Divide 按钮。

(9) 在顶视口中单击图 8.40 所指出的 3 个边。新的节点出现在 3 个边的中间。

(10) 这时 Polygon Count 对话框显示出飞机的多边形数为 420。

(11) 在 Edit Geometry 卷展栏中单击 Divide 按钮。

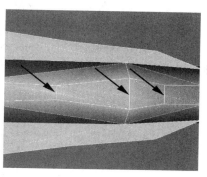

图 8.40

(12) 在 Edit Geometry 卷展栏中单击 Turn 按钮。

(13) 在顶视口反转图 8.40 中深颜色的边，直到与图 8.41 类似。由图 8.41 可以看到，尽管增加了 3 个节点，但是模型的外观并没有改变，必须通过移动节点来改变模型。

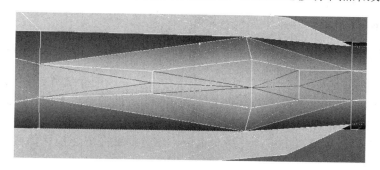

图 8.41

(14) 在 Edit Geometry 卷展栏单击 Turn 按钮。下面我们就使用 Target 选项来合并节点。

(15) 在 Selection 卷展栏单击 ⁙ Vertex 按钮。

(16) 在 Edit Geometry 卷展栏的 Weld 区域单击 Target。

(17) 在用户视口分别将图 8.42 中标出的节点拖曳到中心的节点上。3 个节点被合并在一起，见图 8.43。

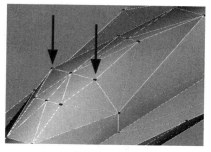

图 8.42

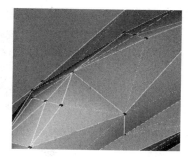

图 8.43

技巧：在前视口合并节点要方便一些。

(18) 合并完成后单击 Target。接下来我们使用 Selection 合并节点。用 Target 合并节点可以得到准确的结果，但是速度较慢，而使用 Selection 可以快速合并节点。

(19) 继续前面的练习。在顶视口使用区域的方法选择座舱顶所有的节点，见图 8.44。

(20) 在 Edit Geometry 卷展栏的 Weld 区将 Selected 的数值改为 20.0。

(21) 单击 Weld 区的 Selected 按钮。这时一些节点被合并在一起，座舱盖发生了变化，见图 8.45。

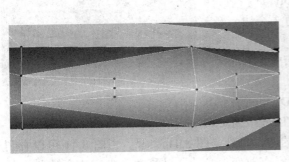 

图 8.44　　　　　　　　　　　　　　图 8.45

现在 Polygon Count 对话框中显示有 408 个多边形。

8.3.8　使用 Face Extrude 编辑修改器和 Bevel 创建推进器的锥

3DS MAX 的重要特征之一就是可以使用多种方法完成同一任务。在下面的练习中，我们将创建飞机后部推进器的锥体。这次采用的方法与前面的有点不同，前面一直是在次对象层次编辑，这次将使用 Face Extrude 编辑修改器来拉伸面。

增加编辑修改器后堆栈中将会有历史记录，这样即使完成建模后仍可以返回来进行参数化的修改。

在下面的练习中，我们将使用 Face Extrude、Mesh Select 和 Edit Mesh 编辑修改器。

(1) 启动 3DS MAX，或者在菜单栏选取 File/Reset，复位 3DS MAX。

(2) 创建案例文件。

(3) 在用户视口选择飞机。

(4) 选择 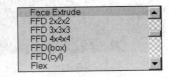 Modify 命令面板，单击 Selection 卷展栏中的 ▣ Polygon 按钮。

(5) 在用户视口单击飞机尾部右侧将要生成锥的区域，见图 8.46。

(6) 在 Modify 面板的编辑修改器堆栈列表中选取 Face Extrude，见图 8.47。

图 8.46　　　　　　　　　　　　图 8.47

(7) 在 Parameters 卷展栏将 Amount 设置为 20.0，Scale 设置为 80.0，见图 8.48。多边形被从机身拉伸并缩放，形成了锥，见图 8.49。

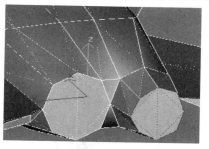

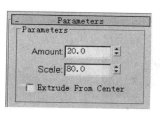

图 8.48　　　　　　　　　　　　　图 8.49

(8) 在编辑修改器列表中选取 Mesh Select。

(9) 在 Mesh Select 的 Parameters 卷展栏单击 ▣ Polygon 按钮。

(10) 在用户视口单击飞机尾部左侧将要生成锥的区域，见图 8.50。

图 8.50

(11) 在编辑修改器堆栈的显示区域的 Face Extrude 上单击鼠标右键，然后从弹出的快捷菜单中选择 Copy，见图 8.51。

(12) 在编辑修改器堆栈的显示区域的 Mesh Select 上单击鼠标右键，然后从弹出的快捷菜单中选择 Paste Instanced，Face Extrude 即可被粘贴，见图 8.52。

图 8.51　　　　　　　　　　　　图 8.52

在图 8.52 中，Face Extrude 用斜体表示，表明它是关联的编辑修改器。这时的飞机见图 8.53。

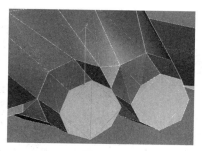

图 8.53

从这个操作中可以看到，通过复制编辑修改器可以大大简化操作。

(13) 在编辑修改器列表中选取 Edit Mesh。

(14) 单击 Selection 卷展栏的 ■ Polygon 按钮。

(15) 在用户视口选择两个圆锥的末端多边形，见图 8.54。

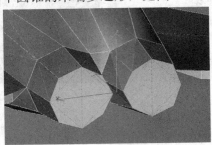

图 8.54

(16) 在 Edit Geometry 卷展栏将 Extrude 设置为 −30，会发现飞机尾部出现了凹陷。

说明：这里最好准确输入 −30 这个数值。如果调整微调器，那么必须在不松开鼠标的情况下将数值调整为 −30，否则可能会产生一组面。

(17) 在 Edit Geometry 卷展栏将 Bevel 数值设置为 −5.0  。这样就完成了排气锥的建模，飞机的尾部见图 8.55。如果需要改变 Face Extrude 的数值，则可以使用编辑修改器堆栈返回到 Face Extrude，然后改变其参数。

(18) 在编辑修改器堆栈列表中选择任何一个 Face Extrude 编辑修改器(见图 8.56)，然后在出现的警告消息框中单击 Yes 按钮。

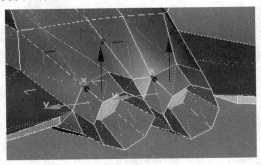

图 8.55

图 8.56

(19) 在命令面板的 Parameters 卷展栏中将 Amount 设置为 40.0，Scale 设置为 60.0，见图 8.57。这时的飞机见图 8.58。

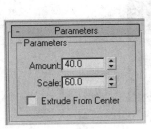

图 8.57

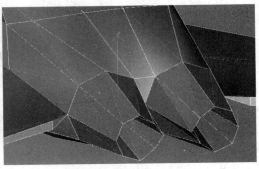

图 8.58

8.3.9　光滑组

光滑组可以融合面之间的边界，从而产生光滑的表面。它只是一个渲染特性，不改变几何体的面数。

通常情况下，3DS MAX 新创建的几何体都设置了光滑选项。例外的情况是使用拉伸方法建立的面没有被指定光滑组，需要人工指定光滑组。

图 8.59 所示的飞机没有应用光滑组进行光滑。图 8.60 所示的飞机应用了光滑组进行光滑。

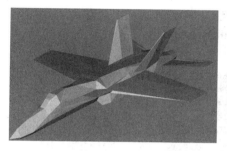
图 8.59

图 8.60

下面举例说明如何使用光滑组。

(1) 启动 3DS MAX，或者在菜单栏选取 File/Reset，以复位 3DS MAX。

(2) 创建案例文件。打开文件后的场景见图 8.61。这通常是最糟糕的情况，所有多边形都被指定了同一个光滑组。这个模型看起来有点奇怪，这是因为所有侧面都被面向同一方向进行处理。

(3) 在用户视口选择飞机。

(4) 在 Selection 卷展栏单击 ▣ Element 按钮。

(5) 在视口标签上单击鼠标右键，然后在弹出的快捷菜单上选取 Edged Faces，这样便于编辑时清楚地观察模型。

(6) 在用户视口选择两个机翼、两个稳定器、两个方向舵和两个排气锥。

(7) 单击 Selection 卷展栏的 Hide 按钮。现在只有机身可见，见图 8.62。

图 8.61

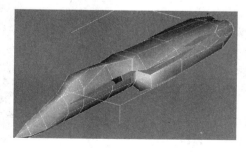
图 8.62

(8) 单击 Selection 卷展栏的 ▣ Polygon 按钮。

(9) 在视口导航控制区域单击 ▣ Min/Max Toggle 按钮，将显示四个视口。

(10) 在用户视口选择所有座舱罩的多边形，见图 8.63。

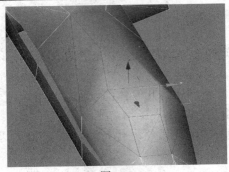

图 8.63

(11) 在 Surface Properties 卷展栏的 Smoothing Groups 区清除 1，然后选择 2，则座舱罩的明暗情况改变了，见图 8.64。

图 8.64

(12) 在用户视口中单击机身外的任何地方，取消对机身的选择。

(13) 在用户视口的视口标签上单击鼠标右键，然后从弹出的快捷菜单中取消 Edged Faces 的选择。

现在座舱罩尽管还是光滑的，但是在与机身之间有了比较明显的明暗界线，已经可以与机身区分开来，见图 8.65。

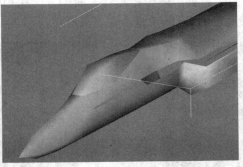

图 8.65

8.3.10　细分表面

通常，即使最后的网格很复杂，开始时也最好使用低多边形网格进行建模。对于电影和视频来讲，通常使用较多的是多边形。这样模型的细节很多，渲染后也比较光滑。将简单型模型转换成复杂型模型是一件简单的事情，但是反过来却不一样。如果没有优化工具，将复杂多边形模型转换成简单多边形模型则是一件困难的事情。

增加简单多边形网格模型像增加编辑修改器一样简单。可以增加的几何体的编辑修改器类型包括：

- MeshSmooth(网格光滑)：通过沿着边和角增加面来光滑几何体。

- HSDS(Hierarchal SubDivision Surfaces，表面层级细分)：一般作为最终的建模工具，它可增加细节并自适应地细化模型。

- Tessellate(细化)：给选择的面或者整个对象增加面。

这些编辑修改器与光滑组不同，光滑组不增加几何体的复杂度，当然光滑效果也不会比这些编辑修改器好。

下面介绍如何光滑简单的多边形模型。

(1) 启动 3DS MAX，或者在菜单栏选取 File/Reset，复位 3DS MAX。

(2) 创建案例文件。该文件包含一个简单的人物模型，见图 8.66。

(3) 在透视视口单击任务，选择它。

(4) 选择 Modify 命令面板，在编辑修改器列表中选取 MeshSmooth，可以看到模型并没有改变。

(5) 按下键盘上的 F4 键，隐藏 Edged Faces，这样会更清楚地看到光滑效果。

(6) 在 Subdivision Amount 卷展栏将 Iteration 改为 1，可以看到模型光滑了很多，见图 8.67。

(7) 将 Iteration 数值改为 2。此时模型变得非常光滑了，见图 8.68。

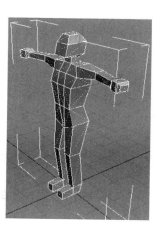

图 8.66

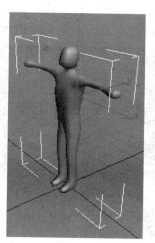

图 8.67

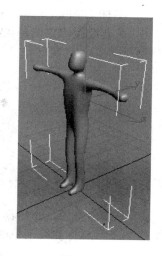

图 8.68

通过比较使用 MeshSmooth 光滑前后的模型，就可以发现光滑后的模型变得细腻光滑。下面我们进一步来改进这个模型。

(8) 在 Local Control 卷展栏选取 Display Control Mesh，单击 Vertex 按钮，见图 8.69。

(9) 在透视视口使用区域选择的方法选择头顶部的 4 个点，见图 8.70。

(10) 尝试处理一些控制点。当低分辨率的控制点移动的时候，高分辨率的网格光滑变形，见图 8.71。

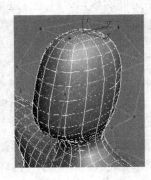
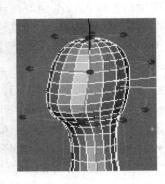

图 8.69   图 8.70   图 8.71

可以通过在编辑修改器堆栈显示区域选取 Editable Mesh 来在次对象层次完成该操作。这些选项使盒子建模的功能非常强大。

下面我们再使用 HSDS 编辑修改器增加一些控制。

在使用 MeshSmooth 的时候，操作中要考虑所有的网格。HSDS 通常用于建模的最后阶段。一旦建立了大致的模型，就可以使用 HSDS 编辑修改器增加细节。

(1) 启动 3DS MAX，或者在菜单栏选取 File/Reset，以复位 3DS MAX。

(2) 创建案例文件。

(3) 在透视视口中选择网格对象。

(4) 选择 Modify 命令面板，在编辑修改器列表中选取 HSDS。

(5) 在 HSDS Parameters 卷展栏中单击 ■ Polygon 按钮。

(6) 在透视视口中选择头部的所有多边形，见图 8.72。

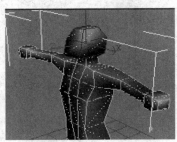

图 8.72

(7) 在 HSDS Parameters 卷展栏中单击 Subdivide 按钮，见图 8.73。现在头部和颈部的细节增加了，身体其余部分的细节保持不变。

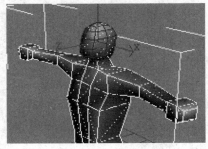

图 8.73

8.4　网格建模应用举例

网格建模是 3DS MAX 的重要建模方法。它广泛应用于机械、建筑和游戏等领域，不但可以建立复杂的模型，而且建立的模型简单，计算速度快。下面来说明如何制作如图 8.74 所示的足球模型。

图 8.74

（1）启动或者重新设置 3DS MAX。到创建几何体分支的扩展几何体(Extended Primitives)，单击命令面板中的 Hedra 按钮，在透视视图创建一个半径为 60 的多面体。

（2）到 Modify 面板，将 Hedra 命令面板 Parameters 卷展栏下的 Family 改为 Dodec/Icos，Family Parameters 下面的 P 改为 0.36，其他参数不变。这时的多面体类似于图 8.75。它的面由 5 边形和 6 边形组成，与足球的面的构成类似。现在存在的问题是面没有厚度。要给面增加厚度，必须将面先分解，可以使用 Edit Mesh 或者 Editable Mesh 来分解面。

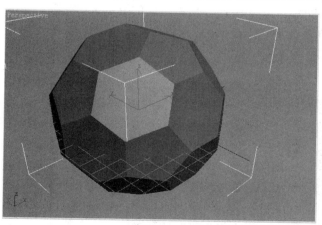

图 8.75

（3）确认选择多面体，给它增加一个 Edit Mesh 编辑修改器。在命令面板的 Selection 卷展栏单击 Polygon 按钮，然后在场景中选择所有面。

（4）确认 Edit Geometry 卷展栏中 Explode 按钮下面选择了 Objects 项，然后单击 Explode 按钮，在弹出的 Explode 对话框中单击 OK 按钮。这样就将球的每个面分解成独立的几何体，见图 8.76。

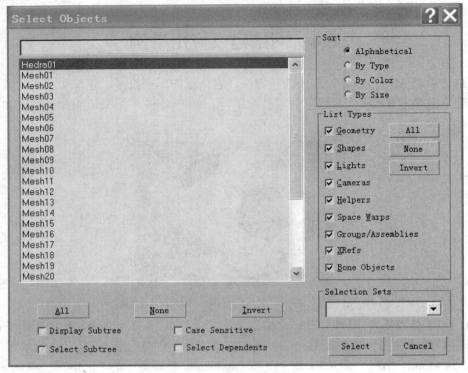

图 8.76

(5) 单击堆栈中的 Edit Mesh，到堆栈的最上层，使用区域选择的方法选择场景中的所有对象。然后给选择的对象增加 Mesh Select 编辑修改器。

(6) 单击 Mesh Select Parameters 卷展栏下面的 Polygon 按钮，到场景中选择所有的面。

(7) 给选择的面增加 Face Extrude 编辑修改器，将 Parameters 卷展栏中的 Amount 设置为 5.0，Scale 设置为 90.0，见图 8.77。现在足球的面有了厚度，但是看起来非常硬，不像真正的足球。

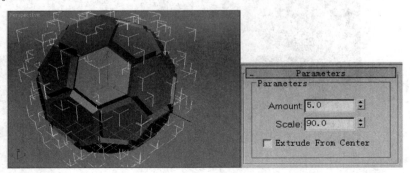

图 8.77

(8) 给场景中所选择的几何体增加 Mesh Smooth 编辑修改器，将 Subdivison Method 卷展栏下面的 Subdivison Method 改为 Quad Output，将 Subdivision Amount 卷展栏下面的 Iterations 改为 2，将 Parameters 卷展栏下面的 Strength 改为 0.6，其他参数不变。这时足球变得光滑了，见图 8.78。

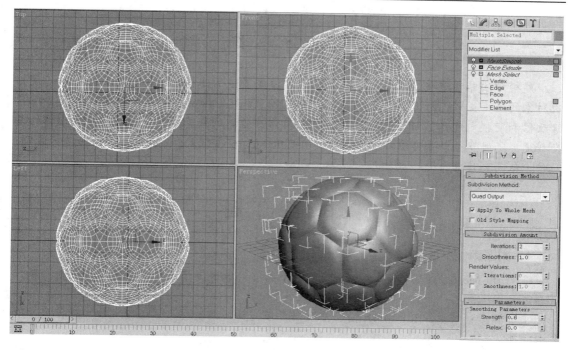

图 8.78

　　现在足球的形状基本正确，但是颜色还不符合要求。下面我们将给足球设计材质。

　　(9) 按键盘上的 M 键，进入材质编辑修改器。单击 Standard 按钮，在弹出的 Material/Map Browser 对话框中选取 Mult/Sub-Object(多重/子材质)，单击 OK 按钮，在弹出的 Replace Material 对话框单击 OK 按钮。这时，材质的类型被改成了 Mult/Sub-Object。该材质类型根据面的 ID 号指定材质。足球的两类面(6 边形和 2 边形)的 ID 号分别是 2 和 3。

　　(10) 将 Mult/Sub-Object 中 ID 号为 2 的材质的颜色改为白色，ID 号为 3 的材质的颜色改为黑色。

　　(11) 确认选择了场景中足球的所有几何体，然后将材质指定给选择的几何体即可，结果见图 8.79。

图 8.79

8.5　小　结

建模方法非常重要，在这一章我们已经学习了多边形建模的简单操作，并了解了网格次对象的元素：Vertices、Edges、Faces、Polygons 和 Elements。此外，我们还学习了编辑修改器和变换之间的区别。通过使用诸如面拉伸、边界细分等技术，可以增加几何体的复杂程度；使用节点合并可以减少面数；使用 Editable Poly 可以方便地对多边形面进行分割、拉伸，从而创建非常复杂的模型。

8.6　习　题

1．判断题

(1) Edit Mesh 是能够访问次对象的，但不能够给堆栈传递次对象选择集的网格编辑修改器。

正确答案：错误。Edit Mesh 编辑修改器不但能够访问次对象，还能够给堆栈传递次对象选择集。

(2) Face Extrude 是一个动画编辑修改器。它影响传递到堆栈中的面，并沿法线方向拉伸面，建立侧面。

正确答案：正确。

(3) NURBS 是 Non-Uniform Rational Basic Spline 的缩写。

正确答案：正确。

(4) 使用 Edit Mesh 编辑修改器把节点连接在一起，就一定能够将不封闭的对象封闭起来。

正确答案：错误。

(5) Editable Mesh 类几何体需要通过 Editable Patch 才能转换成 NURBS。

正确答案：正确。

2．选择题

(1) MeshSmooth 编辑修改器的哪个选项可以控制节点的权重？

A. Classic　　　　B. NURMS　　　　C. NURBS　　　　D. QuadOutput

正确答案是 B。

(2) 下面哪个编辑修改器不可以改变几何对象的光滑组？

A. Smooth　　　　B. Mesh Smooth　　　　C. EditMesh　　　　D. Bend

正确答案是 D。

(3) 可以使用哪个编辑修改器改变面的 ID 号？

A. Edit Mesh　　　　B. Mesh Select　　　　C. Mesh Smooth　　　　D. Edit Spline

正确答案是 A。

(4) 下面哪一项是 Edit Mesh 编辑修改器的选择层次？

A. 节点、边、面、多边形和元素　　B. 节点、线段和样条线

C. 节点、边界和面片　　D. 节点、CV 线和面

正确答案是 A。从图 8.80 可以看出，Edit Mesh 编辑修改器的次对象选择层次有 5 个，它们分别是节点(Vertex)、边(Edge)、面(Face)、多边形(Polygon)和元素(Element)。

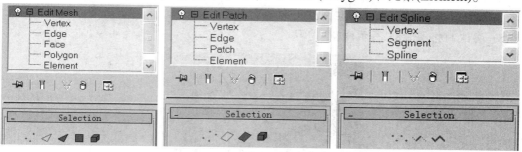

图 8.80

(5) 能实现分层细分功能的编辑修改器是：

A. Edit Mesh　　B. Edit Patch

C. Meshsmooth　　D. HSDS

正确答案是 D。

(6) 下面哪种几何体不能直接转换成 NURBS？

A. 标准几何体　　B. 扩展几何体

C) 放样几何体　　D. 经布尔运算得到的几何体

正确答案是 D。

(7) 下面哪种方法可以将 Editable Mesh 对象转换成 NURBS？

A. 直接可以转换　　B. 通过 Editable Poly

C. 通过 Editable Patch　　D. 不能转换

正确答案是 C。

(8) 下面哪个编辑修改器可以将 NURBS 转换成网格(Mesh)？

A. Edit Mesh　　B. Edit Patch

C. Edit Spline　　D. Edit Poly

正确答案是 A。

(9) 下面哪种方法可以将 Scatter 对象转换成 NURBS？

A. 直接转换　　B. 通过 Editable Poly 和 Editable Patch

C. 通过 Editable Mesh 和 Editable Patch　　D. 通过 Editable Patch

正确答案是 C。

(10) 下面哪种几何体可以直接转换成 NURBS？

A. Loft　　B. Boolean　　C. Scatter　　D. Conform

正确答案是 A。

3. 思考题

(1) Edit Mesh 和 Editable Mesh 在用法上有何异同？

(2) Edit Mesh 有哪些次对象层次？

(3) 编辑节点的常用工具有哪些?

(4) Face Extrude 的主要作用是什么?

(5) Mesh Select 的主要作用是什么?

(6) Mesh Smooth 的主要作用是什么?

(7) HSDS 与 Mesh Smooth 在用法上有什么异同?

(8) 尝试制作图 8.81 所示的花蕊模型。

图 8.81

(9) 尝试制作图 8.82 所示的排球模型。

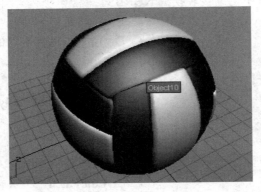

图 8.82

第四部分

材　质

第9章　材质编辑器

材质编辑器是 **3DS MAX** 中非常有用的工具。本章将介绍 **3DS MAX** 材质编辑器的界面和主要功能，学习如何利用基本的材质，如何取出和应用材质，也将讨论材质中的基本组件以及如何创建和使用材质库。

9.1　材质编辑器基础

通过使用材质编辑器，能够给场景中的对象创建五彩缤纷的颜色和纹理表面属性。在材质编辑器中有很多工具和设置可供选择使用。

材质编辑器给我们提供了很多设置材质的选项，既可以选择简单的纯色，也可以选择相当复杂的多图像纹理。例如，对于一堵墙来讲，可以是单色的，也可以有复杂的纹理，见图 9.1。

图 9.1

9.1.1　材质编辑器的布局

使用 3DS MAX 时，在材质编辑器上会花费很多时间。因此，材质编辑器的合理布局是非常重要的。

进入材质编辑器有以下三种方法：① 从主工具栏单击 ⊞ 材质编辑器(Material Editor)按钮；② 在菜单栏上选取 Rendering/Material Editor；③ 使用快捷键 M。

材质编辑器对话框由菜单栏、材质样本窗、材质编辑器工具栏、材质类型和名称区、材质参数区组成，见图 9.2。

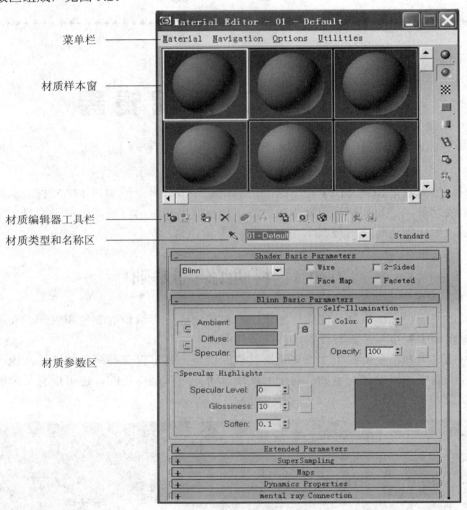

图 9.2

9.1.2　材质样本窗

在将材质应用于对象之前，可以在材质样本窗区域看到该材质的效果。在默认情况下，工作区中显示 24 个样本窗中的 6 个。查看其他样本窗的方法有 3 种：① 平推样本窗工作区；② 使用样本窗侧面和底部的滑动块；③ 增加可见窗口的个数。

1．平推和使用样本窗滚动条

观察其他材质样本窗时可使用鼠标在样本窗区域平推，步骤如下：

(1) 启动 3DS MAX。

(2) 在主工具栏，单击 Material Editor 按钮。

(3) 在材质编辑器的样本窗区域，将鼠标放在两个窗口的分隔线上，则鼠标显示为黑色手掌状。

(4) 在样本窗区域单击并拖动鼠标，可以看到更多的样本窗。

(5) 在样本窗的侧面和底部使用滚动栏，也可以看到更多的样本窗。

2．显示多个材质窗口

如果需要看到的不仅仅是标准的 6 个材质窗口，则使用两种 Column×Row 设置，它们是 5×3 或 6×4。可以使用下列两种方法进行设置：右键菜单、选项对话框。

在激活的样本窗区域单击鼠标右键，将显示右键菜单，见图 9.3。从右键菜单中选择样本窗的个数，见图 9.4。图 9.4 显示的是 5×3 的样本窗。

图 9.3

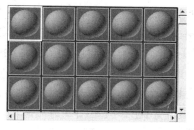

图 9.4

也可以通过选择工具栏侧面的 Options 按钮或者 Options 菜单下的 Options 菜单来控制样本窗的设置。单击 Options 按钮，显示材质编辑器的 Material Editor Options 对话框，可以在 Slots 区域改变设置，参见图 9.5。

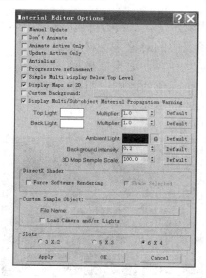

图 9.5

图 9.6 显示的是 6×4 的样本窗。

在图 9.6 中激活的材质窗用白色边界标识，表示这是当前使用的材质。

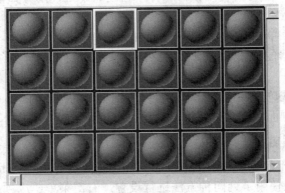

图 9.6

3. 放大样本视窗

虽然 6×4 的样本窗提供了较大的显示区域，但我们仍然可以将一个样本窗设成更大的尺寸。3DS MAX 允许将某一个样本窗放大到任何大小。可以通过双击激活的样本窗来放大它或使用右键菜单来放大它。

(1) 继续前面的练习。在材质编辑器里，用鼠标右键单击选择的窗口，出现快捷菜单(见图9.3)。

(2) 在右键菜单中，选择 Magnify 后，出现如图 9.7 所示的大窗口。可以通过用鼠标拖曳对话框的一角来调整样本窗的大小。

图 9.7

9.1.3　样本窗指示器

样本窗提供材质的可视化表示法，以表明材质编辑器中每一材质的状态。场景越复杂，这些指示器就越重要。当给场景中的对象指定材质后，样本窗的四个角显示白色或灰色的三角形，表示该材质被当前场景使用。如果三角形是白色的，则表明材质被指定给场景中当前选择的对象；如果三角形是灰色的，则表明材质被指定给场景中未被选择的对象。

下面我们进一步了解指示器的用法。

(1) 创建案例文件，见图9.8。

图 9.8

(2) 按下 M 键打开材质编辑器。材质编辑器中有些样本窗的四个角上有灰色的三角形，见图 9.9。

(3) 选择材质编辑器中最上边一行第三个样本窗。该样本窗的边界变成白色，表示现在它为激活的材质。

(4) 在材质名称区，材质的名字为 Earth。样本窗的四个角上有灰色的三角形，表示该材质已被指定给场景中的一个对象。

(5) 在摄像机视口中选择 Earth 对象。Earth 材质样本窗的四个三角形变成白色，表示此样本窗口的材质已经被应用于场景中选择的对象上，见图 9.10。

图 9.9

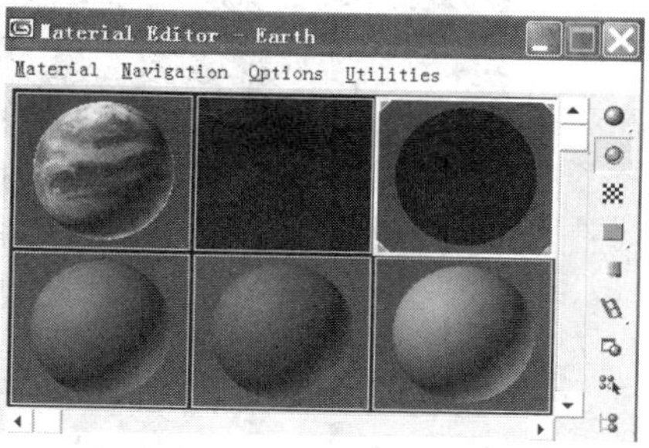

图 9.10

(6) 在材质编辑器中，选择名字为 B-Earth 的材质。该材质样本窗的四个角上没有三角形，这表明此材质没有指定给场景中的任何对象。

9.1.4 给一个对象应用材质

材质编辑器除了创建材质外，它的一个最基本的功能是将材质应用于各种各样的场景对象上。3DS MAX 提供了将材质应用于场景中对象上的几种不同的方法，例如可以使用工具栏底部的 Assign Material to Selection 按钮，也可以简单地将材质拖放至当前场景中的单个对象或多个对象上。

1. 将材质指定给选择的对象

通过先选择一个或多个对象，可以很容易地给对象指定材质，步骤如下：

(1) 启动 3DS MAX，创建案例文件。打开后的场景见图 9.11。

(2) 按下 M 键，打开材质编辑器。在材质编辑器中选择名称为 ping 的材质(第 1 行第 3 列的样本视窗)，见图 9.12。

图 9.11

图 9.12

(3) 在场景中选择所有 ping 对象(ping01～ping10)时，可以按下快捷键 H，从 Select Objects 对话框中选取。

技巧：单击对象的同时按下 Ctrl 键，可将选择对象加到选择集，见图 9.13。

(4) 在材质编辑器中单击 🔧 Assign Material to Selection 按钮，就将材质指定到场景中了，见图 9.14。样本窗的角变成了白色，表示材质被应用于选择的场景对象。

图 9.13　　　　　　　　　　　　　　　　　　图 9.14

2．拖放

使用拖放的方法也能对场景中选到的一个或多个对象应用材质。但是，如果对象被隐藏在后面或在其他对象的内部，使用拖放就很难恰当地指定材质。

(1) 继续前面的练习。在材质编辑器中选择名为 plan 的材质(第 1 行第 1 列的样本视窗)，见图 9.15。

(2) 将该材质拖曳到 Camera01 视口的 plan 对象上。释放鼠标时，材质将被应用于 plan 上，见图 9.16。

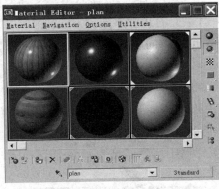

图 9.15　　　　　　　　　　　　　　　　　　图 9.16

9.2　定制材质编辑器

当创建材质时，经常需要调整默认的材质编辑器的设置，如改变样本窗口对象的形状、打开和关闭背光、显示样本窗口的背景以及设置重复次数等。

所有定制的设置都可从样本视窗区域右边的工具栏进行访问。该工具栏包括下列工具：

🔵 Sample Type flyout(样本类型弹出按钮)：允许改变样本窗中样本材质形式，有球形、圆柱、盒子和自定义三种选项。

　　🔘 Backlight(背光)：显示材质受背光照射的样子。

　　🔲 Background(背景)：允许打开样本窗的背景，对于透明的材质特别有用。

　　🔳 Sample UV Tiling flyout(UV 样本重复弹出按钮)：允许改变编辑器中材质的重复次数而不影响应用于对象的重复次数。

　　🔲 Video Color Check(视频颜色检查)：检查无效的视频颜色。

　　🎞 Make Preview(预览)：制作动画材质的预览效果。

　　🔳 Material Editor Options(材质编辑选项)：用于样本窗的各项设置。

　　🔳 Select By Material(根据材质选择)：使用 Select Object 对话框选择场景中的对象。

　　🔳 Material/Map Navigator(材质/贴图导航器)：允许查看组织好的层级中材质的层次。

9.2.1　样本视窗的形状

　　默认情况下，样本视窗中的对象是一个球体。可是当给场景创建材质时，多数情况下使用的形状不是球体。例如，如果给平坦的表面创建材质(比如墙或地板)，就可能会希望改变样本视窗的显示。材质编辑器中有三个默认的显示形式：球体、圆柱体和盒子。当然，我们也可以指定自定义形状。

1. 改变样本类型

　　(1) 继续前面的练习。

　　(2) 在材质编辑器中单击名为 qiu 的材质(第 1 行第 2 列)，见图 9.17。

　　(3) 将该材质拖曳到 Camera01 视口的 qiu 对象上。释放鼠标时，材质将被应用于 qiu 上，见图 9.18。

图 9.17　　　　　　　　　　　　　　　　　　　图 9.18

　　(4) 在材质编辑器的右边工具栏中，按下 🔘 Sample Type 弹出按钮，显示 Sample Type 选项 🔘🔲🔳 。

　　(5) 在 Sample Type 弹出按钮中选择 🔲 Cylinder，样本窗中的球变成了圆柱形。

　　(6) 在 Sample Type 弹出按钮中选择 🔳 Box，样本窗中的圆柱变成了方块。

2. 使用定制对象

　　定制样本视窗对象扩展了材质编辑器的功能，可以用来设计材质，观察定制样本窗对象。这样会减少应用材质和频繁地测试渲染的烦恼。

（1）继续前面的练习。选择工具栏旁的  Options 按钮，出现 Material Editor Options 对话框，参见图 9.5。

（2）在 Material Editor Options 对话框下的 Custom Sample Object 区域，单击 File Name 旁的按钮。

（3）创建案例文件。

说明：为了使用当前场景中的对象，需要先选择对象，然后选取 File/Save Selected。

（4）单击"打开"按钮，关闭对话框。

（5）在材质编辑器中，单击并按住 Sample Type 弹出按钮，出现一个新的类型按钮。

（6）单击弹出按钮的 定制对象按钮，样本窗显示一个茶壶作为定制对象，如图 9.19 所示。

（7）将样本窗改回球体。

图 9.19

9.2.2　材质编辑器的灯光设置

材质的外观效果与灯光的关系十分密切。3DS MAX 是一个数字摄影工作室。如果我们懂得在材质编辑器中如何调整灯光，就能更有效地创建材质。材质编辑器中有三种可用的灯光设置：顶部光、背光和环境光。

说明：灯光设置的改变是全局变化，会影响所有的样本窗。

1．调整材质编辑器的灯光

（1）继续前面的练习或者启动 3DS MAX。

（2）按下 M 键，打开材质编辑器。

（3）在材质编辑器侧面的工具栏中单击 Options 按钮，出现 Material Editor Options 对话框，参见图 9.5。

（4）在 Material Editor Options 对话框中单击 Top Light 颜色样本。Top light 是主光，它是照在对象上最亮的光，同时使得对象表面的大部分富于光彩。调整它不仅可以改变光的颜色和亮度，而且可以改变材质的表面效果。

（5）在出现的 Color Selector 对话框中，将颜色改成红色并关闭对话框。

（6）在 Material Editor Options 对话框中单击 Apply，注意观察材质编辑器样本视窗的变化：所有样本窗都受到了红光的照射。

读者可以试试不同的颜色，看看会有什么结果。材质编辑器的灯光不会影响场景的灯光。

（7）在 Material Editor Options 对话框中，单击 Back Light 颜色样本。为使对象突出于

背景，需要在对象的后面放一盏灯光。

(8) 在 Color Selector 对话框中，将颜色改为蓝色并关闭对话框。

(9) 在 Material Editor Options 对话框中，单击 Apply，观察变化。

(10) 在 Material Editor Options 对话框中，单击 Ambient Light 颜色样本。环境光是场景中对象的反射光。环境光不是来自直接的光源，它仅在对象的周边放出微弱的灯彩。

(11) 在 Color Selector 对话框中，将颜色改变为绿色，并关闭对话框。

(12) 在 Ambient Light 颜色样本的侧面，关闭 🔒 。

(13) 在 Material Editor Options 对话框中单击 Apply，观察变化。

2．重新设置光的颜色

在许多情况下，3DS MAX 提供的默认灯光设置就可以很好地满足要求。如果改变了设置，可能又想改回默认设置。下面就来学习如何改回默认设置。

(1) 继续前面的练习。在 Material Editor Options 对话框中，单击 Default，返回默认设置的颜色，见图 9.20。

(2) 在 Material Editor Options 对话框中单击 Apply。

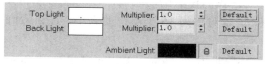

图 9.20

3．调整灯光的亮度

在材质编辑器中只有一种改变亮度的方法，就是使用倍增器，它的值为 0.0～1.0，设为 1 时，表示 100% 的亮度。

(1) 继续前面的练习。在 Material Editor Options 对话框中，将 Back Light 的 Multiplier 的值设为 0.5。这时将背光的亮度设为 50%。

(2) 在 Material Editor Options 对话框中，单击 OK 按钮，关闭对话框。

4．关闭和打开背光

一旦材质编辑器灯光设置好后，可以从侧面的工具栏关闭背光。

(1) 继续前面的练习。在 Material Editor 侧面的工具栏中单击 ⊙ Back Light 按钮。选取的样本窗的背光就被关闭了。

(2) 在侧面的工具栏上再次单击 ⊙ Back Light 按钮，即可打开背光。

9.2.3 改变贴图重复次数

使用图像贴图创建材质时，有时会希望它看起来像平铺的图像，例如，创建地板砖材质。下面介绍如何改变贴图重复次数。

(1) 继续前面的练习。

(2) 按下 M 键以打开材质编辑器，激活第一个样本窗，其材质的名字是 plan。

(3) 在侧面的工具栏上单击并按住 Sample UV Tiling 弹出按钮，显示 Sample UV Tiling 选项 ▤▤▦▦ 。根据视觉的需要，有 4 个重复值可供选择：1×1、2×2、3×3 以及 4×4。

(4) 从 Sample UV Tiling 弹出按钮中单击  3×3，见图 9.21。

图 9.21

说明：重复次数只适于材质编辑器的预览，不影响场景材质。

9.2.4　材质编辑器的其他选项

Material Editor Options 对话框提供的材质编辑器设置中，一些选项直接影响样本窗，另一些选项则可提高设计效率。

1．调整 3D 贴图样本比例

我们可能经常需要改变 3D Map Sample Scale 的设定值，这个值决定样本对象与场景中对象的比例关系。该选项允许我们在渲染场景前，以场景对象的大小为基础，预视 3D 程序贴图的比例。例如，如果场景对象为 15 个单位的大小，那么最好将 3D Map Sample Scale 设置为 15 来显示贴图。

程序贴图是使用数学公式创建的。Noise、Perlin Marble 和 Speckle 是三种 3D 程序贴图的例子。通过调整它们提供的值可以达到满意的效果。

(1) 继续前面的练习。

(2) 按下 M 键以打开材质编辑器。

(3) 在材质编辑器选择 qiu 材质(第一行中间一个)。

(4) 在 Material Editor 的侧面工具栏上单击 Options 按钮。

(5) 在 Material Editor Options 对话框中，单击 3D Map Sample Scale 值右边的 Default。

说明：默认的 3D Map Sample Scale 设置为 100，这表示对象在场景内的大小为 100 个单位。

(6) 单击 Material Editor Options 对话框中的 Apply，此时出现的结果见图 9.22。

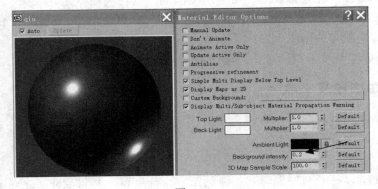

图 9.22

说明：仔细地观察球表面的外观。当缩放值设为 100 时，球看起来是光滑的。若要使球表面比较好地表现出来，就将缩放值设得小一点。

(7) 在 3D Map Sample Scale 的值设置为 2.0。

(8) 单击对话框的 Apply。观看球表面的变化，见图 9.23。

(9) 单击 OK 按钮，关闭对话框。

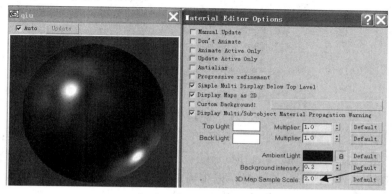

图 9.23

2．提高设计效率的选项

随着场景和贴图变得越来越复杂，材质编辑器开始变慢，尤其是在有许多动画材质的情况下更是如此。在 Material Editor Options 对话框中，有 4 个选项能提高效率，见图 9.24。

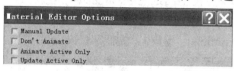

图 9.24

(1) Manual Update(手动更新)：使自动更新材质无效,必须通过单击样本窗来更新材质。当 Manual Update 被激活后，对材质所做的改变并不实时地反映出来，只有在更新样本窗时才能看到这些变化。

(2) Don't Animate(不播放动画)：与 3DS MAX 中的其他功能一样，当播放动画时，动画材质会实时地更新。这不仅会使材质编辑器变慢，也会使视口的播放变慢。选取了 Don't Animate 选项，材质编辑器内和视口的所有材质的动画都会停止播放。这会极大地增加计算机的效率。

(3) Animate Active Only(只在激活的视口播放动画)：和 Don't Animate 操作类似，但是它只允许当前激活的样本窗和视口播放动画。

(4) Update Active Only(只更新激活窗口)：与 Manual Update 类似，但是它只允许激活的样本窗实时更新。

9.3 使 用 材 质

我们的周围充满了各种各样的材质，有一些外观很简单，有一些则呈现相当复杂的外表。不管是简单还是复杂，它们都有一个共同的特点，就是影响从表面反射的光。当构建材质时，必须考虑光和材质的相互作用。

3DS MAX 提供了多种材质类型，见图 9.25，每一种材质类型都有独特的用途。

图 9.25

有两种方法用来选择材质类型：一种是用材质名称栏右边的 Standard 按钮选择，一种是用材质编辑器工具栏的  Get Material 图标选择。不论使用哪种方法，都会出现 Material/Map Browser 对话框，从该对话框中可以选择新的材质类型。3DS MAX 用蓝色的球体表示材质类型，用绿色的平行四边形表示贴图类型。

9.3.1　标准材质明暗器的基本参数

标准材质类型非常地灵活，可以使用它创建无数的材质。材质最重要的部分是所谓的明暗。在标准材质中，可以在 Shader Basic Parameters 卷展栏选择明暗方式，每一个明暗器的参数是不完全一样的。

可以在 Shader Basic Parameters 卷展栏中指定渲染器的类型，见图 9.26。

图 9.26

在渲染器类型旁边有 4 个选项：Wire、2-Sided、Face Map 和 Faceted。下面我们简单解释一下这几个选项。

- Wire(线框)：使对象作为线框对象渲染。可以用 Wire 渲染制作线框效果，比如栅栏的防护网。

- 2-Sided(两面)：设置该选项后，3DS MAX 既渲染对象的前面也渲染对象的后面。2-Sided 材质可用于模拟透明的塑料瓶、鱼网或网球拍细线。

- Facted(面片)：该选项使对象产生不光滑的明暗效果。Faceted 可用于制作加工过的钻石和其他的宝石或任何带有硬边的表面。

- Face Map(面贴图)：该选项将材质的贴图坐标设定在对象的每个面上。它与下一章将要讨论的 UVW Map 编辑修改器中的 Face Map 作用类似。

3DS MAX 默认的是 Blinn 明暗器，但是可以通过明暗器列表来选择其他的明暗器，见图 9.27。不同的明暗器有一些共同的选项，例如 Ambient、Diffuse 和 Self-Illumination、Opacity 以及 Specular Highlights 等。每一个明暗器也都有自己特有的一些参数。

- Anisotropic：基本参数卷展栏见图 9.28，它创建的表面有非圆形的高光。

Anisotropic 明暗器可用来模拟光亮的金属表面。其某些参数可以用颜色或数量描述，如 Self-Illumination 通道。当数值左边的复选框关闭后，就可以输入数值。如果打开复选框，可以使用颜色或贴图替代数值  。

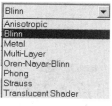

图 9.27

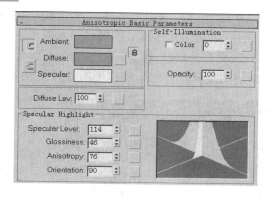

图 9.28

- Blinn：是一种带有圆形高光的明暗器，其基本参数卷展栏见图 9.29。Blinn 明暗器应用范围很广，是默认的明暗器。

- Metal：常用来模拟金属表面，其基本参数卷展栏见图 9.30。

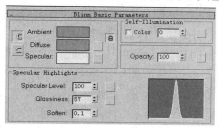

图 9.29

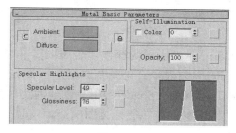

图 9.30

- Multi-Layer：包含两个各向异性的高光  ，二者彼此独立起作用，可以分别调整，制作出有趣的效果，其基本参数卷展栏见图 9.31。Multi-Layer 可用来创建复杂的表面，例如缎纹、丝绸和油漆等。

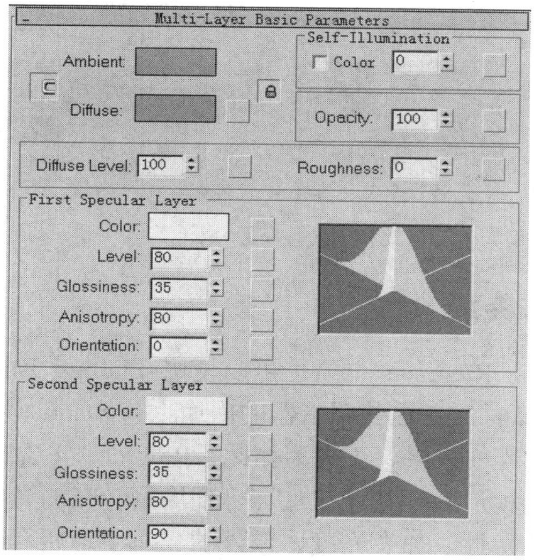

图 9.31

● Oren-Nayer-Blinn(ONB)：具有 Blinn 风格的高光，但它看起来更柔和。其基本参数卷展栏见图 9.32。ONB 通常用于模拟布、土坯和人的皮肤等效果。

● Phong：是从 3DS MAX 的最早版本保留下来的，它的功能类似于 Blinn。不足之处是 Phong 的高光有些松散 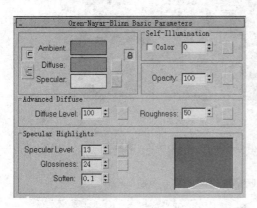，不像 Blinn 那么圆。其基本参数卷展栏见图 9.33。Phong 是非常灵活的明暗器，可用于模拟硬的或软的表面。

图 9.32

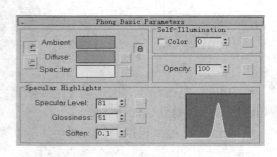

图 9.33

● Strauss：用于快速创建金属或者非金属表面(例如光泽的油漆、光亮的金属和铬合金等)。它的参数很少，见图 9.34。

● Translucent Shader：用于创建薄物体的材质(例如窗帘、投影屏幕等)，模拟光穿透的效果。其基本参数卷展栏见图 9.35。

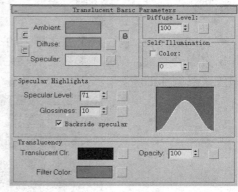

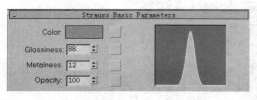

图 9.34

图 9.35

9.3.2　Raytrace 材质类型

与标准材质类型一样，Raytrace 材质也可以使用 Phong、Blinn 和 Metal 明暗器以及 Constant 明暗器。Raytrace 材质在这些明暗器的用途上与 Standard 材质不同。Raytrace 材质试图从物理上模拟表面的光线效果。正因为如此，Raytrace 材质要花费更长的渲染时间。

光线追踪是渲染的一种形式，它计算从屏幕到场景灯光的光线。Raytrace 材质利用了这一点，允许加一些其他特性，如发光度、额外的光、半透明和荧光；它也支持高级透明参数，像雾和颜色密度，见图 9.36。

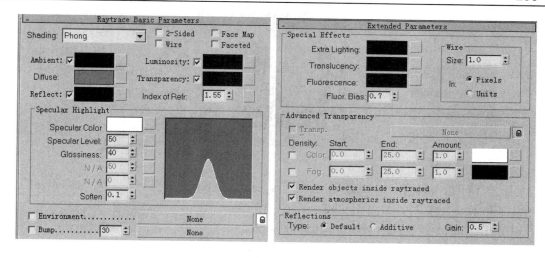

图 9.36

Raytrace Basic Parameters 卷展栏的主要参数包括：

● Luminosity(发光度)：类似于 Self-Illumination。

● Transparency(透明)：充当过滤器，遮住选取的颜色。

● Reflect(反射)：设置反射值的级别和颜色，可以设置成没有反射，也可以设置成镜像表面反射。

Extended Parameters 卷展栏的主要参数包括：

● Extra Lighting(外部光)：这项功能像环境光一样，它能用来模拟从一个对象放射到另一个对象上的光。

● Translucency(透明)：该选项可用来制作薄对象的表面效果，如阴影投在薄对象的表面；当用在厚对象上时，它可以用来制作类似于蜡烛的效果。

● Fluorescence 和 Fluorescence Bias(荧光和荧光偏移)：Fluorescence 将实现材质被照亮的效果，就像被白光照亮，而不管场景中光的颜色。Fluorescence Bias 决定亮度的程度，1.0 是最亮，0 是不起作用。

9.3.3 给保龄球创建黄铜材质

下面介绍如何给保龄球创建黄铜材质。

(1) 启动 3DS MAX，创建案例文件。

(2) 按下 M 键，打开材质编辑器。

(3) 在 Material Editor 中选择一个可用的样本窗。

(4) 在 Name 区域中输入 tong 。

(5) 在 Shader Basic Parameters 卷展栏中，从下拉列表中单击 Metal，见图 9.37。

(6) 在 Metal Basic Parameters 卷展栏中，单击 Diffuse 颜色样本。

(7) 在出现的 Color Selector 对话框中，设定颜色值为 R = 235、G = 215 和 B = 75，见图 9.38。

(8) 关闭 Color Selector 对话框。

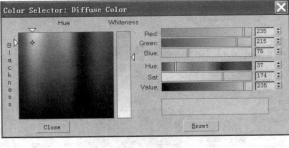

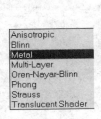

图 9.37　　　　　　　　　　　　　　　图 9.38

(9) 在 Metal Basic Parameters 卷展栏的 Specular Highlights 区域，设置 Specular Level 为 60，Glossiness 为 75，参见图 9.39。

(10) 在 Maps 卷展栏中，将 Reflection 的 Amount 改为 20，单击紧靠 Reflection 的 None 按钮。

(11) 在出现的 Material/Map Browser 对话框中，选择 Raytrace 后单击 OK 按钮，见图 9.40。

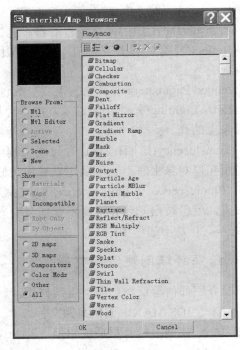

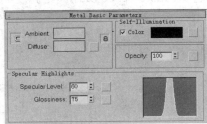

图 9.39　　　　　　　　　　　　　　　图 9.40

(12) 在材质编辑器的工具栏中，单击 Go to Parent 按钮，回到主材质设置区域。

说明：有两个按钮可帮助我们浏览简单的材质，它们是 Go to Parent 和 Go to Sibling。Go to Parent 是回到材质的上一层，Go to Sibling 是在材质的同一层切换。

此时观看材质样本窗的 tong 材质并不太像黄铜，见图 9.41。为了看到刚加的反射效果，可打开样本窗的背景。

(13) 在 Material Editor 的侧工具栏中单击 Background 按钮，见图 9.42。

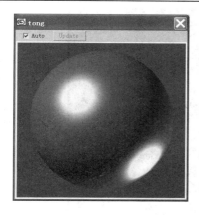

图 9.41   图 9.42

说明：随着反射的加入，材质看起来更像黄铜。

(14) 将材质拖曳到场景中的 qiu 对象上，见图 9.43。

(15) 在主工具栏中单击 👁 Quick Rende 按钮，渲染结果见图 9.44。

(16) 关闭渲染窗口。

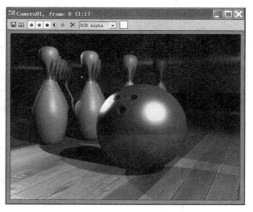

图 9.43   图 9.44

9.3.4 从材质库中取出材质

3DS MAX 材质编辑器的优点之一就是它能使用新创建的材质以及存储材质库中的材质。在这一节，我们将从材质库中选择一个材质，并将它应用到场景中的对象上。

(1) 创建案例文件，见图 9.45。

(2) 按 M 键以进入材质编辑器。在材质编辑器中，向左推动样本窗，将露出更多的样本窗。

(3) 选择一个空白的样本窗。

(4) 单击工具栏中的 🔵 Get Material 按钮。

(5) 在出现 Material/Map Browser 对话框的 Browse From 区域中，单击 Mtl 按钮，见图 9.46。

图 9.45

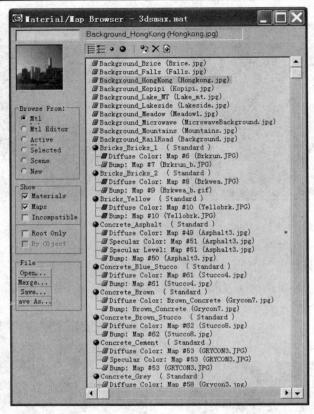

图 9.46

(6) 在 File 区域中单击 Open 按钮，出现 Open Material Library 对话框。

(7) 在该对话框中单击 Wood，见图 9.47，然后单击"打开(O)"按钮。

图 9.47

(8) 在 Material/Map Browser-Wood mat 工具栏中单击  View List + Icons 按钮。

(9) 在 Show 区域中，单击 Root Only 复选框，结果见图 9.48。

(10) 从材质列表中双击 Wood_Ashen。这样将此材质复制到激活样本窗，见图 9.49。

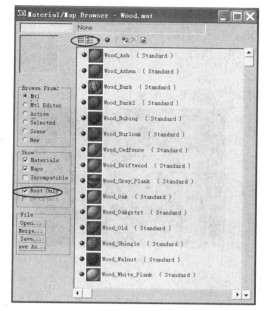

图 9.48

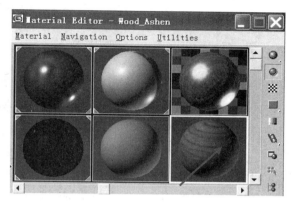

图 9.49

(11) 关闭 Material/Map Browser。

(12) 将这个材质拖放到摄像机视口后边的 b-plan 对象上，结果见图 9.50。

(13) 在主工具栏中，单击 Quick Render 按钮。渲染后的效果见图 9.51。

(14) 关闭渲染窗口。

图 9.50

图 9.51

9.3.5　修改材质

我们还可以对选取的材质进行修改，以满足设计要求。下面就对刚刚选取的材质进行修改。

(1) 继续前面的练习。

(2) 按键盘上的 M 键，进入材质编辑器。

(3) 在材质编辑器中单击 Wood_Ashen 样本视窗。

(4) 在 Blinn Basic Parameters 卷展栏中，单击 Diffuse 通道的 M。

(5) 在 Coordinates 卷展栏中，将 U 和 V 的 Tiling 参数分别改为 5.0 和 2.0，见图 9.52。

(6) 在材质编辑器的工具栏上，单击 ⚓ Go to Parent 按钮。

(7) 将 Maps 卷展栏 Bump 中的 Amount 调整为 75，这样会增加凹凸的效果。

(8) 确定摄像机视口处于激活状态。

(9) 在主工具栏中单击 🍵 Quick Render 按钮。渲染结果见图 9.53。

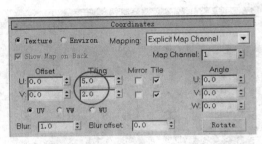

图 9.52

图 9.53

(10) 关闭渲染窗口。

(11) 修改材质的名称。在材质编辑器中单击 Wood_Ashen 样本窗，在材质名称区域中输入 Wood_TB ╳ Wood_TB ▼ Standard ，并按回车键以确认名称的改变。

9.3.6　创建材质库

尽管可以同时编辑 24 种材质，但是场景中经常有不止 24 个对象。3DS MAX 不仅可以使场景中的材质比材质编辑器样本窗的材质多，还可以将样本窗的所有材质保存到材质库，或将场景中应用于对象的所有材质保存到材质库。下面将介绍如何创建一个材质库。

(1) 继续前面的练习。

(2) 按下 M 键，打开材质编辑器。

(3) 在材质编辑器工具栏中，单击 🎨 Get Material 按钮。

(4) 在 Material/Map Browser 的 Browse From 区域中，单击 Scene 选项，显示区域出现场景中使用的材质，见图 9.54。

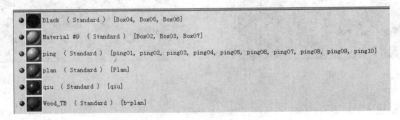

图 9.54

(5) 在 Material/Map Browser 的 File 区域中单击 Save As 按钮。

(6) 在 Save Material Library 对话框中，将库保存在 matlibs 目录下，名称为 boling，见图 9.55，单击"保存(S)"按钮。这样就将场景的材质保存到名为 boling.mat 的材质库中了。

图 9.55

9.4 小 结

本章介绍了 3DS MAX 材质编辑器的基础知识和基本操作。通过本章的学习，大家应该能够熟练进行如下操作：

- 调整材质编辑器的设置。
- 给场景对象应用材质。
- 创建基本的材质。
- 建立自己的材质库，并且能够从材质库中取出材质。
- 给材质重命名。
- 修改场景中的材质。
- 使用 Material/Map Navigator 浏览复杂的材质。

对于初学者来讲，应该特别注意使用 Material/Map Navigator。

9.5 习 题

1. 判断题

(1) 可以将材质编辑器样本视窗中的样本类型指定为标准几何体中的任意一种。

正确答案：正确。

(2) 材质编辑器中的灯光设置也影响场景中的灯光。

正确答案：错误。

(3) 在调整透明材质的时候最好打开材质编辑器工具按钮中的 Background 按钮。

正确答案：正确。

(4) 材质编辑器工具按钮中的 Sample UV Tiling 按钮对场景中贴图的重复次数没有影响。

正确答案：正确。

(5) 标准材质 Shader Basic Parameters 卷展栏中的 2-Sided 选项与 Double Sided 材质类型的作用是一样的。

正确答案：错误。

(6) 可以给 3DS MAX 的材质起中文名字。

正确答案：正确。

(7) 在一般情况下，材质编辑器工具栏中的 Put Material to Scene 按钮和 Make Material Copy 按钮只有一个可以使用。

正确答案：正确。

(8) 不可以指定材质自发光的颜色。

正确答案：错误。

(9) 在 3DS MAX 中，明暗模型的类型共有 8 种。

正确答案：正确。

(10) 在 3DS MAX 中，不可以直接将材质拖至场景中的对象上。

正确答案：错误。

2. 选择题

(1) 下列选择项中属于模糊控制项的是：

A. Blur　　　　　　B. Checker　　　　　　C. Glossiness Maps　　　D. Bitmap

正确答案是 A。

(2) Shader Basic Parameters 卷展栏下面的 Wire 的意思是：

A. 线框　　　　　　B. 双面　　　　　　C. 面贴图　　　　　　D. 细化面

正确答案是 A。

(3) 在明暗模型中，设置金属材质的选项为：

A. Translucent Shader　　　　B. Phong　　　　C. Blinn　　　D. Metal

正确答案是 D。

(4) 在明暗模型中，可以设置金属度的选项为：

A. Strauss　　　　B. Phong　　　　C. Blinn　　　　D. Metal

正确答案是 A。

(5) 不属于材质类型的有：

A. Standard　　　B. Double Sided　　　C. Morpher　　　D. Bitmap

正确答案是 D。Bitmap 是贴图类型，不是材质类型。

(6) 下面哪种材质类型与面的 ID 号有关？

A. Standard　　　B. Top/Bottom　　　C. Blend　　　D. Multi/Sub-Object

正确答案是 D。

(7) 下面哪种材质类型与面的法线有关？

A. Standard　　　B. Morpher　　　C. Blend　　　D. Double Sided

正确答案是 D。

(8) 材质编辑器样本视窗中样本类型(Sample Type)最多可以有几种？

A. 2　　　　　　B. 3　　　　　　C. 4　　　　　　D. 5

正确答案是 C。

(9) 材质编辑器的样本视窗最多可以有多少个？

A. 6　　　　　　　B. 15　　　　　　　C. 24　　　　　　　D. 30

正确答案是 C。

(10) 材质编辑器 Shader Basic Parameters 卷展栏中的哪种明暗模型可以产生条形高光区域？

A. Blinn　　　　　B. Phong　　　　　C. Metal　　　　　D. Anisotropic

正确答案是 D。

(11) 材质编辑器 Shader Basic Parameters 卷展栏中的哪种明暗模型可以产生十字型高光区域？

A. Blinn　　　　　B. Phong　　　　　C. Metal　　　　　D. Multi-Layer

正确答案是 D。

(12) 在 Standard 材质的 Blinn Basic Parameters 卷展栏中，哪个参数影响高光的亮度？

A. Specular　　　B. Specular Level　　　C. Glossiness　　　D. Soften

正确答案是 B。

(13) 在 Standard 材质的 Blinn Basic Parameters 卷展栏中，哪个参数影响高光的颜色？

A. Specular　　　B. Specular Level　　　C. Glossiness　　　D. Soften

正确答案是 A。

(14) 在 Standard 材质的 Blinn Basic Parameters 卷展栏中，哪个参数影响高光区域的大小？

A. Specular　　　B. Specular Level　　　C. Glossiness　　　D. Soften

正确答案是 C。

(15) 下面哪种材质类型可以在背景上产生阴影？

A. Raytrace　　　B. Blend　　　C. Morpher　　　D. Matte/Shadow

正确答案是 D。

3. 思考题

(1) 如何从材质库中获取材质？如何从场景中获取材质？

(2) 如何设置线框材质？

(3) 如何将材质指定给场景中的几何体？

(4) 如何使用自定义的对象作为样本视窗中样本的类型？

(5) 材质编辑器的灯光对场景中的几何对象有什么影响？如何改变材质编辑器中的灯光设置？

(6) 在材质编辑器中同时可以编辑多少种材质？

(7) 如何建立自己的材质库？

(8) 不同明暗模型的用法有何不同？

(9) 材质编辑器中的贴图重复设置对场景中的贴图效果有何影响？

(10) 请描述给一个几何体设计材质的过程。

(11) 请模仿制作动画材质。

第 10 章　创建贴图材质

10.1　位图和程序贴图

3DS MAX 材质编辑器包括两类贴图，即位图和程序贴图。尽管有时这两类贴图看起来类似，但作用原理不一样。

10.1.1　位图

位图是二维图像，单个图像由水平和垂直方向的像素组成。图像的像素越多，它就变得越大。小的或中等大小的位图用在对象上时，不要离摄像机太近。如果摄像机要放大对象的一部分，可能需要比较大的位图。图 10.1 给出了摄像机放大有中等大小位图的对象时的情况，图像的右下角出现了块状像素，这种现象称做像素化。

图 10.1

在上面的图像中，使用比较大的位图可减少像素化。但是，较大的位图需要更多的内存，因此渲染时会花费更长的时间。

10.1.2　程序贴图

与位图不同，程序贴图的工作原理是利用简单或复杂的数学方程进行运算形成贴图。使用程序贴图的优点是：当放大时，不会降低分辨率，能看到更多的细节。

当放大一个对象(比如砖)时，图像的细节变得很明显，见图 10.2。注意砖锯齿状的边和灰泥上的噪声。程序贴图的另一个优点是它们是三维的，可填充整个 3D 空间，比如用一个大理石纹理填充对象时，就像它是实心的，见图 10.3。

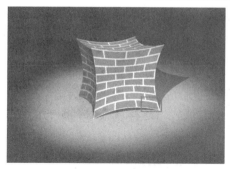

图 10.2

图 10.3

　　3DS MAX 提供了多种程序贴图，例如噪声、水、斑点、旋涡、渐变等，贴图的灵活性提供了外观的多样性。

10.1.3　组合贴图

　　3DS MAX 允许将位图和程序贴图组合在同一贴图里，这样就提供了更大的灵活性。图 10.4 是一个带有位图的程序贴图。

图 10.4

10.2　贴　图　通　道

　　当创建简单或复杂的贴图材质时，必须使用一个或多个材质编辑器的贴图通道，诸如 Diffuse Color、Bump、Specular 或其他可使用的贴图通道。这些通道能够使用位图和程序贴图。贴图可单独使用，也可以组合在一起使用。

10.2.1　进入贴图通道

设置贴图时，单击 Basic Parameters 卷展栏的颜色样本和微调器旁的贴图框 ■■。但是，在 Basic Parameters 卷展栏中并不能使用所有的贴图通道。

观看明暗器的所有贴图通道需要打开 Maps 卷展栏，这样就会看到所有的贴图通道，图 10.5 是 Metal 明暗器贴图通道的一部分。

Maps		
	Amount	Map
☐ Ambient Color .	100	None
☐ Diffuse Color .	100	None
☐ Specular Color .	100	None
☐ Specular Level	100	None
☐ Glossiness . .	100	None
☐ Self-Illumination	100	None
☐ Opacity	100	None
☐ Filter Color .	100	None
☐ Bump	30	None
☐ Reflection . .	100	None
☐ Refraction . .	100	None
☐ Displacement .	100	None

图 10.5

在 Map 卷展栏中可以改变贴图的 Amount 设置。Amount 可以控制使用贴图的数量。在图 10.6 中，左边图像的 Diffuse Color 数量设置为 100，而右边图像的 Diffuse Color 数量设置为 25，其他参数设置相同。

图 10.6

10.2.2　贴图通道介绍

有些明暗器提供了另外的贴图通道选项。例如，Multi-Layer、Oren-Nayer-Blinn 和 Anisotropic 明暗器提供了比 Blinn 明暗器更多的贴图通道。明暗器提供贴图通道的多少取决于明暗器自身的特征，且越复杂的明暗器提供的贴图通道越多。图 10.7 是 Multi-Layer 明暗器的贴图通道。

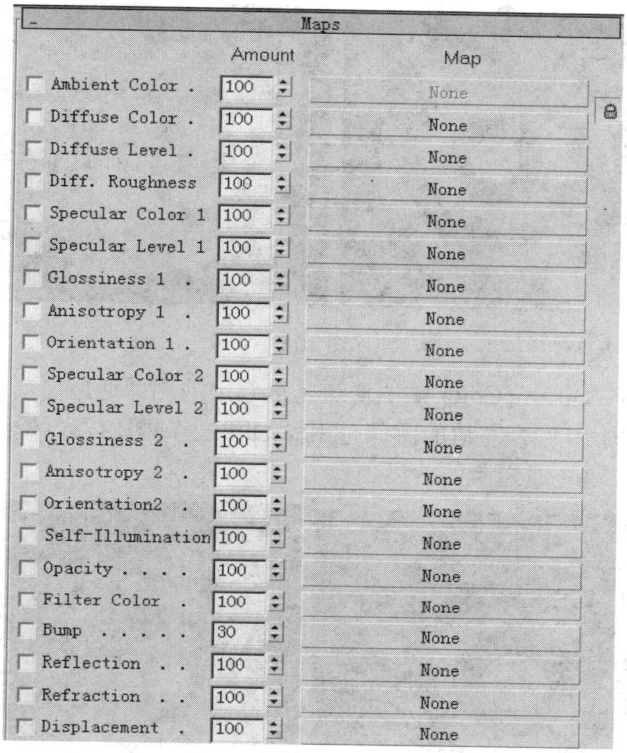

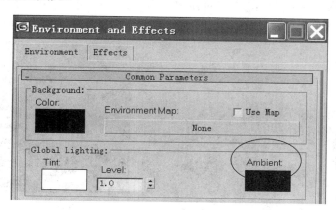

图 10.7

下面我们对图 10.7 中的各个参数进行一些简单的解释。

● Ambient Color：Ambient Color 贴图控制环境光的量和颜色。环境光的量受 Rendering->Environment 对话框中 Ambient 值的影响，见图 10.8。增加环境中的 Ambient 值，会使 Ambient 贴图变亮。

图 10.8

在默认的情况下，该数值与 Diffuse 值锁定在一起，打开解锁按钮 🔒 可将锁定打开。在图 10.9 中，左边图像是用做 Ambient 贴图的灰度级位图，右边图像是将左边图像应用给环境贴图后的效果。

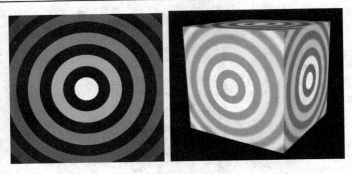

图 10.9

● Diffuse Color：Diffuse Color 贴图通道是最有用的贴图通道之一，它决定对象的可见表面的颜色。在图 10.10 中，左边的图像是用做 Diffuse 贴图的彩色位图，右边图像是将左边图像贴到 Diffuse Color 通道后的效果。

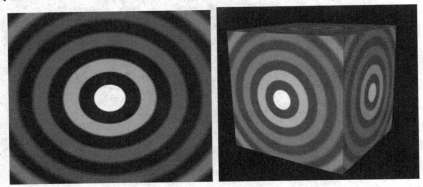

图 10.10

● Diffuse Level：该贴图通道基于贴图灰度值，用于设定 Diffuse Color 贴图通道的值。它所设定的 Diffuse Color 贴图亮度值对模拟灰尘效果很有用。在图 10.11 中，左边是贴图的层级结构，右边是贴图的最后效果。

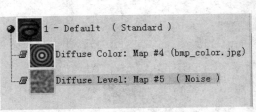

图 10.11

　　说明：任意一个贴图通道都能用彩色或灰度级图像，但是，某些贴图通道只使用贴图的灰度值而放弃颜色信息。Diffuse Level 就是这样的通道。

● Diff. Roughness：当给这个通道使用贴图时，较亮的材质部分会显得不光滑。这个贴图通道常用来模拟老化的表面。一般来说，改变 Diffuse Roughness 值会使材质外表有微妙的改变。

　　在图 10.12 中，左边是贴图的层级结构，右边是贴图的最后效果。

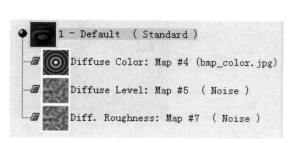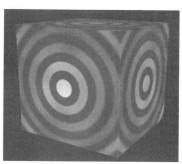

图 10.12

　　● Specular Color：该通道决定材质高光部分的颜色。它使用贴图改变高光的颜色，从而产生特殊的表面效果。

　　在图 10.13 中，左边是贴图的层级结构，右边是贴图的最后效果。

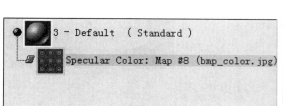

图 10.13

　　● Specular Level：该通道基于贴图灰度值改变贴图的高光亮度。利用这个特性，可以给表面材质加污垢、熏烟及磨损痕迹。

　　在图 10.14 中，左边是贴图的层级结构，右边是贴图的最后效果。

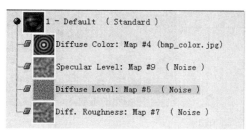

图 10.14

　　● Glossiness：该贴图通道基于位图的灰度值确定高光区域的大小，数值越小，区域越大；数值越大，区域越小，但亮度会随之增加。使用这个通道，可以创建在同一材质中从无光泽到有光泽的表面类型变化。

　　在图 10.15 中，左边是贴图的层级结构，右边是贴图的最后效果。注意，对象表面暗圆环和亮圆环之间暗的区域没有高光。

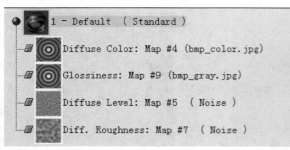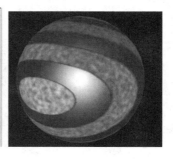

图 10.15

　　● Anisotropy：该贴图通道基于贴图的灰度值决定高光的宽度。它可以用于制作光滑的金属、绸缎等效果。

　　在图 10.16 中，左边是贴图的层级结构，右边是贴图的最后效果。

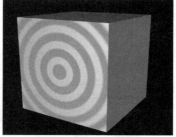

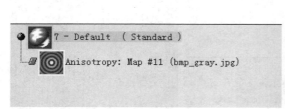

图 10.16

　　● Orientation：该贴图通道用来处理 Anisotropic 高光的旋转。它可以基于贴图的灰度数值设置 Anisotropic 高光的旋转，从而给材质的高光部分增加复杂性。

　　在图 10.17 中，左边是贴图的层级结构，右边是贴图的最后效果。

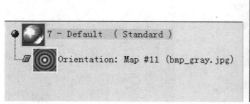

图 10.17

　　● Self-Illumination：该贴图通道有两个选项，可以使用贴图灰度数值确定自发光的值，也可以使贴图作为自发光的颜色。

　　图 10.18 是使用贴图灰度数值确定自发光的值的情况。这时基本参数卷展栏中的 Color

复选框没有被选中，见图 10.18。在图 10.19 中，左边是贴图的层级结构，右边是贴图的最后效果。

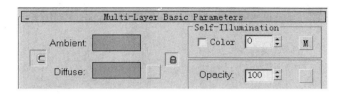

图 10.18

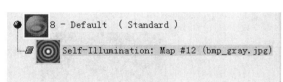

图 10.19

图 10.20 是使用贴图作为自发光颜色的情况。这时基本参数卷展栏中的 Color 复选框被选中。在图 10.20 中，左边是贴图的层级结构，右边是贴图的最后效果。

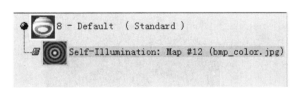

图 10.20

● Opacity：该通道根据贴图的灰度数值决定材质的不透明度或透明度。白色时为不透明，黑色时为透明。不透明也有几个其他的选项，如 Filter、Additive 或 Subtractive。

图 10.21 是材质的层级结构。图 10.22 是关闭双面 2-Sided 的情况，图 10.23 是打开双面 2-Sided 的情况。

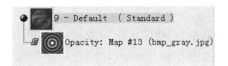

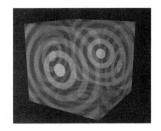

图 10.21　　　　　　　　　图 10.22　　　　　　　　　图 10.23

选取 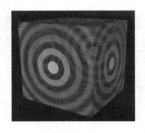 选项后，将材质的透明部分从颜色中减去，使背景变暗，见图 10.24。选取 Additive 选项后，将材质的透明部分加入到颜色中，使背景变亮，见图 10.25。

图 10.24　　　　　　　　图 10.25

● Filter Color：当创建透明材质时，有时需要给材质的不同区域加颜色。该贴图通道可以产生这样的效果，如创建彩色玻璃的效果。

在图 10.26 中，左边是贴图的层级结构，右边是贴图的最后效果。

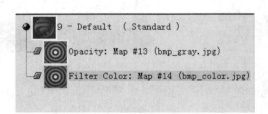
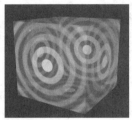

图 10.26

● Bump：该贴图通道可以使几何对象产生突起的效果。该贴图通道的 Amount 区域设定的数值可以是正的，也可以是负的。利用这个贴图通道可以方便地模拟岩石表面的凹凸效果。

在图 10.27 中，左边是贴图的层级结构，右边是贴图的最后效果。

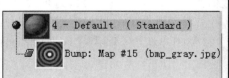

图 10.27

● Reflection：使用该贴图通道可创建诸如镜子、铬合金、发亮的塑料等反射材质。Reflection 贴图通道有许多贴图类型选项，下面我们介绍几个主要的选项。

光线追踪(Raytrace)：在 Reflection 通道里，使用 Raytrace 贴图可达到真实的效果，但是要花费较多的渲染时间。在图 10.28 中，左边是贴图的层级结构，右边是贴图的最后效果。

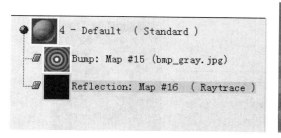

图 10.28

反射/折射(Reflect/Refract)：创建相对真实反射效果的第二种方法是使用 Reflect/Refract 贴图。尽管这种方法产生的反射没有 Raytrace 贴图真实，但是它渲染得比较快，并且可满足大部分的需要。在图 10.29 中，左边是贴图的层级结构，右边是贴图的最后效果。

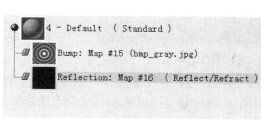

图 10.29

反射位图(Bitmap)：有时我们并不需要自动进行反射，只希望反射某个位图。图 10.30 是反射的位图。在图 10.31 中，左边是贴图的层级结构，右边是贴图的最后效果。

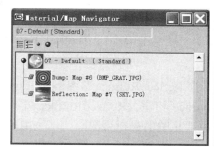

图 10.30　　　　　　　　　　　　图 10.31

平面镜反射(Flat Mirror)：Flat Mirror 贴图特别适合于创建平面或平坦的对象，如镜子、地板或任何其他平坦的表面。它提供高质量的反射，而且渲染得很快。在图 10.32 中，左边是贴图的层级结构，右边是贴图的最后效果。注意下面地板的反射。

● Refraction：可使用 Refraction 创建玻璃、水晶或其他包含折射的透明对象。在使用折射的时候，需要考虑 Extended　Parameters 卷展栏中 Advanced Transparency 区域的 Index of Refraction(IOR)选项，见图 10.33。光线穿过对象的时候产生弯曲，光被弯曲的量取决于光通过的材质类型。例如，钻石弯曲光的量与水不同。弯曲的量由 Index of Refraction 来控制。

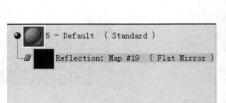

图 10.32

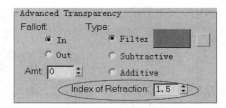

图 10.33

与折射贴图通道类似，Refraction 贴图通道也有很多选项，下面介绍几个主要的选项。

光线追踪(Raytrace)：在 Refraction 贴图通道中使用 Raytrace 会产生真实的效果。在模拟折射效果的时候最好使用光线追踪，尽管 Raytrace 渲染要花费相当长的时间。在图 10.34 中，左边是贴图的层级结构，右边是贴图的最后效果。

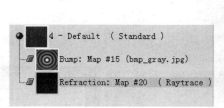

图 10.34

反射/折射(Reflect/Refract)：尽管 Reflect/Refract 贴图不像 Raytracing 那样准确，但它可作为折射贴图有效地使用。与 Raytrace 相比，Reflect/Refract 渲染得要快一些。在图 10.35 中，左边是贴图的层级结构，右边是贴图的最后效果。

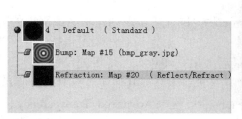

图 10.35

薄墙折射(Thin Wall Refraction)：与反射贴图一样，可以使用 Thin Wall Refraction 作折射贴图，但它不是准确的折射，会产生一些偏移。在图 10.36 中，左边是贴图的层级结构，右边是贴图的最后效果。

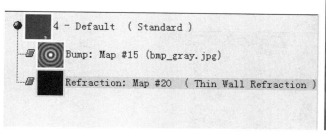

图 10.36

● Displacement：该贴图通道有一个独特的功能，即它可改变指定对象的形状，与 Bump 贴图视觉效果类似。但是 Displacement 贴图将创建一个新的几何体，并且根据使用贴图的灰度值推动或拉动几何体的节点。Displacement 贴图可创建诸如地形、信用卡上突起的塑料字母等效果。为使用贴图，必须给对象加 Displace Approx。该贴图通道根据 Displace Approx 编辑修改器的值产生附加的几何体。注意，不要将这些值设置得太高，否则渲染时间会明显增加。

在图 10.37 中，左边是贴图的层级结构，右边是贴图的最后效果。

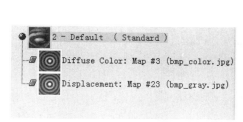

图 10.37

贴图是给场景中的几何体创建高质量的材质的重要因素。记住，可以使用 3DS MAX 在所有的贴图通道中提供许多不同的贴图类型。

10.3　UVW　贴　图

在给集合对象应用 2D 贴图时，经常需要设置对象的贴图信息。这些信息告诉 3DS MAX 如何在对象上设计 2D 贴图。

许多 3DS MAX 的对象有默认的贴图坐标。放样对象和 NURBS 对象也有它们自己的贴图坐标，但是这些坐标的作用有限。例如，如果应用了 Boolean 操作，或材质在使用 2D 贴图之前，对象已经塌陷成可编辑的网格，那么就可能丢失了默认的贴图坐标。

在 3DS MAX 中，经常使用如下几个编辑修改器来给几何体设置贴图信息：UVW Map、

Map Scaler、Unwarp UVW、Surface Mapper 等。本节介绍最为常用的 UVW Map。

　　UVW　Map 编辑修改器用来控制对象的　UVW　贴图坐标，其　Parameters　卷展栏见图 10.38。

　　UVW 编辑修改器提供了调整贴图坐标类型、贴图大小、贴图的重复次数、贴图通道设置和贴图的对齐设置等功能。

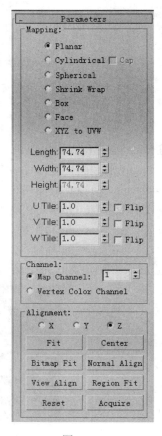

图 10.38

　　贴图坐标类型用来确定如何给对象应用 UVW 坐标，共有 7 个选项。

　　(1) Planar：该贴图类型以平面投影方式向对象上贴图。它适合于平面的表面，如纸、墙等。图 10.39 是采用平面投影的结果。

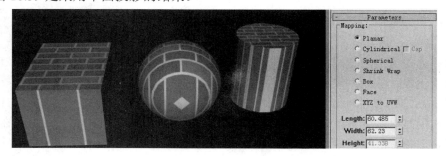

图 10.39

(2) Cylindrical：该贴图类型使用圆柱投影方式向对象上贴图。例如螺丝钉、钢笔、电话筒和药瓶都适于使用圆柱贴图。图 10.40 是采用圆柱投影的结果。

图 10.40

说明：打开 Cap 选项，圆柱的顶面和底面放置的是平面贴图投影，见图 10.41。

图 10.41

(3) Spherical：该类型围绕对象以球形投影方式贴图，会产生接缝。在接缝处，贴图的边汇合在一起，顶底也有两个接点，见图 10.42。

图 10.42

(4) Shrink Wrap：像球形贴图一样，它使用球形方式向对象投影贴图。但是 Shrink Wrap 将贴图所有的角拉到一个点，消除了接缝，只产生一个奇异点，见图 10.43。

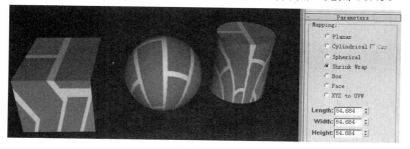

图 10.43

(5) Box：该类型以 6 个面的方式向对象投影，每个面是一个 Planar 贴图，面法线决定不规则表面上贴图的偏移，见图 10.44。

图 10.44

(6) Face：该类型对对象的每一个面应用一个平面贴图。其贴图效果与几何体面的多少有很大关系，见图 10.45。

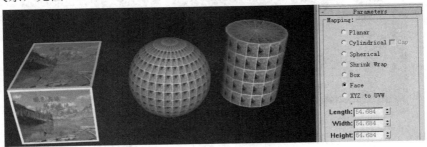

图 10.45

(7) XYZ to UVW：此类贴图设计用于 3D Maps，它使 3D 贴图"粘贴"在对象的表面上，见图 10.46。

图 10.46

一旦了解和掌握了贴图的使用方法，我们就可以创建纹理丰富的材质了。

10.4　创 建 材 质

在这一节中，我们将以"小河中的游船"为例介绍如何设计和使用较为复杂的材质。

10.4.1　为天鹅游艇创建材质

游艇的模型已经创建好，还需要对它应用材质。

1. 贴图坐标的设定

(1) 启动 3DS MAX 或在 File 下拉式菜单选取 Reset。

(2) 创建案例文件。

(3) 在屏幕上选择 Swan 对象，见图 10.47。天鹅是一个由不同对象组成的组，已创建的纹理贴图将从 Swan 的侧面开始应用。纹理贴图文件见图 10.48。

图 10.47

图 10.48

(4) 在 Modify 命令面板中单击 Modifier List。

(5) 从列表中单击 UVW Map。Gizmo 以桔黄色线形式出现在所有视口中。Gizmo 的默认类型是平面的，平面意味着材质将从一个方向或几何平面投影。

在左视口中，有一条桔黄线从 Swan 组中穿过，见图 10.49。我们需要从 Swan 组的侧面定位平面，将天鹅图像放置在 Swan 组的侧面上。

(6) 在左视口上单击鼠标右键，激活该视口。

(7) Swan 组仍处于选取状态，在命令面板钟可以看到 Alignment 区域。默认情况下，选择的是 Z。

(8) 单击 X 单选按钮，定位世界坐标系的 Gizmo，见图 10.50。

图 10.49

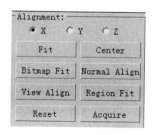

图 10.50

(9) 单击 Fit 按钮，以 Swan 组的大小设置 Gizmo 的大小，见图 10.51。

注意：Gizmo 上的小句柄表示贴图顶点的位置，如果我们在这点应用材质，位图图像的顶部将出现在屏幕的左边，并且图像旋转 90°。我们需要重新定位 Gizmo。

(10) 在 Modify 命令面板中，单击紧邻 UVW Mapping 编辑修改器的加号(+)，打开 Gizmo 的次对象区域，见图 10.52。

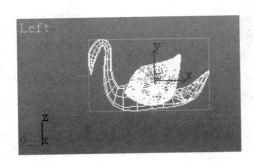

图 10.51

图 10.52

(11) 单击 Gizmo，激活次对象级，见图 10.52。

(12) 打开主工具栏的 ⬜ Angle Snap Toggle 按钮。

(13) 单击主工具栏的 ⬜ Select and Rotate 按钮。

(14) 在左视口中，旋转 Gizmo，直到将贴图标记指向屏幕的顶部(旋转 90°)，见图 10.53。

(15) 单击命令面板上的 Fit 按钮，再次以 Swan 组的大小排列顺序，见图 10.54。

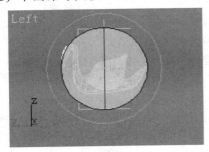

图 10.53

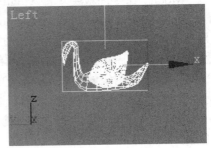

图 10.54

(16) 放弃选择 UVW Mapping 编辑修改器的次对象级。

(17) 将文件保存为 swan1.max。

2. 为天鹅创建材质

(1) 继续前面的练习。

(2) 通过单击图标 ⬜ Material Editor 或单击键盘的 M 键，打开 Material Editor。

(3) 单击左上角的第一个样本球。围绕样本球视窗的白框表示该样本是当前使用的。

(4) 将样本重命名为 Swan，见图 10.55。

(5) 在 Material Editor 的 Blinn Basic Parameters 卷展栏中，单击 Diffuse 颜色样本右边的 ⬜ 灰框按钮。

(6) 打开 Material/Map Browser 窗口，双击 Bitmap，这时出现 Select Bitmap Image File 对话框，见图 10.56。

图 10.55

图 10.56

(7) 找寻相关模型文件，单击"打开"按钮。

(8) 在 Bitmap Parameters 卷展栏的 Cropping/Placement 区域中，单击 View Image 按钮，见图 10.57，打开 Specify Cropping/Placement 对话框，见图 10.58。在此处，我们可以裁剪大图像。

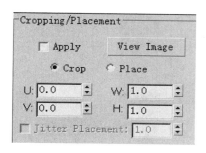

图 10.57

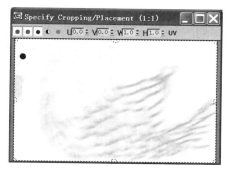

图 10.58

技巧：在这个例子中，我们不需要裁剪图像。

(9) 关闭 Specify Cropping/Placement 对话框。

(10) 在任意视口中选取 Swan 组。

(11) 单击 Material Editor 下面的 ⚏ Assign Material to Selection 按钮来应用材质。

(12) 在 Material Editor 中，单击 🌐 Show Map in Viewport 按钮，以便在场景中看到贴图。

(13) 激活透视视口，使用主工具栏上的 🫖 Quick Render 按钮，以默认的 640×480 像素的设置渲染图像，渲染结果见图 10.59。

(14) 将文件保存为 swan2.max。

图 10.59

10.4.2　为墙、地板和天花板创建材质

我们已经创建的场景包括墙、地面、天花板和其他现在被挡住的元素。这一节我们只讨论墙、地面和天花板的材质。

1．创建地面的材质

(1) 启动 3DS MAX，创建案例文件，见图 10.60。

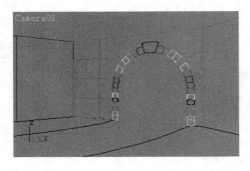

图 10.60

(2) 在摄像机视口的左上角位置右击 Camera01。

（3）从弹出的菜单中选取 Smooth + Highlights。

技巧：可以按键盘上的 F3 键，在明暗和线框视图间切换。

（4）按键盘上的 H 键，打开 Select by Name 对话框。

（5）选择 Floor 对象并单击 Select 按钮。

（6）单击主工具栏的 　　 Material Editor 按钮。

（7）选择第一个样本视窗，将该样本重命名为 Floor。

（8）在 Material Editor 的 Blinn Basic Parameters 卷展栏中，单击 Diffuse 颜色样本右边的 　　 灰框。

（9）双击 Bitmap，在出现的 Select Bitmap File 对话框中选择相应图片，然后单击"打开"按钮。

（10）单击 　　 Material/Map Navigator 按钮，出现 Material/Map Navigator 对话框。

（11）在 Material/Map Navigator 对话框中单击 Floor(Standard)，见图 10.61，返回 Material 的材质最顶级或根级。

（12）在 Maps 卷展栏的 Bump 通道中，将数值改为 400，见图 10.62。

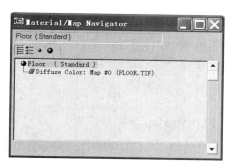

图 10.61

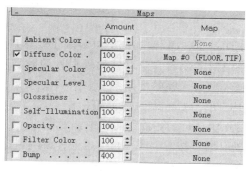

图 10.62

（13）单击 Bump 通道值右边的 None 按钮。

（14）双击 Bitmap，在出现的 Select Bitmap File 对话框中选择相应图片，然后单击"打开"按钮。

（15）在 Coordinates 部分，将 Tiling 值改为 U：26.0、V：(16)0，见图 10.63，并激活 　　 Show Map in Viewport。

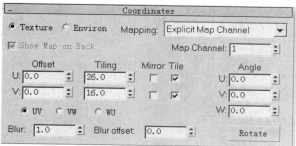

图 10.63

（16）通过拖曳的方法将材质编辑器的材质拖曳到场景中的 Floor 对象上，这样就给 Floor 对象指定了材质。

(17) 在 Camera01 视口上单击鼠标右键，以激活它。

(18) 单击 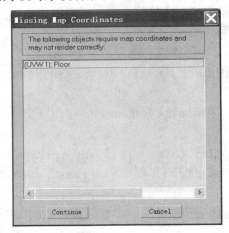 Quick Render 按钮，快速渲染场景。渲染过程中用户将会得到一个错误信息，见图 10.64，这是因为该对象没有默认的贴图坐标。

图 10.64

说明： 当使用标准几何体(如盒子或球)时，3DS MAX 能自动地产生贴图坐标。但是当对象是使用其他的方法创建的或引入的时，可能不会产生贴图坐标。UVW Map 编辑修改器是应用贴图坐标的方法之一。

(19) 单击 Cancel，取消警告框。

(20) 在 Modify 命令面板中，对 Floor 对象应用 UVW Map 编辑修改器。

(21) 通过按 F3 键，确认 Camera01 视图处于明暗方式。

说明：在明暗视口中，纹理可能变形，见图 10.65。这时可以通过选取快捷菜单的 Texture Correction 来矫正纹理，见图 10.66。

图 10.65

图 10.66

(22) 在文字 Camera01 上单击鼠标右键，然后从弹出的快捷菜单上选取 Texture Correction，这样纹理就不再变形。

(23) 激活摄像机视口，单击  Quick Render 按钮，快速渲染场景。渲染结果见图 10.67。

(24) 将文件保存为 floor1.max。

图 10.67

2. 创建中间墙的材质

(1) 继续前面的练习。

(2) 在摄像机视口中选择 Wall-mid 组。这一组包含中间墙和隧道周围的石头。

(3) 从菜单栏的 Rendering 菜单选取/Material/Map Browser，出现 Material/Map Browser 对话框。

(4) 调整 Material/Map Browser 对话框的位置，以便看到 Camera01 视口。

(5) 在 Material/Map Browser 对话框中，单击 Browse From 区域的 Mtl. Library。

(6) 再单击 File 区域的 Open 按钮。出现 Open Material Library 对话框，见图 10.68。

图 10.68

(7) 在 Open Material Library 对话框中找到相关材质，选取该文件并单击"打开"按钮。这时的 Material/Map Browser 对话框见图 10.69。

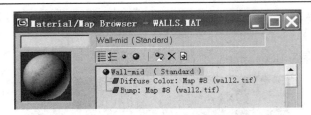

图 10.69

(8) 在 Show 部分，确认已复选的 ☑ Root Only Root Only 选项。

(9) 当 Material/Map Browser 在视窗内显示 Wall-mid Material 时，将材质拖动到透视视口的 wall-mid 上，见图 10.70。

图 10.70

(10) 在出现的 Assign Material 对话框中选取 Assign to Selection(见图 10.71)，然后单击 OK 按钮。

(11) 在 Modify 命令面板中，对 Wall-mid 对象应用 UVW Map 编辑修改器。

(12) 在前视口单击鼠标右键，以激活它。

(13) 在 UVW Mapping 的 Alignment 区域中，单击 View Align，见图 10.72，以使 Planar 贴图坐标和前视口对齐。

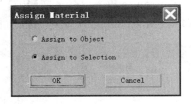

图 10.71

图 10.72

(14) 在命令面板的 Mapping 区域中，设置 Length 为 144.0，Width 为 240.0，见图 10.73。

(15) 在摄像机视口中单击鼠标右键，以激活它。单击 👁 Quick Render 按钮，即可快速渲染场景。渲染结果见图 10.74。

图 10.73

图 10.74

3．创建侧面墙材质

为了创建侧面墙材质，我们将复制 Wall-mid 材质，然后修改一些参数，制作一个独特的、适合侧面墙的新材质。

(1) 继续前面的练习。

(2) 按键盘上的 M 键，打开 Material Editor。

(3) 选择第二个样本视窗。

(4) 在 Material Editor 中单击 ✎ Pick Material form Object 按钮。

(5) 单击 Wall-mid 材质(拱形的后墙)。这个操作将材质关联复制到材质编辑器中选择的样本视窗里。注意样本视窗角上白色的三角，空心的三角表示材质已被用于场景，实心的三角表示材质被用于场景并且被应用于选择的对象。

(6) 在场景中选择对象 Wall-mid。

注意：这时 Wall-mid 材质的样本视窗变成了实心的。

(7) 单击并向右拖动 Wall-mid 样本球。也就是从第二个拖曳到第 3 个上。这样样本视窗 2 和样本视窗 3 的名字是一样的。我们有必要将复制的材质重命名，避免不小心再次将贴图指定到场景中的对象上。

(8) 将新材质重命名为 Walls-side。

(9) 按键盘上的 H 键，在出现的 Select Objects 对话框中选择 Wall-left 对象，然后单击 Select 按钮。

(10) 在材质编辑器中单击 ⊞ Assign Material to Selection 按钮，把 Walls-side 材质指定给 Wall-left 对象。

(11) 在摄像机视口上单击鼠标右键，以激活它，单击 👁 Quick Render 按钮，快速渲染场景。渲染结果见图 10.75。

注意：至此材质好像是从一面墙镜像到另一面墙。我们将调整 Wall-left 材质的贴图使它变得独特些。

(12) 关闭渲染图像窗口。

(13) 在 Material Editor 中，单击 Walls-side 材质的 Diffuse Color 通道的 Map#8(wall2.tif)。

(14) 单击 Bitmap Parameters 卷展栏的 View Image 按钮。

(15) 在出现的 Specify Cropping/Placement 窗口中移动剪裁工具的句柄，向左减小位图图像，避免包含"拱形"图像元素，见图 10.76。

图 10.75

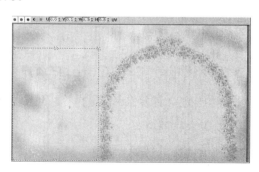

图 10.76

(16) 关闭 Specify Cropping/Placement 窗口。

(17) 在 Cropping/ Placement 区域中复选 Apply。

(18) 在场景中选择 Wall-right 对象。

(19) 在材质编辑器中单击  Assign Material to Selection 按钮，把 Walls-side 材质指定给 Wall-right 对象。

(20) 在摄像机视口中单击鼠标右键，激活它。单击 Quick Render 按钮，快速渲染场景。渲染结果见图 10.77。

图 10.77

4．创建天花板的材质

(1) 继续前面的练习，按键盘上的 H 键，在出现的 Select Objects 对话框中选择 Ceiling，然后单击 Select 按钮。

(2) 在 Material Editor 中选取一个可用的样本视窗。

(3) 将材质重命名为 Ceiling。

(4) 将 Self-Illumination 的值设定为 33。

注意：天花板不需要很亮，所以不要将 Self-Illumination 的值设得太高。

(5) 单击 Diffuse 一词旁边的颜色样本，在出现的 Color Selector 对话框中，将颜色设为 R(200)、B(200)、G(200)。

(6) 关闭 Color Selector 对话框。

(7) 仍然选择场景中的 Ceiling 对象，在材质编辑器中单击 Assign Material to Selection 按钮，把 Ceiling 材质指定给 Ceiling 对象。

(8) 在摄像机视口中单击鼠标右键，激活它，单击 Quick Render 按钮，快速渲染场景。渲染结果见图 10.78。

图 10.78

10.4.3　创建水和边缘(Curb)材质

水和边缘是中等复杂程度的材质，需要用到透明、反射、位移和程序贴图。

1．创建水材质

(1) 继续前面的练习。

(2) 在 Camera01 视口中任意空白的区域单击，取消对象的选择。

(3) 打开 Display 命令面板，单击 Hide Unselected 按钮。

(4) 单击 Unhide by Name⋯按钮，在出现的 Unhide Objects 对话框中选择 Curb 和 Water 对象，见图 10.79，然后单击 Unhide 按钮。

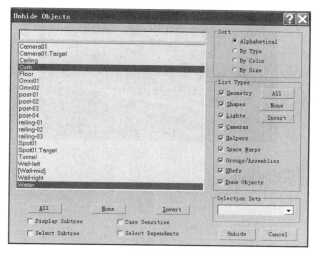

图 10.79

(5) 在 Camera01 视图中选择 Water，见图 10.80。

(6) 按键盘上的 M 键，打开 Material Editor。

(7) 选取一个空的样本视窗。

(8) 给材质重命名为 Water。

(9) 在材质编辑器的 Blinn Basic Parameters 卷展栏中单击 Diffuse 颜色样本右边的灰框按钮 ▢。

(10) 在 Material/Map Browser 对话框中双击 Bitmap。

(11) 在出现的 Select Bitmap Image File 对话框中选择 Water.tif 文件，然后单击"打开"按钮。

图 10.80

(12) 仍然选择场景中的 Water 对象，在材质编辑器中单击 ▣ Assign Material to Selection 按钮，把 Water 材质指定给 Water 对象。

(13) 打开 Modify 命令面板，从 Modify 命令面板中可以看到 Water 对象被应用了 Displace 编辑修改器。

(14) 在材质编辑器的 Bitmap Parameters 区域中单击 Water.tif 按钮，并将它拖放到 Displace 编辑修改器 Image 区域的 Bitmap 下面的 None 按钮上，见图 10.81。这样 Displace 编辑修改器就根据位图中灰度值和强度设置改变了 Water 对象的形状。

图 10.81

(15) 给 Water 对象加入 UVW Mapping 编辑修改器。

(16) 单击材质编辑器中的 ▣ Go to Parent 按钮，返回材质的上级或父级。

(17) 打开 Maps 卷展栏，设定 Reflection 通道的 Amount 为 45。

(18) 单击紧邻 Reflection 值的 None 按钮，并在 Material/Map Browser 中双击 Raytrace。

Raytrace 贴图可以用来计算水面的反射参数。

　　(19) 在摄像机视口中单击鼠标右键，以激活它。单击 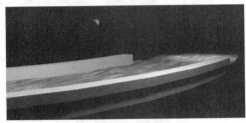 Quick Render 按钮，即可快速渲染场景。渲染结果见图 10.82。

图 10.82

2. 创建边缘对象的程序贴图

　　(1) 继续前面的练习。

　　(2) 在摄像机视口中选择 Curb 对象，见图 10.83。

　　(3) 在材质编辑器中，选择没有使用的样本视窗，并将它命名为 Curb。

　　(4) 在材质编辑器的 Blinn Basic Parameters 卷展栏中，单击 Diffuse 颜色样本右边的灰框。

　　(5) 在出现的 Material/Map Browser 对话框中双击 Noise，见图 10.84。

图 10.83

图 10.84

　　(6) 在 Noise Parameters 卷展栏中，设置 Size 值为 2.0。

　　(7) 返回材质的父级或根级。

　　(8) 打开 Maps 卷展栏，设置 Bump 值为 100。

　　(9) 单击紧邻 Bump 的 None 按钮。

　　(10) 在 Material/Map Browser 中双击 Bitmap 按钮。

　　(11) 在弹出的对话框中选择相关文件，然后单击"打开"按钮。

　　(12) 仍然选择场景中的 Curb 对象，在材质编辑器中单击 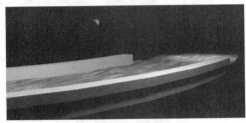 Assign Material to Selection 按钮，把 Curb 材质指定给 Curb 对象。

　　(13) 单击材质编辑器中的 Show Map in Viewport 按钮。

　　(14) 仍然选择 Curb 对象，到 Modify 命令面板，将 UVW 贴图编辑修改器加入堆栈。

　　(15) 在 UVW 贴图编辑修改器的 Mapping 区域选择 Box，见图 10.85。

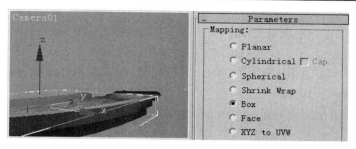

图 10.85

(16) 在摄像机视口中单击鼠标右键，以激活它。单击 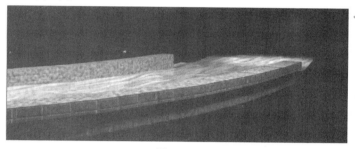 Quick Render 按钮，即可快速渲染场景。渲染结果见图 10.86。

图 10.86

10.4.4 使用不透明通道设计材质

下面介绍如何使用不透明通道设计材质。

(1) 继续前面的练习。

(2) 在 Display 命令面板上单击 Unhide by Name 按钮，在出现的 Unhide Objects 对话框中选取 railing-01、railing-02、railing-03、post-01、post-02 和 post-03 等对象，见图 10.87，然后单击 Unhide 按钮。

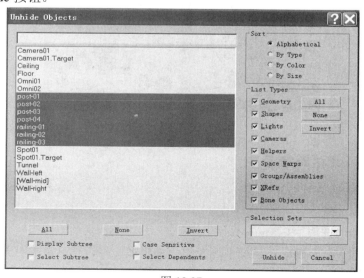

图 10.87

(3) 按键盘上的 H 键，在出现的 Select Objects 对话框中选择 railing-01、railing-02 和 railing-03 等对象，然后单击 Select 按钮。

(4) 按键盘上的 M 键，打开 Material Editor。

(5) 将光标放置在两个样本视窗之间。当光标变成手形时，平推面板，显示出一些没有用过的样本视窗。

(6) 选择一个未用的样本视窗，将它重命名为 railing。

(7) 在 Map 卷展栏的 Diffuse Color 通道中单击 None 按钮，在出现的 Material/Map Browser 对话框中双击 Bitmap。

(8) 在出现的 Select Bitmap Image File 对话框中选择文件 rail.tif，然后单击"打开"按钮。

(9) 返回父级或根级，并单击 Opacity 通道内的 None 按钮。

(10) 在出现的 Select Bitmap Image File 对话框中选择文件 rail-alpha.tif，然后单击"打开"按钮。

(11) 回到材质的根级并单击 ⬛ Show Map in Viewport 按钮。

(12) 仍然选择场景中的 railing-01、railing-02 和 railing-03 等对象，在材质编辑器中单击 ⬛ Assign Material to Selection 按钮，把 railing 材质指定给 railing-01、railing-02 和 railing-03 对象。

(13) 在 Display 命令面板中，单击 Unhide All。

(14) 在摄像机视口中单击鼠标右键，以激活它。单击 ⬛ Quick Render 按钮，即可快速渲染场景。渲染结果见图 10.88。

图 10.88

10.4.5　将天鹅合并到场景中

下面介绍如何将天鹅合并到场景中来。

(1) 继续前面的练习。

(2) 从菜单栏中选取 File/Merge…。

(3) 在出现的 Merge File 对话框中选择本相关模型文件，然后单击打开按钮。

(4) 在出现的 Merge 对话框中选择[Swan]，见图 10.89，然后单击 OK 按钮。

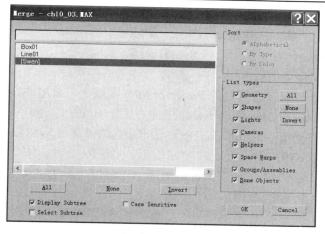

图 10.89

(5) 单击主工具栏的 ⊕ Select and Move 按钮，然后再在该按钮上单击鼠标右键。

(6) 在 Move Transform Type-In 对话框的 Absolute:World 区域中将 X 设置为 14、Y 设置为 −85、Z 设置为 45，见图 10.90。

(7) 单击主工具栏的 ↻ Select and Rotate 按钮，然后再在该按钮上单击鼠标右键。

(8) 在 Move Transform Type-In 对话框的 Absolute:World 区域中，将 Z 设置为 −20，见图 10.91。

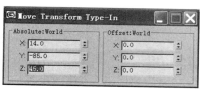

图 10.90

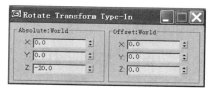

图 10.91

(9) 关闭 Transform Type-In 对话框。

(10) 在摄像机视口中单击鼠标右键，以激活它。单击 👁 Quick Render 按钮，即可快速渲染场景。渲染结果见图 10.92。

图 10.92

10.4.6 设置投影聚光灯

下面介绍如何设置投影聚光灯。

(1) 继续前面的练习。

(2) 按键盘上的 H 键，打开 Select Objects 对话框。

(3) 在 Select Objects 对话框中选择 Spot01 对象。

(4) 打开 Modify 命令面板。

(5) 在 Advanced Effects 卷展栏的 Projector Map 区域中，单击 None 按钮。

(6) 在弹出的 Material/Map Browser 对话框中双击 Bitmap。

(7) 在出现的 Select Bitmap Image File 对话框中，选择文件 WATER-BW.TIF，然后单击"打开"按钮，见图 10.93。

(8) 在摄像机视口上单击鼠标右键，以激活它。单击 👁 Quick Render 按钮，即可快速渲染场景。渲染结果见图 10.94。

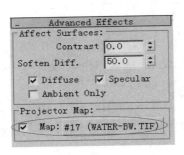

图 10.93

图 10.94

10.5　动　画　材　质

10.5.1　使用 Noise 制作水面效果

下面使用 Noise 贴图制作类似于图 10.95 的动画效果。图 10.95 所示是其中的一帧。

(1) 启动或者重新设置 3DS MAX，创建案例文件，如图 10.96 所示。

图 10.95

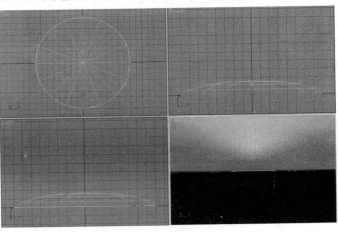

图 10.96

（2）按键盘上的 M 键，打开材质编辑器。激活第 1 个样本视窗，单击 Ambient 颜色样本，在出现的 Color Selector 对话框中将 Red 设置为 51，Green 设置为 51，Blue 设置为 89。

（3）单击 Diffuse 颜色样本，在出现的 Color Selector 对话框中将 Red、Green 和 Blue 都设置 0，也就是设置为纯黑。关闭 Color Selector 对话框。

（4）将 Specular Level 设置为 30，将 Glossiness 设置为 40，见图 10.97。

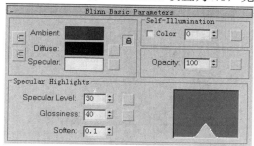

图 10.97

（5）打开 Maps 卷展栏，单击 Reflection 右边的 None 按钮，在弹出的 Material/Map Browser 对话框中双击 Bitmap。

（6）在出现的 Select Bitmap File 对话框中，选择相似图片，见图 10.98，然后单击"打开"按钮。

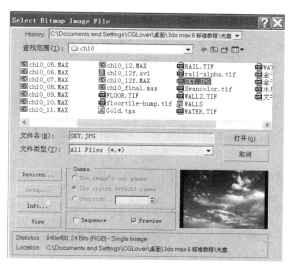

图 10.98

（7）在材质编辑器中单击 🐾 Go to Parent 按钮，返回到 Maps 卷展栏，将 Reflection 的 Amount 设置为 40，如图 10.99 所示。

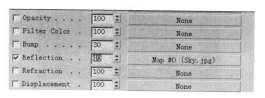

图 10.99

(8) 单击 Bump 右边的 None 按钮，在弹出的 Material/Map Browser 中双击 Noise。

(9) 在 Noise Parameters 卷展栏中将 Size 设置为 10，复选 Noise Type 后面的 Fractal。

(10) 在场景中按键盘上的 N 键，打开 Auto 按钮，将时间滑动块移动到第 100 帧。

(11) 在材质编辑器中，将 Coordinates 卷展栏中 Offset 的 Z 设置为 20，将 Noise Parameters 卷展栏中的 Phase 设置为 2，见图 10.100。

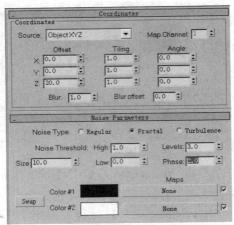

图 10.100

(12) 再次按键盘上的 N 键，关闭 Auto 按钮。

(13) 在材质编辑器中单击 Go to Parent 按钮，返回到 Maps 卷展栏，将 Bump 的 Amount 设置为 25，如图 10.101 所示。

图 10.101

(14) 关闭材质编辑器。渲染后将得到一个波涛汹涌的海面效果。

10.5.2 动画标志牌

下面我们将从一个简单的模型开始，使用动画贴图制作类似的动画标志牌效果。图 10.102 所示就是其中的一帧。

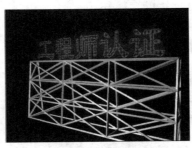

图 10.102

（1）启动或者重新设置 3DS MAX，创建案例场景，场景中已经设置了基本的模型，见图 10.103。

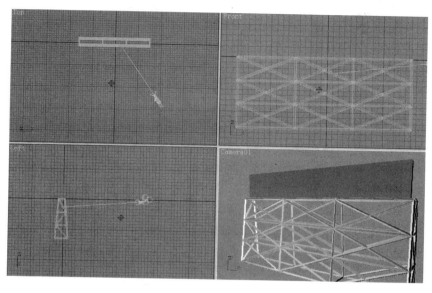

图 10.103

（2）按键盘上的 M 键，打开材质编辑器，激活第 1 个样本视窗。该样本视窗材质的名字是 wenzi。

（3）单击 Standard 按钮，在出现的 Material/Map Browser 对话框中双击 Blend，出现 Replace Material 对话框。在 Replace Material 对话框中选取 Discard old material，单击 OK 按钮，如图 10.104 所示。

（4）单击 Material 1 右边的按钮(这里标示为 Material #25(Standard))，进入 Material 1 的面板。

（5）将该材质命名为 zi 后，单击 Material/Map Navigator 按钮，打开 Material/Map Navigator。这时的材质结构见图 10.105。

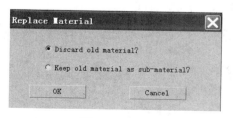

图 10.104

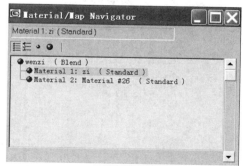

图 10.105

（6）在材质 zi 的 Blinn Basic Parameters 卷展栏中，单击 Diffuse 颜色样本右边的贴图按钮，出现 Material/Map Browser。在 Material/Map Browser 中双击 Bitmap，在出现的 Select Bitmap File 对话框中，选择相似图片，见图 10.106，然后单击"打开"按钮。

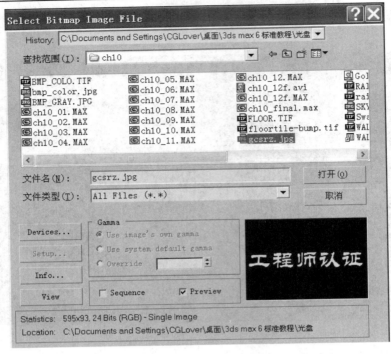

图 10.106

(7) 将该层命名为 zi faguang。

(8) 单击 Show Map in Viewport 按钮，贴图出现在场景中明暗视口的标志牌上，见图 10.107。

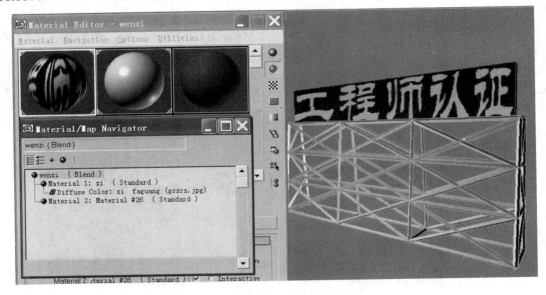

图 10.107

(9) 在材质编辑器的 Coordinates 卷展栏中，将 Blur 的数值调整为 0.01，以便贴图的边缘清晰一些，如图 10.108 所示。

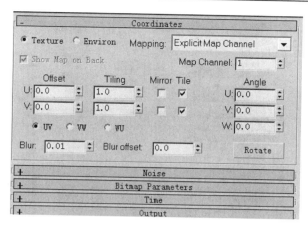

图 10.108

(10) 在 Material/Map Navigator 对话框中，单击 Material 2，进入材质 2 的面板。将该材质命名为 dian。

(11) 在材质 dian 的 Blinn Basic Parameters 卷展栏中，单击 Diffuse 颜色样本右边的贴图按钮，出现 Material/Map Browser 对话框。在该对话框中双击 Bitmap，在出现的 Select Bitmap File 对话框中选择相关文件，然后单击"打开"按钮。

(12) 将该层命名为 dian faguang。

(13) 按住 🔘Material Effects Channel 按钮，从弹出的数字中选取 1。将在 Video Post 中使用该通道。

(14) 在 Coordinate 卷展栏中，将 Blur 设置为 0.01，将 Offset 的 U 设置为 0.02，将 Tiling 的 U 设置为 2，将 Tiling 的 V 设置为 12，见图 10.109。

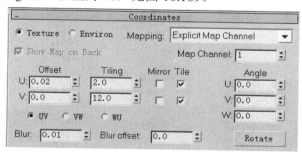

图 10.109

dots.avi 文件是由黑色背景上的白色圆点组成的，而标志牌上的圆点为红颜色的，因此需要将白色圆点改为红色。3DS MAX 提供了一种改变贴图颜色的贴图类型，下面我们就来使用这种贴图类型。

(15) 单击 dian faguang　　　　Bitmap dian faguang 右边的 Bitmap 按钮，在出现的 Material/Map Browser 中双击 RGB Tint。在出现的 Replace Map 对话框中选取 Keep old map as sub-map，单击 OK 按钮。

说明：RGB Tint 允许改变现有位图的颜色。

(16) 将 RGB Tint Parameters 卷展栏中的绿色和蓝色改为黑色，见图 10.110。

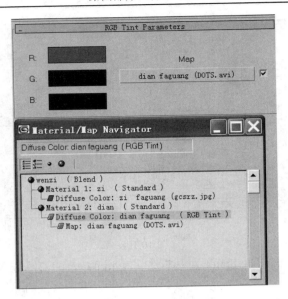

图 10.110

(17) 在 Material/Map Navigator 对话框中单击 Material 2: dian(Standard)。从 Material/Map Navigator 中将 Map:dian faguang(DOTS.avi)拖曳到 Maps 卷展栏的 Self-Illumination 右边的 None 上，在出现的 Copy (Instance) Map 对话框中选取 Instance，单击 OK 按钮。

(18) 在材质编辑器的 Maps 卷展栏中，将 Self-Illumination 右边的贴图拖曳到 Bump 右边的 None 上，在出现的 Instance (Copy) Map 对话框中选取 Instance，单击 OK 按钮，如图 10.111 所示。

(19) 将 Bump 的 Amount 改为 220，见图 10.112。

图 10.111

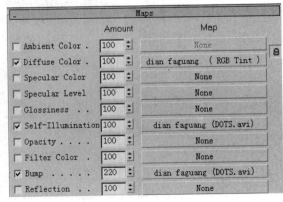

图 10.112

(20) 在 Material/Map Navigator 对话框中单击 wenzi(Blend)。从 Material/Map Navigator 对话框中将 Diffuse Color: zi faguang(gcsrz.jpg)拖曳到 Blend BasicParameters 卷展栏的 Mask 右边的 None 上，在出现的 Instance (Copy) Map 对话框中选取 Instance，单击 OK 按钮。这样就完成了材质编辑器中的所有设置，这时的 Material/Map Navigator 对话框见图 10.113。

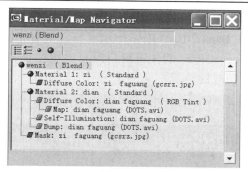

图 10.113

(21) 关闭材质编辑器，将时间滑动块移动到第 15 帧，确认激活了摄像机视图，单击 Quick Render 按钮，渲染结果见图 10.114。

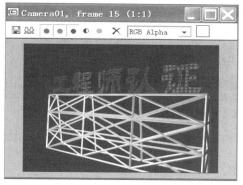

图 10.114

(22) 关闭渲染结果视口。

(23) 在 Rendering 下拉式菜单中，选择 Video Post。在 Video Post 对话框中，单击 Add Scene Event 按钮，选择 Camera01，然后单击 OK 按钮。

(24) 再单击 Add Image Filter Event 按钮，从列表中选择 Lens Effect Glow，然后单击 OK 按钮。

(25) 单击 Add Image Output Event 按钮，在出现的对话框中单击 Files 按钮，将文件命名为 Ch10_13f.avi。选择 Cinipak Codec by Radius 压缩编码，单击"确定"按钮，然后单击 OK 按钮，再单击 Add Image Output Event 对话框中的 OK 按钮。这时的 Video Post 序列见图 10.115。

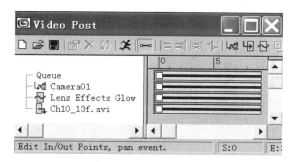

图 10.115

(26) 在 Video Post 序列中双击 Lens Effects Glow，在出现的 Edit Filter Event 对话框中单击 Setup 按钮。这时将在 Lens Effect Glow 的预览窗口中看到发光的标记牌。

(27) 如果在 Lens Effect Glow 的预览窗口没有出现标记牌，则激活 Preview 和 VP Queue，见图 10.116(第 15 帧时的情况)。

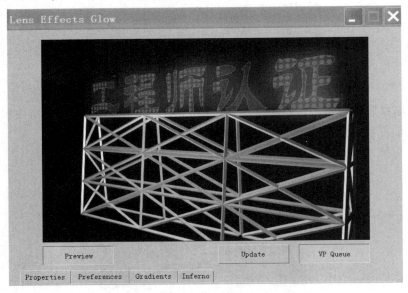

图 10.116

(28) 在 Preference 标签中，将 Size 设置为 8.0，将 Intensity 设置为 50。单击 Properties 标签，确认复选了 Effect ID，并且其右边的数值被设置成了 1。单击 OK 按钮，关闭 Lens Effect Glow 对话框。

(29) 单击 Video Post 工具栏的 ✖ Execute Sequence 按钮，在出现的 Execute Video Post 对话框中选取 Range，单击 320×240 按钮，然后单击 Render 按钮，并将渲染结果保存在文件 Samples\Ch10\Ch10_13f.avi 中。该例子的最后效果保存在文件 Samples\Ch10\Ch10_13f.max 中。

注意：如果使用的贴图文件 gcsrz.jpg 或者 dots.avi 有较大的黑区域，就需要使用 Bitmap Parameters 卷展栏中的 View Image 按钮指定一个合适的区域，见图 10.117。

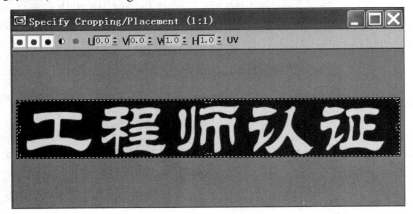

图 10.117

10.6　小　　结

贴图是 3DS MAX 材质的重要内容。通过本章的学习，大家应该熟练掌握以下内容：

- 位图贴图和程序贴图的区别与联系。
- 将材质和贴图混合创建复杂的纹理。
- 修改 UVW 贴图坐标。
- 贴图通道的基本用法。

10.7　习　　题

1. 判断题

(1) Bitmap 贴图类型的 Coordinates 卷展栏中的 Tiling 和 Tile 用来调整贴图的重复次数。

正确答案：正确。

(2) 如果不选取 Coordinates 卷展栏中的 Tile，那么增大 Tiling 的数值只能使贴图沿着中心缩小，并不能增大重复次数。

正确答案：正确。

(3) 平面镜贴图(Flat Mirror)不能产生动画效果。

正确答案：错误。

(4) 可以根据面的 ID 号应用平面镜效果。

正确答案：正确。

(5) 可以给平面镜贴图指定变形效果。

正确答案：正确。

(6) 不可以根据材质来选择几何体或者几何体的面。

正确答案：错误。

(7) 可以使用贴图来控制 Blend 材质的混合情况。

正确答案：正确。

(8) 在材质编辑器的基本参数卷展栏中，Opacity 的数值越大，对象就越透明。

正确答案：错误。

(9) 可以使用贴图来控制几何体的透明度。

正确答案：正确。

(10) 可以使用 Noise 卷展栏中的参数设置贴图变形的动画。

正确答案：正确。

2. 选择题

(1) Bump Maps 是何种贴图？

A. 高光贴图　　　B. 反光贴图　　　　　C. 不透明贴图　　　　　D. 凹凸贴图

正确答案是 D。

(2) 纹理坐标系用在下面哪种贴图上？

A. 自发光贴图　　　　B. 反射贴图　　　　C. 折射贴图　　　　D. 环境贴图

正确答案是 A。后面三种不需要指定贴图坐标。

(3) 环境坐标系通常用在哪种贴图类型？

A. 凹凸贴图　　　　B. 反射贴图　　　　C. 自发光贴图　　　　D. 高光贴图

正确答案是 B。尽管其他类型的贴图也可以使用环境坐标系，但是环境坐标系更多地应用于环境反射贴图。

(4) Opacity 贴图通道的功能是：

A. 调节高光度　　B. 调节透明度　　　　C. 调节颜色　　　　D. 调节模糊度

正确答案是 B。

(5) 位图贴图的类型为：

A. Bitmap　　　　B. Flat Mirror　　　　C. Planet　　　　D. Mask

正确答案是 A。

(6) 要实现渐变贴图应选择：

A. Gradient　　　　B. Raytrace　　　　C. Particle Age　　　　D. Particle Mblure

正确答案是 A。

(7) 要实现平面镜反射效果应选择：

A. Smoke　　　　B. Dent　　　　C. Falloff　　　　D. Flat Mirror

正确答案是 D。

(8) Composite Maps 为何种贴图？

A. 合成贴图　　　　B. 渐变色贴图　　　　C. 复合贴图　　　　D. 光线追踪贴图

正确答案是 A。

(9) 下面哪个贴图通道对材质的透明度影响最大？

A. Ambient　　　　B. Diffuse　　　　C. Opacity　　　　D. Bump

正确答案是 C。

(10) 一般将平面镜(Flat Mirror)贴图指定在哪个贴图通道中？

A. Reflection　　B. Refraction　　　　C. Bump　　　　D. Filter Color

正确答案是 A。

(11) 在使用 Bitmap 贴图时，Coordinates 卷展栏中的哪个参数可以控制贴图的位置？

A. Offset　　　　B. Tiling　　　　C. Mirror　　　　D. Tile

正确答案是 A。

(12) 在 Bitmap 贴图类型中，使用 Coordinates 卷展栏中的哪个参数指定是否重复？

A. Offset　　　　B. Tiling　　　　C. Mirror　　　　D. Tile

正确答案是 D。

(13) 在使用 Bitmap 贴图时，Coordinates 卷展栏中的哪个参数可以控制贴图的方向？

A. Offset　　　　B. Tiling　　　　C. Tile　　　　D. Angle

正确答案是 D。

(14) Bitmap Parameters 卷展栏中哪个区域的参数可以设置贴图大小变化的动画？

A. Filtering　　　　　　　　　　　　B. Cropping/Placement

C. Alpha Source　　　　　　　　　　D. RGB Channel Output

正确答案是 B。

(15) UVW Map 编辑修改器的哪个按钮可以用来随意指定贴图的大小？

A. Fit　　　　　　B. Center　　　　　C. Bitmap Fit　　　　D. Region Fit

正确答案是 D。

(16) UVW Map 编辑修改器的哪个按钮可以用来根据几何体调整贴图的大小？

A. Fit　　　　　　B. Center　　　　　C. Bitmap Fit　　　　D. Region Fit

正确答案是 A。

(17) UVW Map 编辑修改器的哪个按钮可以用来根据位图调整贴图的大小？

A. Fit　　　　　　B. Center　　　　　C. Bitmap Fit　　　　D. Region Fit

正确答案是 C。

(18) 下面哪一个不是 UVW Map 编辑修改器的贴图形式？

A. Planar　　　　　B. Box　　　　　C. Face　　　　　D. Teapot

正确答案是 D。

(19) 如果给一个几何体增加了 UVW Map 编辑修改器，并将 U Tile 设置为 2，同时将该几何体材质的 Coordinates 卷展栏中 U Tiling 设置为 3，那么贴图的实际重复次数是几次？

A. 2　　　　　　B. 3　　　　　　C. 5　　　　　　D. 6

正确答案是 D。

(20) 单击视口标签后会弹出一个右键菜单，从该菜单中选择哪个命令可以改进交互视口中贴图的显示效果？

A. Viewport Clipping　　　　　　B. Texture Correction

C. Disable View　　　　　　　　D. Show Safe Frame

正确答案是 B。

(21) 渐变色(Gradient)贴图的类型有：

A. Linear　　　　B. Radial　　　　C. Linear 和 Radial　　　D. Box

正确答案是 C。

(22) 在默认情况下，渐变色(Gradient)贴图的颜色有：

A. 1 种　　　　　B. 2 种　　　　　C. 3 种　　　　　D. 4 种

正确答案是 C。

(23) 条形渐变色(Gradient Ramp)贴图的颜色可以有：

A. 2 种　　　　　B. 3 种　　　　　C. 4 种　　　　　D. 无数种

正确答案是 D。

(24) 下面哪一种属于旋涡贴图类型？

A. Checker　　　　B. Bricks　　　　C. Swirl　　　　D. Combustion

正确答案是 C。

(25) 使用下面哪种贴图类型可以产生自动反射的效果？

A. Flat Mirror　　　　　　　　B. Reflect/Refract

C. Thin Wall Refraction　　　　D. Raytrace

正确答案是 B。

3. 思考题

(1) 如何为场景中的几何对象设计材质?

(2) 在位图贴图中为何要借助贴图坐标?

(3) UVW 坐标的含义是什么? 如何调整贴图坐标?

(4) 试着给球、长方体和圆柱贴不同的图形,并渲染场景。

(5) 如果在贴图中使用 AVI 文件会出现什么效果?

(6) 尝试给图 10.118 中的水果设计材质。

(7) 尝试给图 10.119 的文字设计材质。

图 10.118

图 10.119

(8) 球形贴图方式和收缩包裹贴图的投影方式有什么区别?

(9) 如何合并场景文件?

(10) 在 3DS MAX 中如何使用贴图控制材质的透明效果?

(11) 尝试设计水的材质。建议使用与本章讲述方法不同的方法。

(12) 尝试给图 10.120 中的茶壶设计材质。

(13) 尝试给图 10.121 中的茶壶设计材质。

图 10.120

图 10.121

+++

第五部分

灯光、摄像机和渲染

+++

第 11 章 灯 光

11.1 灯光的特性

3DS MAX 的灯光有两大类，它们是 Standard(标准)和 Photometric(光度控制)。3DS MAX 灯光的特性与自然界中灯光的特性不完全相同。下面首先介绍 3DS MAX 中 Standard 灯光的类型。

11.1.1 Standard 灯光

3DS MAX 提供了 5 种 Standard 类型的灯光：聚光灯、有向光源、泛光灯、太阳光和区域光。下面介绍前三种类型的灯光。

1. 聚光灯

聚光灯是最为常用的灯光类型，它的光线来自一点，沿着锥形延伸。光锥有两个设置参数：Hotspot 和 Falloff，见图 11.1。Hotspot 决定光锥中心区域最亮的地方，Falloff 决定从亮衰减到黑的区域。

聚光灯光锥的角度决定场景中的照明区域。较大的锥角产生较大的照明区域，见图 11.2，通常用来照亮整个场景；较小的锥角照亮较小的区域，可以产生戏剧性的效果，见图 11.3。

3DS MAX 允许不均匀缩放圆形光锥，形成一个椭圆形光锥，见图 11.4。

聚光灯光锥的形状不一定是圆形的，可以将它改变成矩形的。如果使用矩形聚光灯，我们不需要使用缩放功能来改变它的形状，可以使用 Aspect 参数改变聚光灯的形状，参见图 11.1。

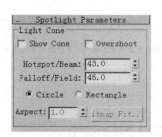

图 11.1

图 11.2

图 11.3

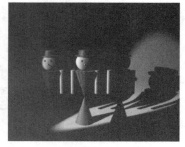

图 11.4

从图 11.5 中可以看出，Aspect=1.0 将产生一个正方形光锥；Aspect=0.5 将产生一个高的光锥；Aspect=2.0 将产生一个宽光锥。

图 11.5

2. 有向光源

有向光源在许多方面不同于聚光灯和泛光灯，其投射的光线是平行的，因此阴影没有变形，见图 11.6。有向光源没有光锥，因此常用来模拟太阳光。

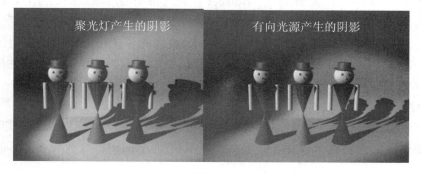

图 11.6

3．泛光灯

泛光灯是一个点光源，它向全方位发射光线。通过在场景中单击就可以创建泛光灯，泛光灯常用来模拟室内灯光效果，例如吊灯，见图11.7。

图 11.7

11.1.2 自由灯光和目标灯光

在 3DS MAX 中创建的灯光有两种形式，即自由灯光和目标灯光。聚光灯和有向光源都有这两种形式。

1．自由灯光

与泛光灯类似，通过简单的单击就可以将自由灯光放置在场景中，不需要指定灯光的目标点。当创建自由灯光时，它面向所在的视口，一旦创建后就可以将它移动到任何地方。这种灯光常用来模拟吊灯(见图11.8)和汽车车灯的效果，也适合作为动画灯光，例如，模拟运动汽车的车灯。

2．目标灯光

目标灯光的创建方式与自由灯光不同，必须首先指定灯光的初始位置，再指定灯光的目标点，见图 11.9。目标灯光非常适用于模拟舞台灯光，可以方便地指明照射位置。创建一个目标灯光需创建两个对象：光源和目标点。两个对象可以分别运动，但是光源总是照向目标点。

图 11.8

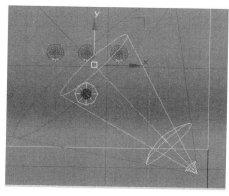

图 11.9

3．创建自由聚光灯

下面的练习将给街道场景中增加一个自由聚光灯来模拟街灯的效果。

(1) 启动 3DS MAX，创建案例文件。

(2) 在创建命令面板中单击 ☒，选择 Free Spot 自由聚光灯。

(3) 在顶视口街灯的中间单击，创建自由聚光灯，见 11.10。

(4) 单击主工具栏的 ✛ Select and Move 按钮。

(5) 在状态栏的变换参数输入区域中，将 X 的数值设置为 –11.1，Y 设置为 22.0，Z 设置为 220.0。这时的摄像机视口见图 11.11。

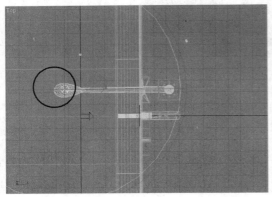
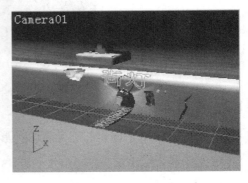

图 11.10　　　　　　　　　　　　　　　　　图 11.11

11.2　布光的基本知识

随着演播室照明技术的快速发展，诞生了一个全新的艺术形式，我们将这种形式称之为灯光设计。无论为什么样的环境设计灯光，一些基本的概念是一致的：首先为不同的目的和布置使用不同的灯光，其次是使用颜色增加场景。

11.2.1　布光的基本原则

一般情况下可以从布置三个灯光开始，这三个灯光是主光(Key)、辅光(Fill)和背光(Back)。为了方便设置，最好都采用聚光灯，见图 11.12。尽管三点布光是很好的照明方法，但是有时还需要使用其他的方法来照明对象，其中一种方法是给背景增加一个 Wall Wash 光，给场景中的对象增加一个 Eye 光。

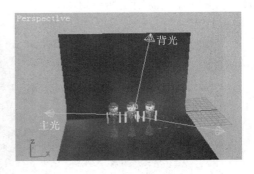

图 11.12

1．主光

主光是三个灯中最亮的，是场景中的主要照明光源，也是产生阴影的主要光源。图 11.13 就是主光照明的效果。

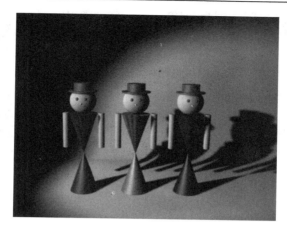

图 11.13

2．辅光

辅光用来补充主光产生的阴影区域的照明，显示出阴影区域的细节，同时也影响主光的照明效果。辅光通常被放置在较低的位置，亮度也是主光的 1/2～2/3。这个灯光产生的阴影很弱。图 11.14 是有主光和辅光照明的效果。

3．背光

背光的目的是照亮对象的背面，从而将对象从背景中区分开来。这个灯光通常放在对象的后上方，亮度是主光的 1/3～1/2。这个灯光产生的阴影最不清晰。图 11.15 是主光、辅光和背光照明的效果。

图 11.14

图 11.15

4．Wall Wash 光

Wall Wash 光并不增加整个场景的照明，但是它却可以平衡场景的照明，并从背景中区分出更多的细节。这个灯光可以用来模拟从窗户中进来的灯光，也可以用来强调某个区域。图 11.16 是使用投影光作为 Wall Wash 光的效果。

5．Eye 光

在许多电影中都使用了 Eye 光，这个光只照射对象的一个小区域，可以用来给对象增加神奇的效果，也可以使观察者更注意某个区域。图 11.17 就是使用 Eye 光后的效果。

图 11.16　　　　　　　　　　　　　　　　　图 11.17

11.2.2　室外照明

　　室外照明的灯光布置与室内照明完全不同，需要考虑时间、天气情况和所处的位置等诸多因素。如果要模拟太阳的光线就必须使用有向光源，这是因为地球离太阳非常远，只占据太阳照明区域的一小部分，太阳光在地球上产生的所有阴影都是平行的。

　　要使用 Standard 灯光照明室外场景，一般都采用有向光源，并根据一天的时间来设置光源的颜色。此外，尽管可以使用 Shadow Mapped 类型的阴影得到好的结果，但是要得到真实的太阳阴影，就需要使用 Raytraced Shadows。这将会增加渲染时间，但是效果很好。最好将有向光的 Overshoot 选项打开(下一节详细介绍相关参数)，以便灯光能够照亮整个场景，且只在 Falloff 区域中产生阴影。

　　除了有向光源之外，还可以增加一个泛光灯来模拟散射光，见图 11.18。这个泛光灯将不产生阴影和影响表面的高光区域。图 11.19 是图 11.18 中场景的渲染结果。

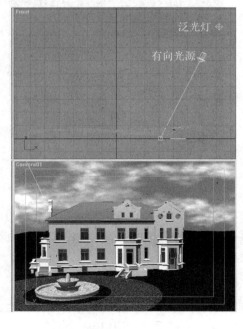

图 11.18　　　　　　　　　　　　　　　　　图 11.19

使用3DS MAX 中的IES Sky 和IES Sun可以方便地调整出如图11.20所示的室外效果。关于这些灯光的应用，我们将在高级教程中详细讨论。

图 11.20

11.3　Standard 灯光的参数

可以通过 Modify 面板设定灯光的参数，灯光的参数面板见图 11.21。图 11.21 中显示了聚光灯的所有参数，不管创建哪类聚光灯，其主要参数都是一样的。

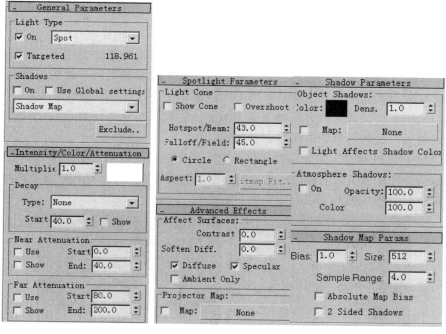

图 11.21

11.3.1　General Parameters 卷展栏

3DS MAX 的 Standard 灯光与自然界中灯光的另外一个区别是前者可以只影响某些表

面成分。还可以使用 Exclude 选项将对象从灯光照明和阴影中排除。这些调整都可以在 Modify 面板中的 General Parameters 卷展栏中完成。

1．On 复选框

General Parameters 下面是 On 复选框。当这个复选框被复选的时候，灯光被打开；当这个复选框取消复选的时候，灯光被关闭。被关闭的灯光的图标用黑色表示，见图 11.22。

2．灯光类型下拉式列表

On 复选框右边就是灯光类型下拉式列表，见图 11.23。可以使用该列表改变当前选择灯光的类型。

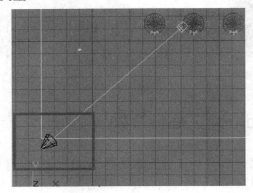

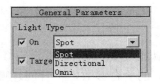

图 11.22　　　　　　　　　　　　　　　　　图 11.23

3．阴影参数

当四处观察的时候，总能够看到各个对象的阴影，每个对象都有阴影。阴影的情况与灯光有关。如果场景中只有一盏灯，那么将会产生非常清晰的阴影；如果场景中有很多灯光，那么将产生柔和的阴影，这样的阴影不太清晰。

场景中的阴影可以描述许多重要信息，例如，灯光和对象之间的关系，对象和其下面表面的相对关系，透明对象的透明度和颜色等。

从图 11.24 可以看出，阴影可以提供对象和其下面表面之间关系非常有价值的信息。通过比较这两个图像就可以看出，左边的图形中没有阴影，因此很难判断角色离地面多远；右边的图形中有阴影，据此可以判断角色正好在地面上。

图 11.24

从图 11.25 可以看出，阴影可以很好地描述对象的属性。通过比较这两幅图像就可以看出，左图中的对象是不透明的，而右图中的对象是透明的。

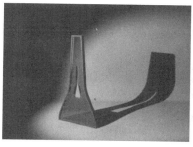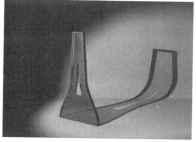

图 11.25

可以在阴影参数区域打开或者关闭选择灯光的阴影、改变阴影的类型等。

- On 复选框：用来打开和关闭阴影。
- 阴影类型：在 3DS MAX 中产生的阴影有五种类型，即 Advanced Ray-traced Shadows(高级光线跟踪阴影)、mental ray Shadow Map(mental ray 阴影帖图)、Area Shadows(区域阴影)、Shadow Map(阴影帖图)和 Ray-traced Shadows(光线跟踪阴影)，其中 mental ray Shadow Map 是 3DS MAX 新增的阴影类型。理解这五种阴影类型的不同是非常重要的。

Shadow Map 产生一个假的阴影，它从灯光的角度计算产生阴影对象的投影，然后将它投影到后面的对象上。Shadow Map 的优点是渲染速度较快，阴影的边界较为柔和；缺点是阴影不真实，不能反映透明效果。图 11.26 是采用 Shadow Map 生成的阴影。

Area Shadows 可产生一个有半影区域的阴影，支持透明阴影，见图 11.27。在图 11.27 中，区域 A 是半影区域，区域 B 是正常的阴影区域。在有多个灯光的复杂场景中常使用 Area Shadows 类型，该类阴影的计算速度比 Shadow Map 快。

图 11.26

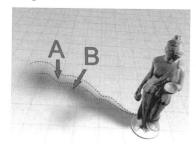

图 11.27

与 Shadow Map 不同，Ray-traced Shadow 可以产生真实的阴影。该选项在计算阴影的时候考虑对象的材质和物理属性，但是计算量很大。图 11.28 是采用 Ray-traced Shadow 生成的阴影。

Advanced Ray-traced Shadows 是在 Ray-traced Shadow 基础上增加了一些控制参数，使产生的阴影更真实。

mental ray Shadow Map 是由 mental ray 渲染器生成的位图阴影，这种阴影没有 Ray-traced Shadows 精确，但计算时间较短。

图 11.28

● Use Global Settings：该复选框用来指定阴影是使用局部参数还是全局参数。如果打开这个复选框，那么全局参数将影响所有使用全局参数设置的灯光。当希望使用一组参数控制场景中的所有灯光的时候，该选项非常有用。如果关闭该选项，则灯光只受其本身参数的影响。

4．Exclude(排除)选项

Exclude 选项用来设置灯光是否照射某个对象，或者是否使某个对象产生阴影。单击该按钮后出现 Exclude/Include 对话框，见图 11.29。图 11.30 是中间的角色被排除照明和阴影后的效果；图 11.31 是中间角色被排除照明而保留产生阴影的效果；图 11.32 是中间角色被排除阴影而保留照明的效果。

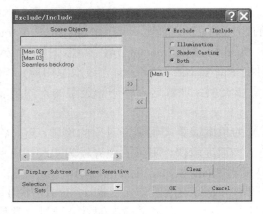

图 11.29

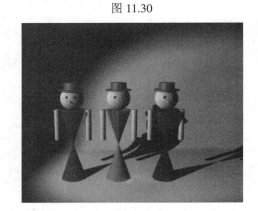

图 11.30

图 11.31

图 11.32

技巧：如果要排除所有的对象，则可以在对话框右边列表中没有内容的情况下选取 Include。包含空对象就是排除所有对象。

11.3.2　Intensity/Color/Attenuation 卷展栏

在自然界中，有许多方法可以测量灯光的亮度和颜色。但是在 3DS MAX 中，灯光的亮度是一个相关函数，函数值为 0 的时候关闭灯光，函数值为 1 的时候打开灯光。灯光的颜色可以用 RGB 来表示，也可以使用位图的颜色。

1. Multiplier(倍增器)

可以通过调整 Multiplier 的数值来使灯光变亮或者变暗。图 11.33 是将 Multiplier 设置为 0.5 时的情况；图 11.34 是将 Multiplier 设置为 1.0 时的情况；图 11.35 是将 Multiplier 设置为 2 时的情况。

 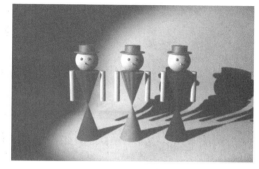

图 11.33　　　　　　　　　　　　　　　　　图 11.34

2. 颜色样本

颜色样本用于选择灯光的颜色。当单击颜色样本后出现标准的颜色选择对话框，见图 11.36，在这个对话框中可以为灯光选择需要的颜色。

 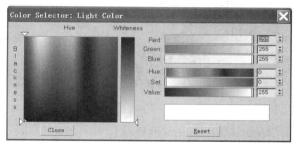

图 11.35　　　　　　　　　　　　　　　　图 11.36

3. Decay(衰减)

画图时，一个常见的问题是在给场景模型照明的时候不使用光源的衰减来调节灯光。实际中，不管灯光亮度如何，都将有衰减效果。灯光的光源区域最亮，离光源越远变得越暗，远到一定距离就没有照明效果。

在自然界中灯光的衰减遵守反平方(Inverse Square)定律，即灯光的强度随着距离的平方反比衰减。这就意味着如果要创建真实的灯光效果，就需要某种形式的衰减。决定灯光照射距离的因素包括光源的亮度和灯光的大小。灯光越亮、光源越大，照射的距离就越远；灯光越暗、光源越小，照射的距离就越近。

在 Decay 区域有两个选项来自动设定灯光的衰减。第一个选项是 Inverse，该设置使光强从光源处开始线性衰减，距离越远，光强越弱；第二个选项是 Inverse Square，尽管该选项更接近真实世界的光照特性，但是在制作动画的时候也应该通过比较来得到最符合要求的效果。一般来讲，如果其他设置相同，则使用 Inverse Square 选项后，离光源较远的灯光将黑一些。

在 Decay 区域还有一个参数 Start(见图 11.37)，用来设置距离光源多远开始进行衰减。

在场景中，Decay 的 Start 数值由光锥中绿色圆弧表示，见图 11.38。图 11.39 是图 11.38 中设置所得到的最后结果，也就是将 Type 设置为 Inverse、将 Start 设置为 80 时的照明效果。图 11.40 是将 Type 设置为 Inverse Square、将 Start 设置为 120 时的照明效果。

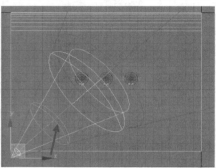

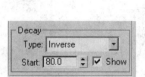

图 11.37 　　　　　　　　　　　　　图 11.38

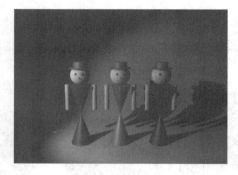

图 11.39 　　　　　　　　　　　　　图 11.40

4．Near Attenuation(近衰减)

Near Attenuation 参数是计算机灯光照明中独有的，它设置灯光从开始照明处[Start]到照明达到最亮处[End]之间的距离。要激活 Near Attenuation，就必须打开 Use 复选框。

在图 11.41 中，靠近灯光光锥末端的深蓝色和浅蓝色圆弧指明 Near Attenuation。图 11.42 为该设置的照明效果。注意靠近灯光处的对象较暗。

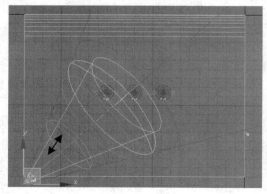

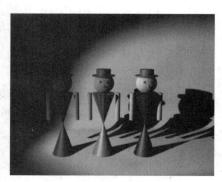

图 11.41 　　　　　　　　　　　　　图 11.42

5．Far Attenuation(远衰减)

Far Attenuation 用于设置灯光从照明开始衰减到完全没有照明处的距离。

在图 11.43 中，靠近灯光光锥末端的棕褐色和褐色圆弧指明了 Far Attenuation。图 11.44 给出了这种设置产生的效果。注意离灯光很远的对象比较暗。图 11.45 的两幅图演示了 Far Attenuation 如何影响灯光的照明效果。左边图像的 Start 设置为 203.0，End 设置为 529；而右边图像的 Start 设置为 52.0，End 设置为 347.0。灯光的其他参数设置相同，但是给人的印象是好像两个灯光不是同一类型。

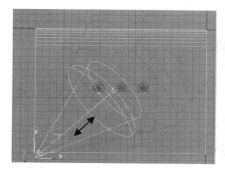

图 11.43

图 11.44

图 11.45

11.3.3 Advanced Effects 卷展栏

Advanced Effects 卷展栏用于设置灯光如何影响对象的表面以及灯光如何投射贴图。

1．Affect Surfaces 区域的参数

Affect Surfaces 区域的参数用来设置灯光在场景中的工作方式，有两个参数项和三个复选框。

● Contrast(对比)：调整最亮区域和最暗区域的对比度，取值范围是 0～100。图 11.46 中左图是对比度为 0 时的情况，右图是对比度为 100 时的情况。当对比度为 100 时，最亮区域和最暗区域之间具有非常清晰的边界。

● Soften Diff Edge(柔化漫反射的边)：该数值的取值范围是 0～100，数值越小，边界越柔和。图 11.47 中左图是该参数等于 0 时的情况，右图是该参数等于 100 时的情况。注意观察角色头部明亮区域和阴暗区域的过渡部分。

图 11.46

图 11.47

● **Diffuse**(漫射光)：该复选框用来打开或者关闭灯光的漫反射明暗成分。图 11.48 是关闭该选项后的情况，图中只显示高光部分。

● **Specular**(高光)：该复选框用来打开或者关闭灯光的高光成分。图 11.49 是关闭该选项的效果，图中没有高光效果。

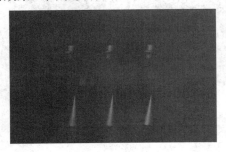

图 11.48

图 11.49

● **Ambient Only**(只有环境光)：该复选框用来打开或者关闭表面的环境光部分。图 11.50 是打开(左图)和不打开(右图)该选项时的效果。

图 11.50

2．Projection Map 区域的参数

可以将 Projection Map 想像成一个幻灯机或者一个电影放映机，当在这里放置一个图像后，就沿着灯光的方向投影图像。这个功能有着广泛的用处，比如，可以模拟电影投影机投射的光、通过彩色玻璃的光、迪斯科舞厅的灯光或者霓虹灯灯管的灯光等。

（1）启动 3DS MAX 或者在菜单栏选取 File/Reset，以复位 3DS MAX。

（2）创建案例文件，场景见图 11.51。

图 11.51

（3）在前视口中选择 Neon Light，见图 11.52，这是一个自由有向光源。

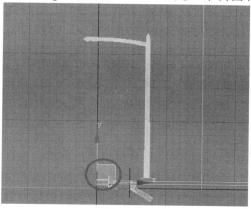

图 11.52

（4）在 Modify 命令面板中，单击 Advanced Effects 卷展栏下面 Projector Map 区域的 None 按钮，出现 Material/Map Browser 对话框。

（5）在 Material/Map Browser 对话框中选择 Bitmap。

（6）在 Select Bitmap Image File 对话框中选取相似的图片，见图 11.53。

图 11.53

(7) 在 General Parameters 卷展栏中打开灯光。

(8) 在摄像机视口中单击鼠标右键，以激活它。

(9) 单击主工具栏中的 👁 Quick Render 按钮，渲染结果见图 11.54。这样好像文字表面有发光效果，由于 3DS MAX 的自发光其实不发光，因此这是模拟自发光的简单方法。

(10) 按键盘上的 H 键，以激活 Select Objects 对话框。

(11) 在 Select Objects 对话框中选择 Neon illumination，然后单击 Select 按钮。

(12) 在 Modify 面板的 General Parameters 卷展栏中打开该灯光。

(13) 在摄像机视口单击鼠标右键，以激活它。

(14) 单击主工具栏的 👁 Quick Render 按钮，渲染结果见图 11.55。

图 11.54　　　　　　　　　　　　　　　图 11.55

说明：该聚光灯的 Overshoot 复选框已经被打开。这时聚光灯的照明效果像泛光灯一样，而阴影仍然在聚光灯的区域内。

11.3.4　Spotlight Parameters 卷展栏

Spotlight Parameters 卷展栏的参数主要用来调整聚光灯的热光区域、散光区域以及聚光灯的形状。

● Show Cone(显示光锥)：如果复选该选项，那么在聚光灯没有被选择的情况下仍然显示聚光灯的光锥。在聚光灯被选择的情况下，打开和关闭该选项没有区别。

● Overshoot(过照射)：打开该选项后，聚光灯的照明效果与泛光灯类似，就是从光源处向各个方向照射，但是，阴影仍然只在聚光灯光锥区域内产生。

Spotlight Parameters 卷展栏的其他参数设置的效果参见 11.1.1 小节。

11.3.5　Shadow Parameters 卷展栏

1．Object Shadows 区域

Shadow Parameters 卷展栏的参数主要用来调整阴影的颜色、密度等效果。

● Color(阴影的颜色)：该选项设置灯光产生阴影的颜色。默认颜色是黑色，用户可以将阴影颜色改变成任何颜色。

● Density(密度)：通过调整投射阴影的百分比来调整阴影的密度，从而使它变黑或者变亮。Density 的取值范围是 −1.0～1.0，当该数值等于 0 的时候，不产生阴影；当该数值等于 1 的时候，产生最深颜色的阴影。负值产生阴影的颜色与设置的阴影颜色相反。图 11.56

分别是 Density 数值为 0、0.5 和 1 时的阴影效果。图 11.57 是 Density 设置为 −1、阴影颜色设置为蓝色时的效果。

图 11.56

图 11.57

● Map(贴图)：无论采用什么样的阴影类型，只要使用 Material/Map Browser 指定了贴图，那么贴图将取代阴影的颜色。这可以产生丰富的效果，可以增加阴影的灵活性，模拟复杂的透明对象。图 11.58 是使用一个渐变色贴图模拟玻璃对象的透明效果。注意球不产生黑色阴影，它们使用的是贴图的颜色。Map 复选框用来激活或者取消贴图。

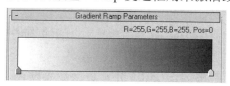

图 11.58

● Light Affects Shadow Color：当打开这个选项的时候，就将灯光的颜色与阴影的颜色相混合。

2．Atmosphere Shadows 区域

在 3DS MAX 中，我们将一些效果称之为大气(Atmospherics)。例如 Fire Effect 可以用来创建从爆炸的火球到篝火等所有类型的火。通常这些效果不产生阴影，这也是为什么要使用大气阴影参数。如果打开这个复选框，那么大气效果将产生阴影。

在 Atmosphere shadows 区域有两个可以调整的参数，它们是 Opacity 和 color。

● Opacity：该参数调整阴影的深浅。当该参数为 0 的时候，大气效果没有阴影；当该参数为 100 的时候，产生完全的阴影。

● Color：调整阴影颜色的饱和程度，当该参数为 0 的时候，阴影没有颜色；当该参数为 100 的时候，阴影的颜色完全饱和。

图 11.59 是 Opacity 设置为 50、Color 设置为 100 时的阴影效果。

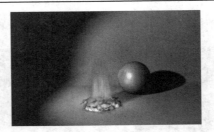

图 11.59

11.3.6　Shadow Map Parameters 卷展栏

当选择 Shadow Map 阴影类型后，就出现 Shadow Map Parameters 卷展栏。卷展栏中的参数用来控制灯光投射阴影的质量。控制阴影灯光外观和质量的参数有 Bias、Size 和 Sample Range。最后一个选项是 Absolute Map Bias，它是一个复选框，只影响 Bias 的设置。

● Bias：该选项设置阴影偏离对象的距离。图 11.60 分别是 Bias 等于 1 和 15 时的效果。

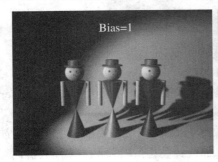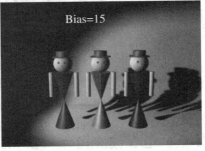

图 11.60

● Size：由于 Shadow Map 是一个位图图像，因此必须有大小。该参数指定贴图的大小，单位是像素。由于贴图是正方形的，因此只需要指定一个数值。数值越大，阴影的质量越好，但是消耗的内存就越多。图 11.61 分别是该参数设置为 1000 和 100 时的情况。

图 11.61

如果该数值被设置得非常小，阴影效果将很差。这时就需要增加 Size 的数值来解决这个问题。有时需要多次试验才能在阴影质量和内存消耗中寻求一个合适的平衡点。

● Sample Range(样本范围)：该选项控制阴影的模糊程度。数值越小，阴影越清晰；数值越大，阴影越柔和。在图 11.62 中，左图中的样本范围设置为 2，右图中的样本范围设置为 5。

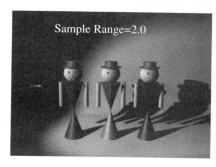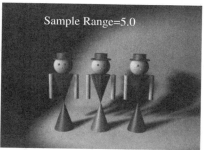

图 11.62

● **Absolute Map Bias**(绝对偏移)：当打开这个选项的时候，根据场景中的所有对象设置偏移范围；当关闭这个选项后，只在场景中相对于对象偏移。在图 11.63 中，Bias 设置为 15，左图中打开了 Absolute Map Bias，而右图中没有打开 Absolute Map Bias。

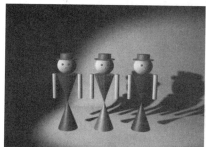

图 11.63

11.4　高级灯光的应用

　　区域阴影用于模拟局部灯光投射阴影的效果，是一个很有用的灯光特性。下面介绍如何应用区域阴影。

(1) 启动 3DS MAX 或者在菜单栏选取 File/Reset，以复位 3DS MAX。

(2) 创建案例场景，场景中包括一个背对白色背景的古典雕像。

(3) 单击 按钮，快速渲染场景，如图 11.64 所示。

图 11.64

（4）单击主工具栏上的 Select By Name 按钮 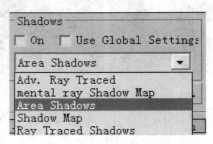，在 Select Objects 对话框中选择 Omni01 对象。

（5）单击 ✐ 进入 Modify 面板，在 General Parameters 卷展栏的 Shadows 选项组中，改变阴影类型为 Area Shadows，如图 11.65 所示。

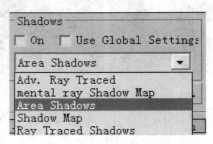

图 11.65

（6）打开 Area Shadows 卷展栏，在 Basic Options 选项组中，确定选择了 Rectangle Light。在 Area Light Dimensions 选项组中，改变 Length 和 Width 的参数值均为 5.0。

（7）单击 按钮，快速渲染场景，如图 11.66 所示。可以看到，雕像的阴影边缘更加柔和，并且趋于扩散。

图 11.66

这里只介绍了一种高级光照。此外，高级光照还有光线追踪、模拟天光、全局照明和辐射度等功能，可以模拟出非常真实自然的效果。图 11.67 所示的是使用了辐射度渲染室内场景的前后效果比较。图 11.68 所示的是使用了全局光照的前后效果比较。

图 11.67

图 11.68

11.5 小 结

本章我们学习了一些基本的光照理论，熟悉了不同的灯光类型以及如何创建和修改灯光等。在本章的基本概念中，我们还详细介绍了灯光的参数以及灯光阴影的相关知识，如何针对不同的场景正确布光也是本章重要的内容。要很好地掌握这些内容，创建出好的灯光效果，需要反复的尝试，长时间的积累。

此外，3DS MAX 除了新增了标准灯光的类型外，还增加了 Mental Ray 全局光照和 Mental Ray 灯光明暗器的功能，极大地改进了 3DS MAX 的光照效果。

11.6 习 题

1. 判断题

(1) 在 3DS MAX 中只要给灯光设置了产生阴影的参数，就一定能够产生阴影。

正确答案：错误。在 3DS MAX 中，必须满足三个条件：① 有能够产生阴影的灯光；② 有能够产生阴影的物体；③ 有接收阴影的物体。

(2) 使用灯光中阴影设置中的 Shadow Map 肯定不能产生透明的阴影效果。

正确答案：正确。

(3) 使用灯光中阴影设置中的 Ray Traced Shadows 能够产生透明的阴影的效果。

正确答案：正确。

(4) 灯光也可以投影动画文件。

正确答案：正确。

(5) 灯光类型之间不能相互转换。

正确答案：错误。

(6) 一个对象要产生阴影就一定要被灯光照亮。

正确答案：错误。

(7) 泛光灯不能产生阴影。

正确答案：错误。

(8) 灯光的倍增器参数(Multiplier)只能使灯光的亮度增加。

正确答案：错误。

(9) 灯光的排除(Exclude)选项可以排除对象的照明和阴影。

正确答案：正确。

(10) 将默认灯光增加到场景中的命令是 Views/Add Default Lights to Scene。

正确答案：正确。

(11) 灯光的衰减(Decay)类型有两种。

正确答案：正确。

(12) 灯光的参数变化不能设置动画。

正确答案：错误。

(13) 要使体光不穿透对象，需要将阴影类型设置为 Ray-traced Shadows。

正确答案：错误。需要将阴影类型设置为 Shadow Map。

(14) 可以给灯光的颜色参数指定动画控制器。

正确答案：正确。

(15) 灯光的位置变化不能设置动画。

正确答案：错误。

2. 选择题

(1) Omin 是哪一种灯光？

A. 聚光灯　　　　　B. 目标聚光灯　　　　　C. 泛光灯　　　　　D. 目标平行灯

正确答案是 C。

(2) 3DS MAX 的标准灯光有几种？

A. 2　　　　　B. 4　　　　　C. 6　　　　　D. 8

正确答案是 D。

(3) 使用下面哪个命令同时改变一组灯光的参数？

A. Tools/Light Lister　　　　　B. Views/Add Default Lights to Scene

C. Create/Lights/Omni Light　　　　　D. Create/Lights/Sunlight System

正确答案是 A。

(4) 灯光的哪个参数用来柔化漫反射的边界？

A. Contrast　　　　B. Soften Diff Edge　　　　C. Diffuse　　　　D. Specular

正确答案是 B。

(5) 3DS MAX 标准灯光的阴影有几种类型？

A. 2 种　　　　　B. 3 种　　　　　C. 4 种　　　　　D. 5 种

正确答案是 D。

3. 思考题

(1) 3DS MAX 中有哪几种类型的灯光？

(2) 怎样创建一个灯光并调整它的位置和颜色？

(3) 聚光灯的 Hotspot 和 Falloff 是什么含义？怎样调整它们的范围？

(4) 如何在场景中设置阴影？

(5) 在 3DS MAX 中产生的阴影有五种类型：Adv. Ray-traced Shadows、Area Shadows、Shadow Map、Ray-traced Shadows 和 mental ray Shadow Map(mental ray 阴影帖图)。这些阴影类型有什么区别和联系？

(6) 如何产生透明的彩色阴影？

(7) Shadow Map 卷展栏的主要参数的含义是什么？

(8) 灯光的哪些参数可以设置动画？

(9) 如何设置灯光的衰减效果？

(10) 灯光是否可以投影动画文件(例如 Avi、Mov、Flc 和 Ifl 等)？

(11) 大气效果是否可以产生阴影？

(12) 如何设置阴影的偏移效果？

(13) 是否可以改变阴影的颜色？如何改变？

(14) 哪种阴影类型可以产生半影效果？

(15) 布光的基本原则是什么？

第 12 章 摄像机和渲染

12.1 创建摄像机

在 3DS MAX 中，有两个基本的摄像机类型，即自由摄像机和目标摄像机。两种摄像机的参数相同，但基本用法不同。

12.1.1 自由摄像机

自由摄像机就像一个真正的摄像机，它能够被推拉、倾斜及自由移动。自由摄像机显示一个视点和一个锥形图标，见图 12.1，它的一个用途是在建筑模型中沿着路径漫游。自由摄像机没有目标点，摄像机是唯一的对象。

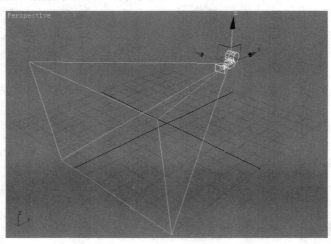

图 12.1

当给场景增加自由摄像机的时候，摄像机的最初方向指向屏幕里面。这样，摄像机的观察方向就与创建摄像机时使用的视口有关。如果在顶视口创建摄像机，那么摄像机的观察方向是世界坐标的负 Z 方向。

下面介绍如何创建和使用自由摄像机。

(1) 启动 3DS MAX 或者在菜单栏选取 File/Reset，以复位 3DS MAX。

(2) 创建案例文件。

(3) 在命令面板中单击 ▣ 按钮，选择 ▭Free▭ 自由摄像机。

(4) 在左视口中单击，创建一个自由摄像机，见图 12.2。

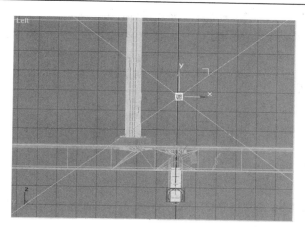

图 12.2

(5) 在透视视口中单击鼠标右键，以激活它。

(6) 按键盘上的 C 键，切换到摄像机视口。

切换到摄像机视口后，视口导航控制区域的按钮就变成摄像机控制按钮。通过调整这些按钮就可以改变摄像机的参数。

自由摄像机的一个优点是便于沿着路径或者轨迹线运动。

12.1.2 目标摄像机

目标摄像机的功能与自由摄像机类似，但是它有两个对象，第一个对象是摄像机，第二个对象是目标点。摄像机总是盯着目标点，见图 12.3。目标点是一个非渲染对象，它用来确定摄像机的观察方向。一旦确定了目标点，也就确定了摄像机的观察方向。目标点还有另外一个用途，它可以决定目标距离，从而便于进行 DOF 渲染。

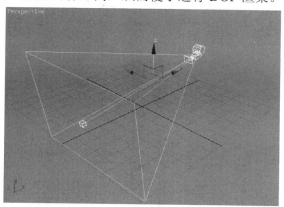

图 12.3

下面举例说明如何使用目标摄像机。

(1) 启动 3DS MAX 或者在菜单栏选取 File/Reset，以复位 3DS MAX。

(2) 创建案例文件。

(3) 在创建命令面板中单击 📷 按钮，选择 | Target | Target Camera(目标摄像机)。

(4) 在顶视口中单击并拖曳创建一个目标摄像机，见图 12.4。

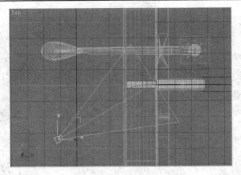

图 12.4

(5) 在摄像机导航控制区域单击 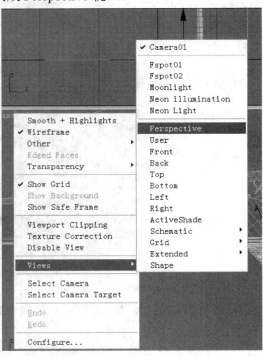 按钮，然后调整前视口的显示，以便视点和目标点显示在前视口中。

(6) 确认在前视口中选择了摄像机。

(7) 单击主工具栏的 ✛ Select and Move 按钮。

(8) 在前视口沿着 Y 轴将摄像机向上移动 16 个单位。

(9) 在前视口中选择摄像机的目标点。

(10) 在前视口将目标点沿着 Y 轴向上移动大约 3.5 个单位，见图 12.5。

(11) 在摄像机视口中单击鼠标右键，激活它。

(12) 要将当前的摄像机视口改变成为另外的一个摄像机视口，可以在摄像机的视口标签上单击鼠标右键，然后在弹出的菜单上选取另外一个视口即可。

在图 12.6 中，即是把 Camera01 视口切换成 Perspective 视口。

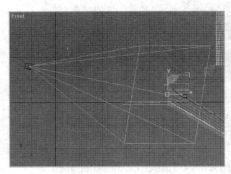

图 12.5

图 12.6

12.1.3　摄像机的参数

尽管创建摄像机后已指定了默认的参数，但是在实际中我们经常需要改变这些参数。改变摄像机的参数可以在 Modify 面板的 Parameters 卷展栏中进行，见图 12.7。

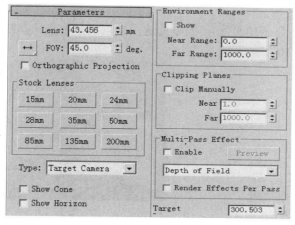

图 12.7

下面介绍图 12.7 中的各项参数。

(1) Lens(镜头)和 FOV(视野)：镜头和视野是相关的，改变镜头的长短，自然会改变摄像机的视野。真正的摄像机的镜头长度和视野是被约束在一起的，但是不同的摄像机和镜头配置将有不同的视野和镜头长度比。影响视野的另外一个因素是图像的纵横比，一般用 X 方向的数值比 Y 方向的数值来表示。例如，如果镜头长度是 20 mm，图像纵横比是 2.35，那么视野将是 94°；如果镜头长度是 20 mm，图像纵横比是 1.33，那么视野将是 62°。

在 3DS MAX 中测量视野的方法有几种，在命令面板中分别用 ↔、↕ 和 ↗ 来表示。

- ↔ 沿水平方向测量视野。这是测量视野的标准方法。
- ↕ 沿垂直方向测量视野。
- ↗ 沿对角线测量视野。

在测量视野的按钮下面还有一个 Orthographic Projection 复选框。如果复选该复选框，那么将去掉摄像机的透视效果，见图 12.8。当通过正交摄像机观察的时候，所有平行线仍然保持平行，没有灭点存在。

注：如果使用正交摄像机，那么将不能使用大气渲染选项。

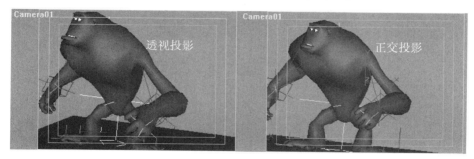

图 12.8

(2) Stock Lenses(库存镜头)：这个区域提供了几个标准摄像机镜头的预设置。

(3) Type(类型)：使用这个下拉式列表(见图 12.9)可以自由转换摄像机类型，也就是将目标摄像机转换为自由摄像机，也可以将自由摄像机转换成目标摄像机。

(4) Show Cone(显示锥)：激活这个选项后，即使取消了摄像机的选择，也能够显示该摄像机的视野的锥形区域。

(5) Show Horizon(显示地平线)：当复选这个选项后，在摄像机视口会绘制一条线，来表示地平线，见图 12.10。

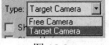

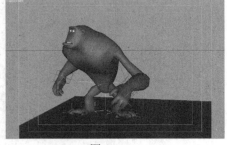

图 12.9　　　　　　　　　　　　　　　　图 12.10

(6) Environmental Ranges(环境的范围)：按距离摄像机的远近设置环境范围，距离的单位就是系统单位。Near Range 决定场景的什么距离范围外开始有环境效果；Far 决定环境效果最大的作用范围。选中 Show 复选框就可以在视口中看到环境的设置。

(7) Clipping Planes(裁剪平面)：设置在 3DS MAX 中渲染对象的范围。在范围外的任何对象都不被渲染。如果没有特别要求，一般不需要改变这个数值的设置。与环境范围的设置类似，Near Clip 和 Far Clip 根据到摄像机的距离决定远、近裁剪平面。激活 Clip Manually 选项后，就可以在视口中看到裁剪平面了，见图 12.11。

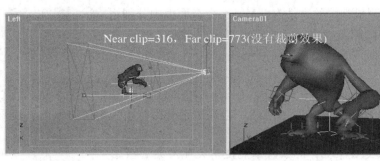

Near clip=316，Far clip=773(没有裁剪效果)

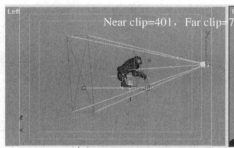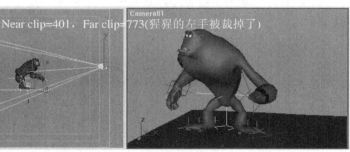

Near clip=401，Far clip=773(猩猩的左手被裁掉了)

图 12.11

(8) Multi-Pass Effect(多遍效果)：对同一帧进行多遍渲染，这样可以准确渲染景深(Depth of Field)和对象运动模糊(Object Motion Blur)效果，见图 12.12。打开 Enable 将激活 Multi-Pass 渲染效果和 Preview 按钮。Preview 按钮用来测试在摄像机视口中的设置。

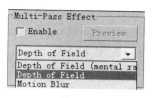

图 12.12

Multi-Pass 效果下拉列表框有 Depth Of Field(Mental Ray)、Depth of Field 效果和 Motion Blur(运动模糊)效果三种选择，它们是互斥使用的，默认使用 Depth of Field 效果。

对于 Depth of Field 和 Motion Blur 来讲，它们分别有不同的卷展栏和参数。具体参数含义分别见 12.1.4 节和 12.1.5 节。

图 12.13 是同一场景不使用 Depth of Field 和使用 Depth of Field 的效果。

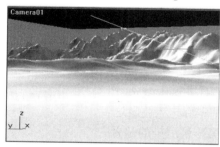

图 12.13

图 12.14 是使用 Motion Blur 的情况。

图 12.14

(9) Render Effects Per Pass(每边都渲染效果)：如果复选了这个复选框，那么每边都渲染诸如辉光等特殊效果。该选项可以适用于 Depth of Field 和 Motion Bar 效果。

(10) Target Distance(目标距离)：这个距离是摄像机到目标点的距离。可以通过改变这个距离来使目标点靠近或者远离摄像机。当使用 Depth of Field 时，这个距离非常有用。在目标摄像机中，我们可以通过移动目标点来调整这个距离，但是在自由摄像机中我们只有通过这个参数来改变目标距离。

12.1.4　景深

与照相类似，景深是一个非常有用的工具。可以通过调整景深来突出场景中的某些对象。下面介绍景深的参数。

在摄像机的 Modify 面板中有一个 Depth of Field Parameters 卷展栏。这个卷展栏有四个区域：Focal Depth、Sampling、Pass Blending 和 Scanline Renderer Params，见图 12.15。

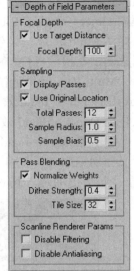

图 12.15

(1) Focal Depth(聚焦深度)：摄像机到聚焦平面的距离。当 Use Target Distance 复选框被激活后，就可以使用摄像机的 Target Distance 参数。如果 Use Target Distance 被关闭，那么可以手工键入距离。这两种设置方法都可以用来设置动画，设置动画后就能产生聚焦点改变的动画。

改变聚焦点也被称为 Rack 聚焦，它是使用摄像机的一个技巧。利用这个技巧可以在动画中不断改变聚焦点。

(2) Sampling：该设置决定图像的最后质量。

● Display Passes(显示每遍渲染)：如果复选这个复选框，那么将显示 Depth of Field 的每遍渲染，这样就能够动态地观察 Depth of Field 的渲染情况；如果关闭了这个选项，那么在进行全部渲染后再显示渲染的图像。

● Use Original Location(使用原始位置)：当打开这个复选框后，多遍渲染的第一遍渲染从摄像机的当前位置开始；当关闭这个选项后，根据 Sample Radius 中的设置来设定第一遍渲染的位置。

● Total Passes(总遍数)：这个参数设置多遍渲染的总遍数。数值越大，渲染遍数越多，渲染时间就越长，最后得到的图像质量就越高。

● Sample Radius(样本半径)：这个数值用来设置摄像机从原始半径移动的距离。在每遍渲染的时候稍微移动一点，摄像机就可以获得景深的效果。此数值越大，摄像机就移动得越多，创建的景深就越明显。但是如果摄像机被移动得太远，那么图像可能会变形而不能使用。

● Sample Bias(样本偏移)：该参数决定如何在每遍渲染中移动摄像机。该数值越小，摄像机偏离原始点就越少；该数值越大，摄像机偏离原始点就越多。

(3) Pass Blending(每遍的混合)：当渲染多遍摄像机效果时，渲染器将轻微抖动每遍的渲染结果，以便混合每遍的渲染。

● Normalize Weights(规格化的权重)：当该选项被打开后，每遍混合都使用规格化的权重；如果没有打开该选项，那么将使用随机权重。

● Dither Strength(抖动强度)：该数值决定每边渲染抖动的强度。数值越高，抖动得越厉害。抖动是通过混合不同颜色和像素来模拟颜色或者混合图像的方法。

● Tile Size：该参数设置在每遍渲染中抖动图案的大小。

(4) Scanline Renderer Params(扫描线渲染器参数)：该参数可以使用户取消多遍渲染的过滤(Disable Filtering)和反走样(Disable Antialiasing)。

12.1.5　多遍运动模糊

与 Depth of Field 类似，也可以通过 Modify 面板来设置摄像机的多边运动模糊参数。运动模糊是胶片需要一定的曝光时间而引起的现象。当一个对象在摄像机之前运动的时候，

快门需要打开一定的时间来曝光胶片，而在这个时间内对象还
会移动一定的距离，这就使对象在胶片上出现了模糊的现象。

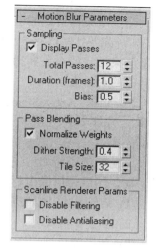

Motion Blur Parameters 卷展栏有三个区域：Sampling、Pass
Blending 和 Scanline Renderer Params，见图 12.16。下面我们
就来解释一下 Sampling 参数。

(1) Display Passes(显示每遍渲染)：当打开这个选项后，
就显示每遍运动模糊的渲染，这样能够观察整个渲染过程；如
果关闭该选项，那么在进行完所有渲染后再显示图像，这样可
以加快渲染速度。

(2) Total Passes(总遍数)：设置多遍渲染的总遍数。

(3) Duration(frames)(持续时间)：以帧为单位设置摄像机
快门持续打开的时间，时间越长越模糊。

(4) Bias(偏移)：提供了一个改变模糊效果位置的方法，
取值范围是 0.01～0.99。较小的数值使对象的前面模糊，数值
0.5 使对象的中间模糊，较大的数值使对象的后面模糊。

图 12.16

12.1.6 mental ray 景深

mental ray 景深是 3DS MAX 新增的选项，它实际上并不是 Multi-Pass 效果的一种，它
仅针对 mental ray 渲染器，若想使其生效，还必须选中 Render
Scene 对话框 Renderer 标签面板 Camera Effects 卷展栏中 Depth
of Field(Perspective Views Only)选项组内的 Enable 复选框。
mental ray 景深只有一个参数 f-Stop，见图 12.17。

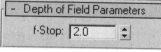

图 12.17

f-Stop 用于设置摄像机的景深的宽度。增加 f-Stop 的值可以将景深变窄，反之，降低
f-Stop 参数值可以扩宽景深的范围。将 f-Stop 设置在 1.0 以下，这样会降低实际摄像机的真
实性，但是可以使景深更好地匹配没有使用现实单位的场景。

12.2 渲 染

渲染是生成图像的过程。3DS MAX 使用扫描线、光线追踪和光能传递相结合的渲染器。
扫描线渲染方法的反射和折射效果不是十分理想，而光线追踪和光能传递可以提供真实的
反射和折射效果。由于 3DS MAX 是一个混合的渲染器，因此可以给指定的对象应用光线
追踪方法，而给另外的对象应用扫描线方法，这样不仅可以保证渲染效果，还可以得到较
快的渲染速度。

12.2.1 ActiveShade 渲染器

除了提供最后的渲染结果外，3DS MAX 还提供了一个交互渲染器(ActiveShade)，来产
生快速低质量的渲染效果，并且这些效果是随着场景的更新而不断更新的。这样就可以在
一个完全的渲染视口预览用户的场景。交互渲染器可以是一个浮动的对话框，也可以被放

置在一个视口中。

交互渲染器得到的渲染质量比直接在视口中生成的渲染质量高。当 ActiveShade 被激活后，如灯光等，调整的效果就可以交互地显示在视口中。ActiveShade 有它自己的右键菜单，用来渲染指定的对象和指定的区域。渲染时还可以将材质编辑器的材质直接拖曳在交互渲染器中的对象上。

激活 ![icon] ActiveShade 有两种方法。一种方法是选取主工具栏中的 ActiveShade Floater 按钮，另外一种方法是选取 Rendering/ActiveShade Floater 或者 Rendering/ActiveShade Viewport。

下面举例说明如何使用 ActiveShade。在这个练习中，将打开一个 ActiveShade Floater 对话框，然后使用拖曳材质的方法取代场景中的材质。

(1) 启动 3DS MAX 或者在菜单栏选取 File/Reset，以复位 3DS MAX。

(2) 创建案例文件。

(3) 在摄像机视口中单击鼠标右键，以激活它。

(4) 按下主工具栏的 ![icon] Quick Render 按钮，然后在弹出按钮中选取 ![icon] ActiveShade Floater 按钮，这样将打开一个 ActiveShade Floater 对话框，见图 12.18。打开时可能需要一定的初始化时间。

(5) 单击主工具栏的 ![icon] Material Editor 按钮，打开材质编辑器，见图 12.19。

图 12.18

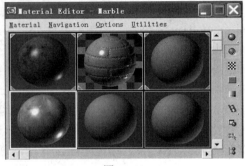
图 12.19

(6) 在材质编辑器中选择 Marble，然后将材质拖曳到 ActiveShade Floater 对话框中右边的对象上。这样将使用新的大理石材质取代原来的灰色材质，见图 12.20。

图 12.20

12.2.2　Render Scene 对话框

一旦完成了动画或者想渲染测试帧的时候，就需要使用 Render Scene 对话框。这个对话框包含五个用来设置渲染效果的标签面板，包括 Common 面板、Render Elements 面板、Raytracer 面板、Advanced Lighting 面板和 Renderer 面板，每个标签面板下又有相应的卷展栏。下面分别介绍各个面板。

1. Common 面板

Common 面板有三个卷展栏，见图 12.21。

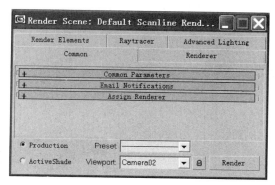

图 12.21

1) Common Parameters 卷展栏

该面板有五个不同区域，见图 12.22。

(1) Time Output(输出时间)：该区域的参数主要用来设置渲染的时间。

● Single：渲染当前帧。

● Active Time Segment：渲染轨迹栏中指定的帧范围。

● Range：指定渲染的起始和结束帧。

● Frames：指定渲染一些不连续的帧，帧与帧之间用逗号隔开。

Every Nth Frame：使渲染器按设定的间隔渲染帧，如果 Nth frame 被设置为 3，那么每 3 帧渲染 1 帧。

● File Number Base：当这个数值被设定为非 0 的数值后，该数值将被作为渲染的第一帧文件名的后一部分。例如，如果计划渲染第 0 帧到第 10 帧，指定的渲染文件名是 File.tga，而且 File Base Number 被设置为 25，那么第一帧的文件名为 file0025.tga，第二帧的文件名为 file0026.tga，后面的文件名将依次类推。通过设置该数值，可以

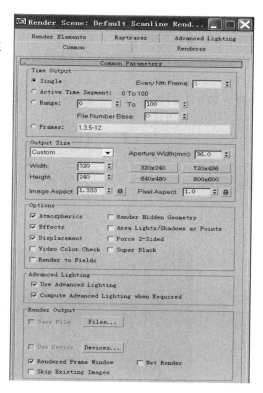

图 12.22

保持渲染的两个序列的文件名的连续性。

(2) Output Size(输出尺寸)：该区域可以使用户控制最后渲染图像的大小和比例。可以在下拉式列表中直接选取预先设置的工业标准，见图 12.23，也可以直接指定图像的宽度和高度。

● Aperture Width (mm)(光圈宽度)：只有在激活 Custom 并且摄像机的镜头被设置为 FOV 的时候才可以使用这个选项，它不改变视口中的图像。

● Width 和 Height：这两个参数定制渲染图像的高度和宽度，单位是像素。如果锁定了 Image Aspect，那么其中一个数值的改变将影响另外一个数值。

● 预设的分辨率按钮：单击其中的任何一个按钮将把渲染图像的尺寸改变成按钮指定的大小。在按钮上单击鼠标右键，可以在出现的 Configure Preset 对话框(见图 12.24)中定制按钮的设置。

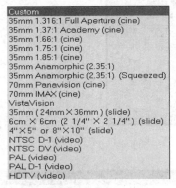

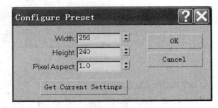

图 12.23　　　　　　　　　　　　　　　　图 12.24

● Image Aspect(图像的长宽比)：这个设置决定渲染图像的长宽比。可以通过设置图像的高度和宽度自动决定长宽比，也可以通过设置图像的长宽比和高度或者宽度中的一个数值自动决定另外一个数值。我们也可以锁定图像的长宽比。长宽比不同，得到的图像也不同，见图 12.25。

图 12.25

● Pixel Aspect(像素长宽比)：该项设置决定图像像素本身的长宽比。如果渲染的图像将在非正方形像素的设备上显示，那么就需要设置这个选项。例如标准的 NTSC 电视机的像素的长宽比是 0.9，而不是 1.0。如果锁定了 Pixel Aspect 选项，那么将不能够改变该数值。图 12.26 是采用不同像素长宽比设置渲染的图像。当该参数等于 0.5 的时候，图像在垂直方向被压缩；当该参数等于 2 的时候，图像在水平方向被压缩。

图 12.26

(3) Options(选项)：这个区域包含 9 个复选框用来激活不同的渲染选项。

● Atmospherics(大气)：如果关闭这个选项，那么 3DS MAX 将不渲染雾和体光等大气效果。这样可以加速渲染过程。

● Render Hidden Geometry(渲染隐藏的对象)：激活这个选项后将渲染场景中隐藏的对象。如果场景比较复杂，在建模时经常需要隐藏对象，而渲染过程中又需要这些对象的时候，该选项非常有用。

● Effects(特效)：如果关闭这个选项，那么 3DS MAX 将不渲染辉光等特效。这样可以加速渲染过程。

● Area Lights/Shadows as Points(将区域光/影看做点)：将所有区域光或影都当作发光点来渲染，这样可以加速渲染过程。设置了光能传递的场景不会被这一选项影响。

● Displacement(位移变形)：当这个选项被关闭后，3DS MAX 将不渲染 Displacement 贴图。这样可以加速测试渲染过程。

● Force 2-Sided(强制双面)：用于强制 3DS MAX 渲染场景中所有面的背面。这对法线有问题的模型非常有用。

● Video Color Check(视频颜色检查)：用于扫描渲染图像，寻找视频颜色之外的颜色。当这个选项被打开后，它使用 3DS MAX 的 Preferences Setting 对话框中的视频颜色检查选项，见图 12.27。

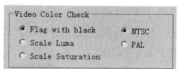

图 12.27

● Super Black(超黑)：如果要合成渲染的图像，那么该选项非常有用。如果复选这个选项，那么将使背景图像变成纯黑色，即 RGB 数值都为 0。

● Render to Fields(渲染到场)：这将使 3DS MAX 渲染到视频场，而不是视频帧。在为视频渲染图像的时候，经常需要这个选项。一帧图像中的奇数行和偶数行分别构成两场图像，也就是一帧图像是由两场构成的。

(4) Advanced Lighting(高级光照)：该区域有两个复选框来设定是否渲染高级光照效果，以及什么时候计算高级光照效果。

(5) Render Output(渲染输出)：用来设置渲染输出文件的位置，有如下选项：

● Save File 和 Files 按钮：当 Save File 复选框被打开后，渲染的图像就被保存在硬盘上。Files 按钮用来指定保存文件的位置。

● Use Device(使用设备)：除非选择了支持的视频设备，否则该复选框不能使用。使用该选项可以直接渲染到视频设备上，而不生成静态图像。

● Rendered Frame Window(渲染帧窗口)：该选项在渲染帧窗口中显示渲染的图像。

● Net Render(网络渲染)：当开始使用网络渲染后，就出现网络渲染配置对话框。这样就可以同时在多台机器上渲染动画。

● Skip Existing Images(跳过存在帧)：这将使 3DS MAX 不渲染保存文件的文件夹中已经存在的帧。

2) Email Notifications 卷展栏

Email Notifications 卷展栏(见图 12.28)提供了一些参数来处理渲染过程中出现的问题例如异常中断、渲染结束等)，同时给用户发 E-mail 提示。这对需要长时间渲染的动画来讲非常有用。

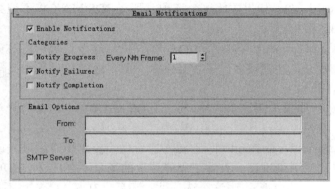

图 12.28

3) Assign Renderer 卷展栏

Assign Renderer 卷展栏如图 10.29 所示，它显示了 Production(产品)级和 ActiveShade 级渲染引擎以及材质编辑器样本球当前使用的渲染器，可以点击···按钮改变当前的渲染器设置。默认情况下有 3 种渲染器可以使用：Default Scanline 渲染器、Mental Ray 渲染器和 VUE File 渲染器。

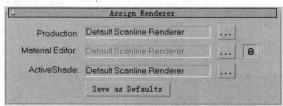

图 12.29

● ⊕按钮：默认情况下，材质编辑器使用与产品级渲染引擎相同的渲染器。关闭这一选项可以为材质编辑器的样本球指定一个不同的渲染器。

● Save as Defaults：点击此按钮，将把当前指定的渲染器设置为下次启动 3DS MAX 时的默认渲染器。

2．Render Elements 面板

当合成动画层的时候，Render Elements 卷展栏(见图 12.30)的内容非常有用。我们可以将每个元素想像成一个层，然后将高光、漫射、阴影和反射元素结合成图像。使用 Render Elements 可以灵活地控制合成的各个方面。例如，可以单独渲染阴影，然后再将它们合成在一起。下面介绍该卷展栏的主要内容。

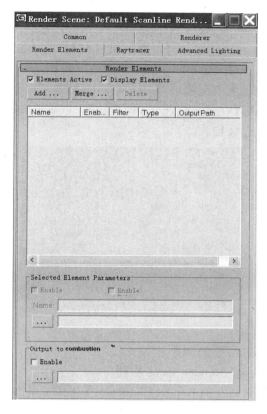

图 12.30

1) 卷展栏上部的按钮和复选框

● Add 按钮：该按钮用来增加渲染元素，单击该按钮后出现图 12.31 所示的 Render Elments 对话框。用户可以在这个对话框中增加渲染元素。

● Merge 按钮：该按钮用来从其他 MAX 文件中合并文件。

● Delete 按钮：删除选择的元素。

● Elements Active 复选框：当关闭这个复选框后，将将不渲染相应的渲染元素。

● Display Elements 复选框：当复选该复选框后，将在屏幕上显示每个渲染的元素。

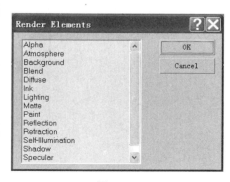

图 12.31

2) Selected Element Parameters 区域

Selected Element Parameters 区域用来设置单个的渲染元素，包含如下选项：

• Enable 复选框：这个复选框用来激活选择的元素。未激活的元素将不被渲染。

• Enable Filtering 复选框：这个复选框用来打开渲染元素的当前反走样过滤器。

• Name 区域：用来改变选择元素的名字。

• Files… 按钮：在默认的情况下，元素被保存在与渲染图像相同的文件夹中，但是可以使用这个按钮改变保存元素的文件夹和文件名。

3) Output to combustion 区域

打开 Output to combustion 区域，可以提供 3DS MAX 与 Discreet 的 combustion 之间的连接。

下面举例说明如何渲染大气元素。

(1) 启动 3DS MAX 或者在菜单栏选取 File/Reset，以复位 3DS MAX。

(2) 创建案例文件，见图 12.32。

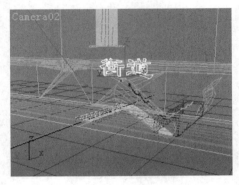

图 12.32

(3) 将时间滑动块移动到第 255 帧。

(4) 单击主工具栏的 　 Render Scene 按钮。

(5) 在 Render Scene 对话框的 Render Elements 卷展栏中单击 Add 按钮。

(6) 在出现的 Render Elements 对话框(见图 12.33)中选取 Atmosphere，然后单击 OK 按钮。

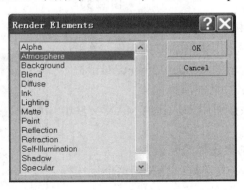

图 12.33

(7) 确认 Common Parameters 卷展栏中的 Time Output 被设置为 Single。

(8) 在 Common Parameters 卷展栏中单击 Render Output 区域中的 Files 按钮。

(9) 在 Render Output File 对话框的保存类型下拉式列表中选取 TIF。

(10) 在 Render Output File 对话框中，指定保存的文件夹。

(11) 指定渲染的文件名，然后单击保存按钮。

(12) 在 TIF Image Control 对话框中单击 OK 按钮。

(13) 在 Render Scene 的 Viewport 区域中确认激活的是 Camera02。

(14) 单击 Render 按钮开始渲染。渲染结果见图 12.34，左图是最后的渲染图像，右图是大气的效果。

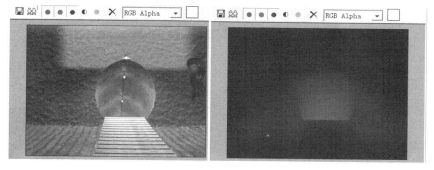

图 12.34

3．Render 面板

Render 面板只包含一个卷展栏：Default Scanline Renderer(默认扫描线渲染器)卷展栏，在这里可对默认扫描线渲染器的参数进行设置，见图 12.35。

1) Options 区域

Options 区域提供了 4 个选项来打开或者关闭 Mapping、Shadows、Auto-Reflect/Refract and Mirrors 和 Force Wireframe 渲染。Wire thickness 的数值用来控制线框对象的渲染厚度。在测试渲染的时候常使用这些选项来节约渲染时间。

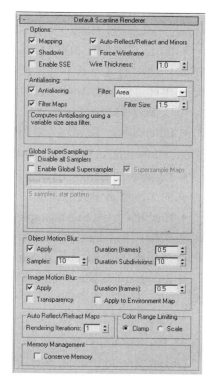

图 12.35

● Mapping 复选框：如果关闭这个选项，那么渲染的时候将不渲染场景中的贴图。

● Shadows 复选框：如果关闭这个选项，那么渲染的时候将不渲染场景中的阴影。

● Auto-Reflect/Refract and Mirrors 复选框：如果关闭这个选项，那么渲染的时候将不渲染场景中的 Reflect/Refract and Mirrors 贴图。

● Force Wireframe 复选框：如果打开这个选项，那么场景中的所有对象将按线框方式渲染。

● Enable SSE：选中时将开启 SSE 方式，若系统的 CPU 支持此项技术，渲染时间将会缩短。

● Wire Thickness：控制线框对象的渲染厚度。图 12.36 中的线框粗细为 4。

图 12.36

2）Antialiasing 区域

Antialiasing 区域选项用于控制反走样设置和反走样贴图过滤器。

● Antialiasing 复选框：该复选框控制最后的渲染图像是否进行反走样。反走样可以使渲染对象的边界变得光滑一些。图 12.37 中，右边的图像使用了反走样，左边的图像没有使用反走样。

● Filter Maps 复选框：该复选框用来打开或者关闭材质贴图中的过滤器选项。

● Filter(过滤器)：3DS MAX 提供了各种格样的反走样过滤器，使用的过滤器不同，最后的反走样效果也不同。许多反走样过滤器都有可以调整的参数，通过调整这些参数，可以得到独特的反走样效果。

图 12.37

● Filter Size：调节为一幅图像应用的模糊程度。

3）Global SuperSampling 区域

● Disable all Samplers(取消所有样本)：激活这个选项后将不渲染场景中的超级样本设置，从而加速测试渲染的速度。

● Enable Global Supersampler(打开全局超级采样)：选中该项时，对所有材质应用同样的超级采样；若不选中此项，那些设置了全局参数的材质将受渲染对话框中设置的控制，此时本选项组中除 Disable all Samplers 外的选项将不可用。

● Supersample Maps(超级采样帖图)：打开或关闭对应用了帖图的材质的超级采样，默认为开启，当进行渲染测试需要提高渲染速度时可以选择关闭。

● Sampler 下拉列表框：选择采样方式。

4）Object Motion Blur 区域

Object Motion Blur 区域的选项用来全局地控制对象的运动模糊。在默认的状态下，对象没有运动模糊。要加运动模糊，必须在 Object Properties 对话框中设置 Motion Blur。

● Apply 复选框：打开或者关闭对象的运动模糊。

- Duration(frames)(持续时间)：设置摄像机快门打开的时间。
- Samples(样本)：设置 Duration Subdivisions 之内渲染对象的显示次数。
- Duration Subdivisions(持续细分)：设置持续时间内对象被渲染的次数。

在图 12.38 中，左边图像的 Samples 和 Duration Subdivisions 被设置为 1，右边图像的 Samples 被设置为 3，并且有点颗粒状效果。

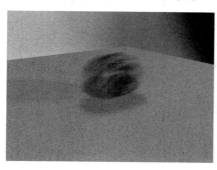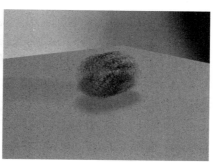

图 12.38

5) Image Motion Blur 区域

与 Object Motion Blur 类似，Image Motion Blur 也根据持续时间来模糊对象。但是 Image Motion Blur 作用于最后的渲染图像，而不是作用于对象层次。这种类型的运动模糊的优点之一是考虑摄像机的运动。我们必须在 Object Properties 对话框中设置 Motion Blur。

- Apply 复选框：打开或者关闭图像的运动模糊。
- Duration(frames)(持续时间)：设置摄像机快门打开的时间。
- Transparency 复选框：如果打开这个选项，那么即使对象在透明对象之后，也要渲染其运动模糊效果。
- Apply to Environment Map 复选框：激活这个选项后将模糊环境贴图。

6) Auto Reflect/Refract Maps 区域

Auto Reflect/Refract Maps 区域的唯一设置是 Rendering Iterations 数值。这个数值用来设置在 Reflect/Refract Map 中使用 Auto 模式后，在表面上能够看到的表面数量。数值越大，反射效果越好，但是渲染时间也越长。

7) Color Range Limiting

Color Range Limiting 区域的选项提供了两种方法来处理超出最大和最小亮度范围的颜色。

- Clamp 单选按钮：该选项将颜色数值大于 1 的部分改为 1，将颜色数值小于 0 的部分改为 0。
- Scale 单选按钮：该单选按钮用来缩放颜色数值，以使所有颜色数值在 0～1 之间。

8) Memory Management 区域

这个区域的 Conserve Memory 选项使扫描线渲染器执行一些不被放入内存的计算。这个功能不但节约内存，而且不明显降低渲染速度。

Render Scene 对话框的底部有几个选项(见图 12.39)，分别用来改变渲染视口、进行渲染等工作。

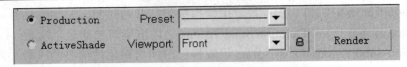

图 12.39

图 12.39 中，左边的两个单选按钮用来选择渲染级别。3DS MAX 提供两种渲染级别：Production(产品)级别和 ActiveShade 级别。

Preset 列表框用于选择以前保存的渲染参数设置，或将当前的渲染参数设置保存下来。

Viewport 视口下拉式列表用来改变渲染的视口，锁定按钮 🔒用来锁定渲染的视口，以避免意外改变；单击 Render 按钮就开始渲染；单击 Close 按钮将关闭 Render Scene 对话框，同时保留渲染参数的设置；单击 Cancel 按钮将关闭 Render Scene 对话框，不保留渲染参数的设置。

4．Raytracer 面板

Raytracer 面板中只包含一个 Raytracer Global Parameters(光线跟踪全局参数)卷展栏，可用来对光线跟踪进行全局参数设置，这将影响场景中所有的光线跟踪类型的材质，如图 12.40 所示。

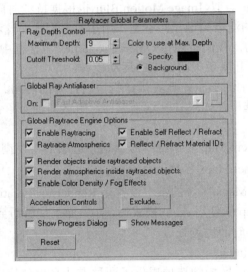

图 12.40

5．Advanced Lighting 面板

Advanced Lighting 面板中只包含 Select Advanced Lighting(选择高级光照)卷展栏，见图 12.41，不同的选项对应不同的参数面板，主要用于高级光照的设置。

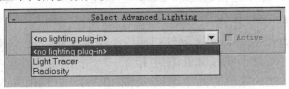

图 12.41

下面举例说明如何渲染场景。

(1) 启动 3DS MAX 或者在菜单栏选取 File/Reset，以复位 3DS MAX。

(2) 创建案例文件，场景见图 12.42。

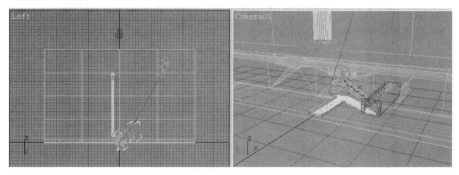

图 12.42

(3) 单击主工具栏中的 Render Scene 按钮，出现 Render Scene 对话框。

(4) 在 Common Parameters 卷展栏的 Time Output 区域中选取 Active Time Segment 0 to 300 `⊙ Active Time Segment:  0 To 300`。

(5) 在 Output Size 区域中单击 320×240 按钮。

(6) 在 Options 区域关闭所有选项，见图 12.43。

(7) 在 Render Output 区域中单击 Files 按钮。

(8) 在 Render Output File 对话框中选择保存文件的位置，并将文件类型设置为 AVI。

(9) 在文件名区域键入"草图.avi"，然后单击"保存"按钮。

(10) 在视频压缩对话框中选取 Cinepak Codec by Radius 压缩方法，见图 12.44。

(11) 将压缩质量调整为 100，然后单击"确定"按钮。

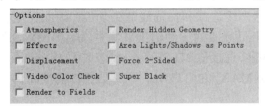

图 12.43

图 12.44

(12) 关闭 Default Scanline Renderer 卷展栏中 Options 区域的 Auto-Reflect/Refract and Mirrors 选项。

(13) 在 Antialiasing 区域关闭所有选项。

(14) 关闭 Object Motion Blur 和 Image Motion Blur 中的 Apply 复选框，见图 12.45。

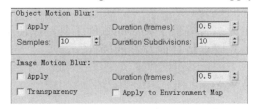

图 12.45

(15) 在 Render Scene 对话框中单击 Render 按钮，这样就开始了渲染。图 12.46 是渲染结果中的一帧。

图 12.46

12.3　mental ray 渲染

12.3.1　mental ray 简介

　　mental ray 是一个专业的渲染系统，它可以生成令人难以置信的高质量真实感图像。由于 mental ray 具有一流的高性能、真实感光线追踪和扫描线渲染功能，因此在电影领域得到了广泛的应用和认可，被认为是市场上最高级的三维渲染解决方案。在 3DS MAX 之前，mental ray 仅作为插件来使用，现在可以直接从 3D Studio MAX 中访问 mental ray。与 3D Studio MAX 的无缝集成使 3D Studio MAX 的用户几乎不需要学习就可以直接使用 mental ray。

　　mental ray 具有如下主要功能：

　　(1) 全局的照明模拟场景中光的相互反射。

　　(2) 借助于通过其他对象的反射和折射，散焦(Caustic)渲染灯光投射到对象上的效果。

　　(3) 柔和的光线追踪阴影提供由区域灯光生成的准确柔和阴影。

　　(4) 矢量运动模糊创建基于三维的超级运动模糊。

　　(5) 景深模拟真实世界的镜头。

　　(6) 功能强大的明暗生成语言提供了灵活的编程工具，以便于创建明暗器。

　　(7) 高性能的网络渲染几乎支持任何存在的硬件。

12.3.2　mental ray 渲染实例

　　下面就举例来说明 mental ray 强大的渲染功能。

1．运动模糊

(1) 启动 3DS MAX 或者在菜单栏选取 File/Reset，以复位 3DS MAX。

(2) 创建案例文件。场景中包括一个车轮、几盏灯光和一个摄像机，如图 12.47 所示。

图 12.47

(3) 播放动画。可以看到车轮已经设置了动画，在前一部分车轮在原地打转，24 帧时车轮开始滚动。

(4) 在主工具栏中单击 Select By Name 按钮 ，在弹出的 Select Objects 对话框中，选择 [Lugs]、Rim 和 Tire 对象，如图 12.48 所示，单击 OK 确认。

(5) 在 Camera01 视口中单击鼠标右键，在弹出的四元菜单中选择 Transform→Properties，则弹出的 Object Properties 对话框，这时在 General 面板的 Object Information 选项组中，Name 文本框中显示的是 Multiple Selected。在 Motion Blur 选项组中，将 Motion Blur 类型改为 object，如图 12.49 所示。

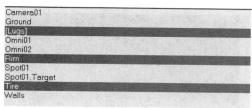

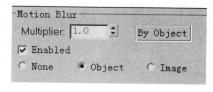

图 12.48　　　　　　　　　　　　　　　　　　图 12.49

(6) 使用 mental ray 渲染产生运动模糊。单击主工具栏上的 按钮，打开 Render Scene 对话框。在 Common 面板中的 Assign Renderer 卷展栏中，单击 Production 右边的 Browse("...") 按钮，在弹出的 Choose Renderer 对话框中，双击 mental ray Renderer，如图 12.50 所示。

(7) 进入 Renderer 面板，在 Camera Effects 卷展栏的 Motion Blur 选项组中，打开 Enable

复选框，如图 12.51 所示。注意这时 Shutter 参数值为默认的 1.0。

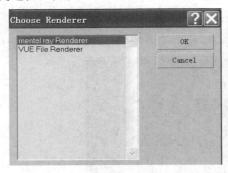
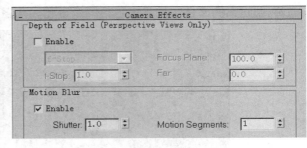

图 12.50　　　　　　　　　　　　　　　　图 12.51

　　(8) 将时间滑块拖动至第 20 帧，开始渲染场景，如图 12.52 所示。在渲染过程中可以看到 mental ray 是按照方形区域一块一块进行分析渲染的。

　　(9) 将 Shutter 参数值调至 0.5，开始渲染场景，如图 12.53 所示。

图 12.52　　　　　　　　　　　　　　　　图 12.53

　　(10) 将 Shutter 参数值调至 5.0，开始渲染场景，如图 12.54 所示。可见在 mental ray 中，Shutter 参数值越低，模糊的程度越低。

　　(11) 将 Shutter 参数值调回 1.0，拖动时间滑块至第 25 帧，即车轮已经开始向前滚动，再次渲染场景，如图 12.55 所示。

图 12.54　　　　　　　　　　　　　　　　图 12.55

2. 创建反射腐蚀

(1) 启动 3DS MAX 或者在菜单栏选取 File/Reset，以复位 3DS MAX。

(2) 创建案例文件。场景中包括一个游泳池、墙壁、一个梯子和一个投射于游泳池表面的聚光灯。

(3) 单击 Quick Render 按钮 ，渲染 Camera01 视口，如图 12.56 所示。可以看出，因为水的材质没有反射贴图，所以看起来不够真实。

(4) 添加反射贴图。单击 ⚏ 按钮，打开 Material Editor，确保选中 Ground_Water 材质（第一行第一个样本球），如图 12.57 所示。

图 12.56　　　　　　　　　　　　　　图 12.57

(5) 打开 Maps 卷展栏，给 Reflection 通道指定一个 Raytrace，再次渲染场景，如图 12.58 所示。

图 12.58

(6) 设置水的腐蚀效果。在视口中，使用 Select By Name 工具 选择命名为 Water 的 box 对象，然后在视口中单击鼠标右键，再在弹出的四元菜单中选择 Transform→Properties。

(7) 在弹出的 Object Properties 对话框中，进入 mental ray 面板，复选 Generate Caustics

选项，单击 OK 按钮确认，如图 12.59 所示。

（8）使用 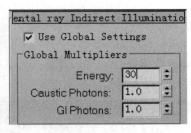 Select By Name 工具在视口中选择 Spot01 对象。

（9）单击 按钮，进入 Modify 面板。打开 mental ray Indirect Illumination 卷展栏，改变 Energy 参数值为 30，如图 12.60 所示。

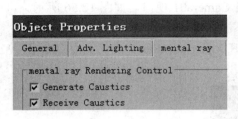

图 12.59

图 12.60

（10）单击 按钮，在 Render Scene 对话框中进入 Indirect Illumination 面板。在 Indirect Illumination 卷展栏中的 Caustics 选项组，复选 Enabled，如图 12.61 所示。

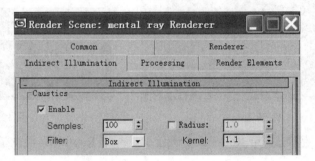

图 12.61

（11）单击 Render 按钮渲染场景，如图 12.62 所示。

图 12.62

（12）可以看到水面反射到墙壁上的腐蚀效果扩散的程度很大。下面来调整光子的半径。在 Indirect Illumination 卷展栏的 Caustics 选项组中，打开 Radius 选项并且使其值为默认的 1.0，如图 12.63 所示。

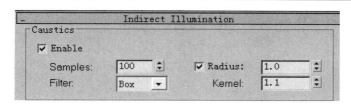

图 12.63

(13) 渲染场景，如图 12.64 所示。

图 12.64

(14) 将 Radius 参数值设为 5.0，再次渲染场景，如图 12.65 所示。

图 12.65

(15) 可以看到腐蚀的效果有些繁乱。在 Indirect Illumination 卷展栏的 Caustics 选项组中，在 Filter 下拉列表中选择 Cone 作为过滤类型，如图 12.66 所示。这样可以使腐蚀效果看起来更加真实。

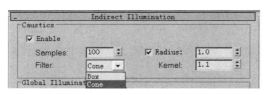

图 12.66

(16) 渲染场景，如图 12.67 所示。

图 12.67

3．创建折射腐蚀

(1) 启动 3DS MAX 或者在菜单栏选取 File/Reset，以复位 3DS MAX。

(2) 创建案例文件，场景中的玻璃杯和液体物质都已经应用了折射材质。场景中有一盏灯光用来放射光子，并且所有的对象都设置为接受腐蚀。

(3) 渲染场景，如图 12.68 所示。

图 12.68

(4) 使玻璃和水产生腐蚀。在视口中，使用 Select By Name 工具 选择命名为 Glass 的对象，然后在视口中单击鼠标右键，在弹出的四元菜单中选择 Transform→Properties。

(5) 在弹出的 Object Properties 对话框中，进入 mental ray 面板，复选 Generate Caustics 选项，单击 OK 按钮确认。

(6) 对于对象 Liquid 重复步骤(4)和步骤(5)。

(7) 打开对象 Walls2 的 Object Properties 对话框，可以看到 Walls2 的 Receive Caustics

选项是打开的。Walls2 即玻璃杯所在的地面。

(8) 单击 按钮,弹出 Render Scene 对话框,进入 Indirect Illumination 面板。在 Global Light Properties 选项组中,将 Energy 参数值调至 400000,如图 12.69 所示。

图 12.69

(9) 在 Caustics 选项组中,打开 Enable 项。

(10) 渲染场景,如图 12.70 所示。

图 12.70

(11) 在 Caustics 选项组中,打开 Radius 项,其默认值为 1.0,开始渲染场景,如图 12.71 所示。

图 12.71

(12) 修改 Radius 参数值为 2.5,开始渲染场景,如图 12.72 所示。

图 12.72

(13) 在 Caustics 选项组中，改变 Filter 类型为 Cone，开始渲染场景，如图 12.73 所示。

图 12.73

(14) 进入 Indirect Illumination 卷展栏，在 Global Light Properties 选项组中，修改 Caustic Photons 参数为 50000，开始渲染场景，如图 12.74 所示。

图 12.74

4．全局照明

(1) 启动 3DS MAX 或者在菜单栏选取 File/Reset，以复位 3DS MAX。

(2) 创建案例文件。

(3) 单击 　 按钮，开始渲染 Camera01 视口，如图 12.75 所示。可以看出整个场景非常阴暗。

图 12.75

(4) 添加全局照明。单击 　 按钮，在 Render Scene 对话框中进入 Indirect Illumination 面板。在 Global Illumination 选项组中，打开 Enable 复选框。

(5) 渲染场景，如图 12.76 所示。

图 12.76

(6) 在 Indirect Illumination 卷展栏中的 Final Gather 选项组中，打开 Enable 复选项，开始渲染场景，如图 12.77 所示。

图 12.77

(7) 在 Indirect Illumination 卷展栏中的 Global Illumination 选项组中，关闭 Enable 项，开始渲染场景，如图 12.78 所示。可见 Final Gather 与 Global Illumination 是独立的。

图 12.78

(8) 在 Global Illumination 选项组中，再次打开 Enable 项。在 Global Light Properties 选项组中，将 Energy 的参数值修改为 100000，开始渲染场景，如图 12.79 所示。

图 12.79

(9) 在 Final Gather 选项组中，增加 Samples 参数值为 50，开始渲染场景，如图 12.80 所示。

图 12.80

12.4　小　　结

本章我们学习了摄像机的基本用法，调整摄像机参数的方法，以及设置动画的方法等。

摄像机动画是建筑漫游中常用的动画技巧，请读者一定认真学习。

本章我们还详细讨论了如何渲染场景，以及如何设置渲染参数。合理掌握渲染的参数在动画制作中是非常关键的，读者尤其应该注意如何进行快速的测试渲染。最后介绍了 mental ray 渲染的几个实例，mental ray 是 3DS MAX 新增的渲染器，它功能强大，渲染真实感强，读者可根据实例自行设置参数，以达到不同的效果。

12.5　习　　题

1．判断题

(1) 摄像机的位置变化不能设置动画。

正确答案：错误。

(2) 摄像机的视野变化不能设置动画。

正确答案：错误。

(3) 自由摄像机常用于设置摄像机沿着路径运动的动画。

正确答案：正确。

(4) 摄像机的运动模糊(Motion Blur)和景深参数(Depth of Field)可以同时使用。

正确答案：错误。

(5) 切换到摄像机视图的快捷键是 C。

正确答案：正确。

(6) 在 3DS MAX 中，背景图像不能设置动画。

正确答案：错误。

(7) 在 3DS MAX 中，一般使用自由摄像机制作漫游动画。

正确答案：正确。

(8) 将摄像机与视图匹配的快捷键是 Ctrl+C。

正确答案：正确。

(9) 在默认的状态下打开 Advanced Lighting 对话框的快捷键是 9。

正确答案：正确。

(10) 一般情况下，对于同一段动画来讲，渲染结果保存成 FLC 文件的信息量要比保存成 AVI 文件的信息量小。

正确答案：正确。

2．思考题

(1) 3DS MAX 中有目标摄像机和自由摄像机，自由摄像机常用来制作摄像机漫游的动画。这其中一个原因是自由摄像机只有视点一个对象，设置动画比较方便。另外一个重要原因就是目标摄像机水平运动通过对象的 Z 轴时，会有一个 180° 的旋转。请仿照文件 Samples\ch12\目标摄像机.avi 制作目标摄像机水平移动的动画。

(2) 摄像机的镜头和视野之间有什么关系？

(3) 3DS MAX 测量视野的方法有几种？

(4) 一般摄像机和正交摄像机有什么区别？

(5) 裁剪平面的效果是否可以设置动画？

(6) 如何使用景深和聚焦效果？两者是否可以同时使用？

(7) PAL 制、NTSC 制和高清晰度电视画面的水平像素和垂直像素各是多少？

(8) 图像的长宽比和像素的长宽比对渲染图像有什么影响？

(9) 如何使用元素渲染？请尝试渲染各种元素。

(10) 如何更换当前渲染器？

(11) 对象运动模糊和图像运动模糊有何异同？

(12) 如何使用交互视口渲染？

(13) 在 3DS MAX 中，渲染器可以生成哪种格式的静态图像文件和哪种格式的动态图像文件？

(14) 尝试制作一个摄像机漫游的动画。

(15) 图 12.81 为原图。使用 mental ray Depth of Field(景深)渲染如图 12.82 所示的效果。

图 12.81

图 12.82

参 考 文 献

[1] 火星时代. 火星人 ——3ds Max 2010 大风暴. 北京：人民邮电出版社，2010.

[2] 火星时代. 3ds Max 2011 白金手册. 北京：人民邮电出版社，2011.

[3] 周宏，郑勇群，吴静波. 3ds Max/Vray 印象全套家装效果图表现技法. 北京：人民邮电出版社，2010.

[4] 马艳秋. 3ds Max 案例教程. 北京：清华大学出版社，2010.